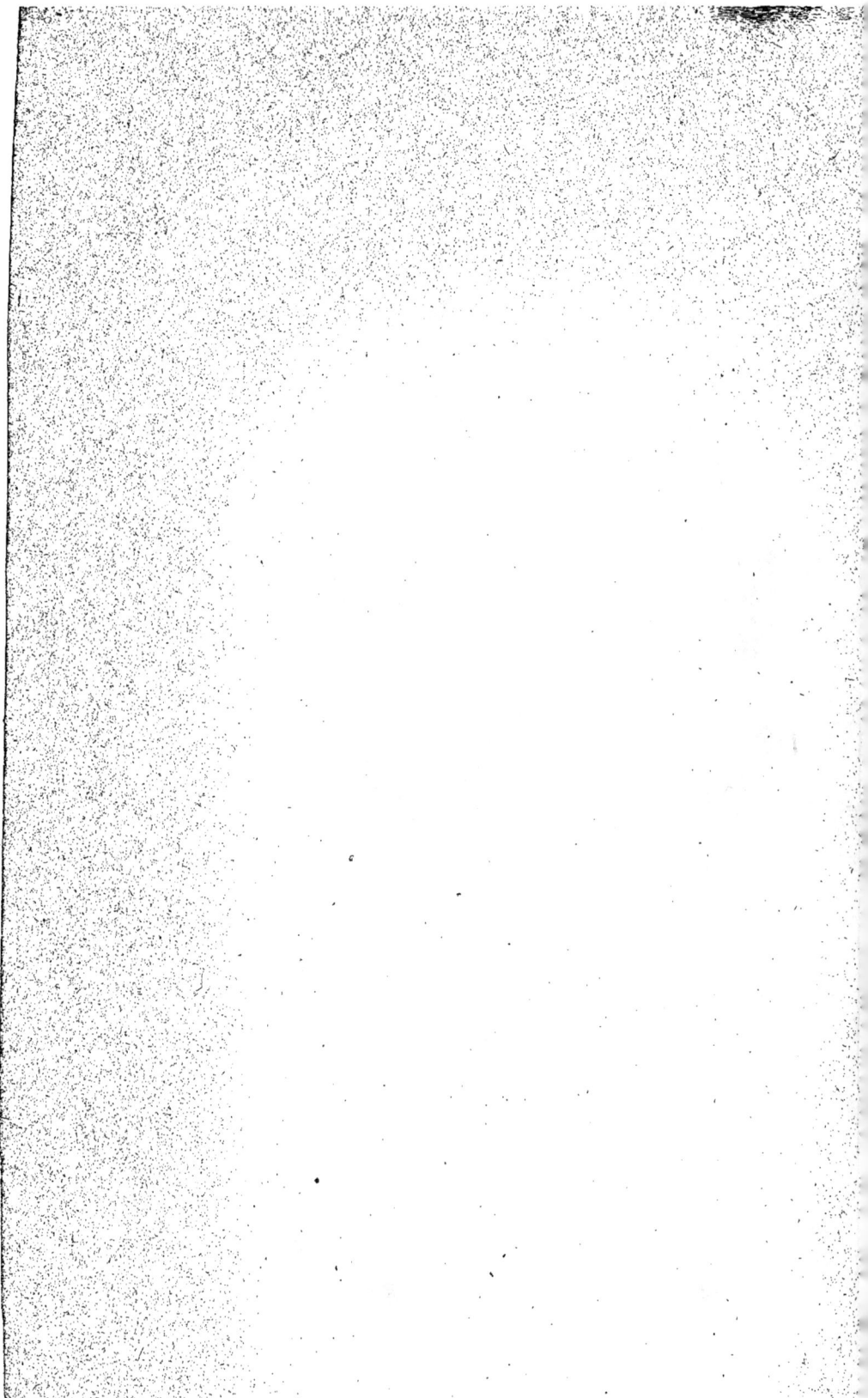

PROJET

DE

TÉLÉGRAPHE TRANSATLANTIQUE

PAR

JULES DESPECHER

PARIS

IMPRIMERIE ADMINISTRATIVE DE PAUL DUPONT,

RUE DE GRENELLE-SAINT-HONORÉ, 45.

1863

PROJET

DE

TÉLÉGRAPHE TRANSATLANTIQUE

V

36631

C.

PROJET

DE

TÉLÉGRAPHE TRANSATLANTIQUE

PAR

JULES DESPECHER.

PARIS

IMPRIMERIE ADMINISTRATIVE DE PAUL DUPONT,

RUE DE GRENELLE-SAINT-HONORÉ, 45.

1863

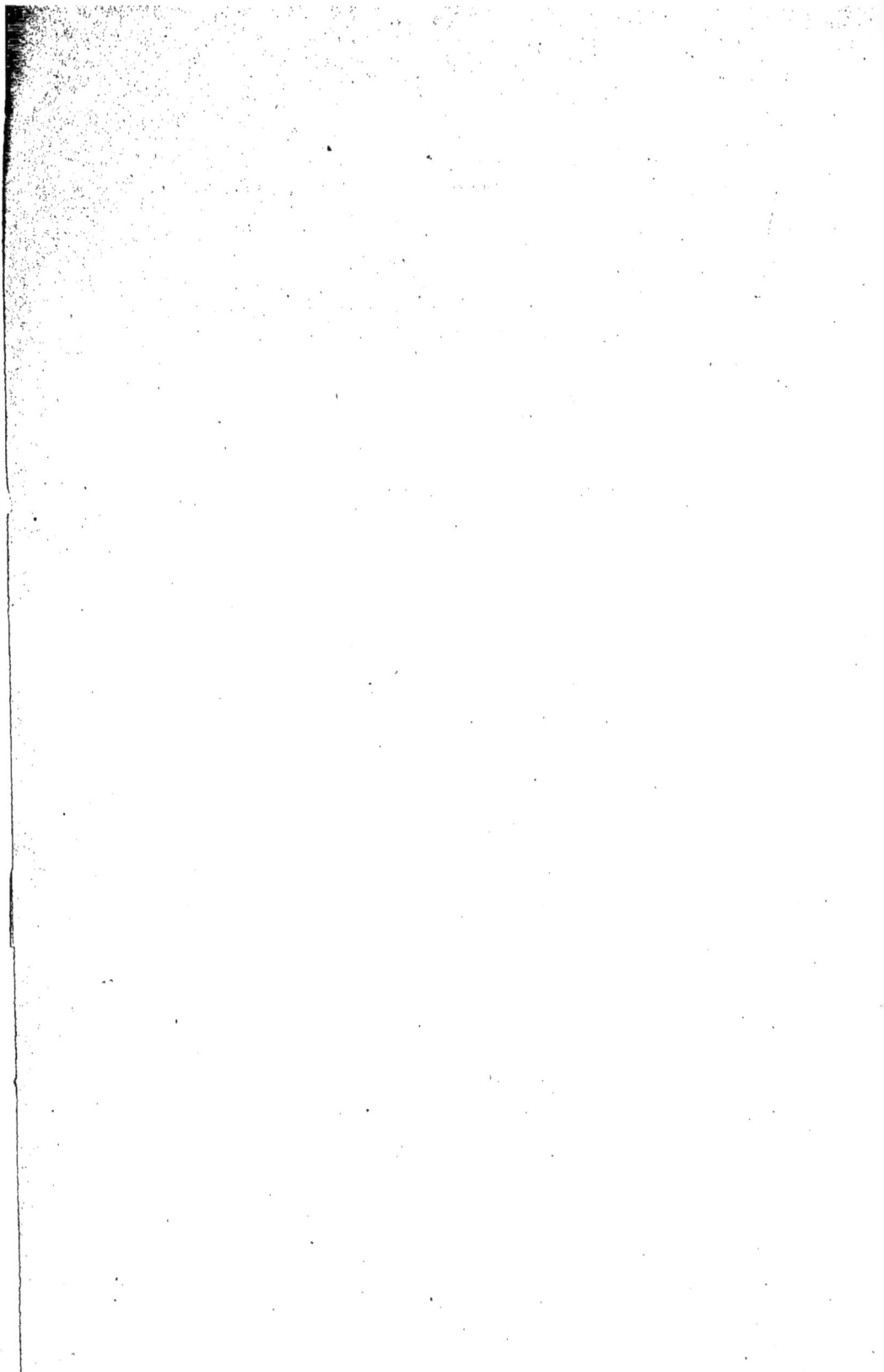

PROJET

DE

TÉLÉGRAPHE TRANSATLANTIQUE

En 1851 le premier projet de télégraphie sous-marine, accueilli avec incrédulité, était réalisé par l'immersion d'un câble entre Douvres et Calais. En 1861, la France, sans être arrêtée par la largeur et les profondeurs de la Méditerranée, reliait ses côtes avec celles de l'Algérie et de la Corse par des câbles électriques, pendant que l'Angleterre en établissait un autre d'une longueur de plus de 600 lieues entre Malte et Alexandrie. Ce rapprochement résume les progrès réalisés dans cette période de dix années.

Progrès de la télégraphie sous-marine.

Dans l'intervalle, près de cinquante lignes avaient été entreprises; plusieurs n'avaient pas réussi; mais plus de quarante câbles en activité témoignaient de la vitalité de la télégraphie sous-marine. Elle est devenue une nécessité de l'époque et malgré des désastres partiels, souvent, il faut le reconnaître, dus à l'imprévoyance, elle s'est avancée dans une voie de progrès continue qui doit l'amener à vaincre les plus grands obstacles qui ont jusqu'à ce jour entravé son extension à travers les espaces océaniques.

Atlantic
telegraph. Le projet hardi qui dès le début de la télégraphie sous-marine avait pour but de mettre en communication électrique deux mondes séparés par l'Océan sur une largeur de 1,000 lieues, mérite surtout d'attirer l'attention.

Tout dans cette entreprise se présentait à l'État de problème ; la possibilité de l'opération mécanique de la pose d'un câble, à travers l'Océan, sur un aussi grand parcours ; le pouvoir de la gutta-percha de rester impénétrable sous l'énorme pression des couches d'eau supérieures, pression qui dépasse parfois 450 atmosphères ; enfin la possibilité de transmettre des messages par un mince fil de cuivre, d'une longueur de près de 1,000 lieues.

Aussi, malgré l'insuccès de la Compagnie de *l'Atlantic Telegraph* dans sa tentative d'établir des communications électriques permanentes entre l'Europe et l'Amérique, ce sera un fait mémorable dans l'ère de la télégraphie sous-marine. Les résultats qu'elle a atteints sont d'ailleurs destinés à avoir une grande influence sur son avenir : car elle a résolu les problèmes qu'elle s'était posés.

Le fait mécanique de la pose d'un câble sur une distance de 3,000 kilomètres et dans des profondeurs de 4,500 mètres a été réalisé ; et cela dans les circonstances les moins favorables, c'est-à-dire avec un câble recouvert d'une armature de fer, dans des conditions de densité et de résistance nullement appropriées aux profondeurs, avec une machinerie incomplète ou du moins peu perfectionnée ; et enfin avec du gros temps et une grosse mer pendant une partie de la traversée.

Un second fait d'une importance plus grande encore a été acquis à la science de la télégraphie. On a transmis des messages à travers l'Océan par un câble d'une longueur de

3,745 kilomètres, immergé dans des profondeurs de 4,500 mètres.

Pendant vingt-trois jours l'Europe et l'Amérique ont été en communication électrique. Pendant ce temps 400 messages ont été transmis par le câble, savoir : 129 de Valentia à Terre-Neuve, comprenant 1,474 mots et 7,253 lettres, et 271 de Terre-Neuve à Valentia, formant 2,885 mots et 13,968 lettres. Et comme pour mieux démontrer les avantages politiques, économiques et commerciaux de l'établissement d'un télégraphe transatlantique, ce premier câble a eu pendant sa courte carrière la bonne fortune de transmettre plusieurs faits d'une haute importance.

Ainsi, on recevait le 17 août en Angleterre la nouvelle de l'abordage qui avait eu lieu la veille au large de Terre-Neuve entre l'*Europa* et l'*Arabia*. Le 27, la nouvelle du traité de paix conclu avec la Chine, arrivée la veille en Angleterre, était publiée à New-York ; la même dépêche annonçait la rentrée de l'Empereur à Paris, de retour de son voyage en Bretagne ; elle contenait aussi des nouvelles favorables de l'Inde alors en état d'insurrection, qui motivèrent l'envoi à Halifax et Montréal, le 31 août, de deux dépêches du gouvernement anglais qui contremandaient l'ordre de départ pour l'Inde des 62ᵉ et 39ᵉ régiments d'infanterie. La transmission de ces deux dépêches économisa à l'Angleterre une dépense de plus d'un million. Ce furent les derniers signaux intelligibles qui passèrent par le câble.

L'importance de ces résultats est telle qu'il est permis de se demander s'ils ont été trop chèrement payés par la perte des sommes engagées dans l'entreprise. Si la tentative de la pose avait échoué comme celles qui l'avaient précédée; si le câble n'avait pu transmettre aucun message, bien que son état d'isolement lors de l'embarquement eût dû faire considérer ce résultat comme très-probable et qu'on doive plutôt s'étonner qu'un signal ait jamais pu se transmettre d'une extrémité à l'autre, la question de la télégraphie océanique serait restée dans le domaine de la théorie; avec l'expérience des faits acquis, avec les progrès réalisés depuis et ceux suggérés journellement par l'étude et la pratique, son succès définitif est certain dans un avenir prochain.

Le succès des grandes lignes exécutées en 1861 simultanément par les gouvernements de France et d'Angleterre, a prouvé que la réussite dépendait beaucoup de l'étude approfondie des difficultés à vaincre et surtout du choix de câbles appropriés aux circonstances de temps, de lieux, de distance et de profondeurs des régions sous-marines qu'il fallait franchir.

Lignes d'Alger et de Corse. Les lignes d'Alger et d'Ajaccio, par les profondeurs qu'elles traversaient, celle d'Alexandrie par sa longueur, ont fait faire un grand pas à la science de la télégraphie sous-marine.

Le télégraphe de France en Algérie est certainement l'entreprise la plus importante en télégraphie qui ait été exécutée avec un succès définitif et durable. Il s'agissait de franchir la Méditerranée dans sa plus grande largeur, 750 kilomètres, dans des profondeurs atteignant jusqu'à 2,900 mètres.

Le modèle du câble fut choisi avec beaucoup de soin à l'époque où se poursuivait en Angleterre l'enquête sur la télégraphie sous-marine ordonnée par le gouvernement anglais. Le conducteur de cuivre et l'enveloppe isolante étaient combinés dans une excellente proportion qui n'a été atteinte dans la construction d'aucun autre câble. Son état électrique était parfait. L'enveloppe extérieure, composée de fils d'acier garnis de chanvre, réalisait également tous les progrès suggérés par l'expérience des entreprises précédentes et par les hommes spéciaux entendus dans l'enquête. On sait que, malgré tout, la pose de ce câble fut des plus laborieuses. Deux fois elle fut entravée par des sinistres de mer, et ce ne fut qu'à la troisième tentative que les communications directes pour les deux pays furent définitivement établies.

La ligne de Corse présentait les mêmes difficultés de profondeurs sur un parcours réduit à 255 kilomètres. Favorisée par un beau temps la pose fut effectuée avec la plus grande facilité.

Dans les deux cas le succès définitif a été complet ; sous le rapport électrique les résultats ont dépassé toutes les espérances ; la transmission s'effectue rapidement, avec de faibles courants, de manière à assurer la régularité du service de la correspondance télégraphique avec une vitesse de huit à dix mots par minute.

La ligne de Malte à Alexandrie, quoique beaucoup plus Lignes de Malte à Alexandrie. longue, ne présentait pas d'aussi grandes difficultés. On pouvait sur presque tout le parcours suivre les profondeurs moyennes de 200 mètres où, en cas de rupture ou de tout autre accident, le câble eût été facilement dragué, relevé et réparé. Cette circonstance a permis d'effectuer l'opération de la pose en plusieurs sections, l'extrémité du câble ayant été à plusieurs reprises abandonnée sur une bouée pendant que les navires retournaient en Angleterre chercher les longueurs complémentaires de câble. Il y avait d'ailleurs deux stations intermédiaires à Tripoli et à Benghazi.

Ce câble, construit à grands frais, avec un conducteur d'un fort diamètre, et une enveloppe isolante très-épaisse, a complétement réussi. Il est exploité depuis dix-huit mois dans toute sa longueur et fonctionne de la manière la plus satisfaisante.

Le grand progrès qu'il a réalisé est la transmission sur une longueur qui n'avait été atteinte par aucune autre ligne, excepté l'Atlantique ; car bien que divisé en trois sections pour la facilité du service, on a pu, en reliant ces sections entre elles, expérimenter sur toute la longueur. On a ainsi échangé des messages, entre les deux extrémités, à travers une longueur de 2,470 kilomètres de câble, avec une vitesse de cinq mots par minute, en n'employant que des courants excessivement faibles.

Depuis cette époque trois nouvelles lignes ont été établies avec succès, et le gouvernement de l'Inde vient de passer un contrat pour l'exécution de 1,400 kilomètres de câble destinés pour le golfe Persique. Les seules innovations que ces modèles présentent ont pour but de mieux assurer la conservation et la durée de l'enveloppe protectrice. Elles n'ajoutent, quant à la partie électrique, aucun nouvel élément à l'expérience acquise par les grandes lignes précédentes.

Le dernier progrès acquis par la science de la télégraphie sous-marine à grande distance est donc la transmission des messages à travers un câble de 2,470 kilomètres avec une vitesse de cinq mots par minute, fait réalisé par la ligne d'Alexandrie et qui est une base certaine pour toute nouvelle entreprise.

Ce résultat devait ramener les esprits vers l'établissement des communications électriques avec l'Amérique,
surtout au moment où les événements politiques des États-
Unis et les conséquences funestes qu'ils exercent sur le
sort des populations européennes attirent à un si haut
degré l'attention. Quelle influence ne pourrait pas avoir
dans ce moment un télégraphe transatlantique, si, au lieu
d'attendre près d'un mois la réponse aux tentatives de
conciliation dont le gouvernement français a pris l'initia-
tive, on pouvait échanger instantanément des communications à l'aide de l'électricité!

La science affirme la possibilité d'arriver à ce résultat;
l'expérience la confirme; le moment semble donc venu de
tenter l'exécution de ce projet.

ROUTES TÉLÉGRAPHIQUES A TRAVERS L'OCÉAN.

Quatre routes sont proposées pour l'établissement d'une ligne télégraphique entre l'Europe et l'Amérique du Nord. (Voir la carte à la fin.)

§ 1er.

Route d'Irlande à Terre-Neuve. La route directe d'Irlande à Terre-Neuve, que suivait le premier câble, est encore sous le patronage de l'ancienne Compagnie de l'*Atlantic Telegraph*.

La distance totale mesurée est de 3,040 kilomètres; le parcours a été sondé avec soin, et ne présente aucune difficulté particulière. Il suit, à partir de 330 kilomètres de la côte d'Irlande, un plateau à peu près uniforme de 3,500 mètres de profondeur, qui s'abaisse en deux endroits jusqu'à 4,500 mètres. Le fond, dans ces grandes profondeurs, est formé sur toute la longueur d'une couche de débris de coquilles microscopiques désigné généralement par le nom d'ooze, qui semble couvrir uniformément le sol sous-marin dans toute l'étendue de l'Océan. Il semble donc d'une nature très-favorable pour recevoir un câble. Aux abords des côtes, du côté de l'Irlande, et surtout à Terre-Neuve, le fond est dur et rocheux ; mais il a été exploré attentivement et on pourrait éviter le voisinage des roches sur la ligne d'immersion. Ce tracé a surtout l'avantage d'une distance plus courte, conséquemment de pouvoir être établi dans les conditions les plus économiques. Mais n'offrant aucun point d'arrêt intermédiaire il ne peut être établi qu'en une seule section ; par suite, il présente de grands dangers sous le double rapport mécanique et électrique ; les risques de la pose sont plus considérables ; elle demande un temps plus long. Or une rupture dans les grandes profondeurs à un moment quelconque de l'opération est une perte totale du capital entier engagé dans l'entreprise.

Au point de vue électrique, il présente la difficulté de la transmission sur une longueur de câble de 3,700 kilomètres ; il ne paraît pas certain que cette transmission à aussi grande distance puisse s'effectuer avec une vitesse suffisante pour donner un résultat rémunérateur au point de vue financier de l'entreprise. Le problème n'a été qu'imparfaitement résolu par le premier câble. La vitesse de transmission était de cinq à sept lettres par minute, en employant des instruments très-délicats et des courants d'une énergie destructive du câble. A l'aide du galvanomètre réflecteur du professeur Thompson on a pu recevoir au maximum dix lettres.

Les électriciens anglais déduisent de leurs expériences qu'en employant un conducteur d'un très-fort diamètre et sans augmenter l'épaisseur de gutta-percha dans une aussi grande proportion, un câble pourra transmettre les messages avec une vitesse supérieure à dix mots par minute.

Toutefois, ces conclusions n'ont point encore été confirmées par la pratique.

Il résulte, au contraire, des expériences comparatives de vitesse qui ont eu lieu sur les trois sections de la ligne d'Alexandrie, que ce câble, dont le conducteur a quatre millimètres de diamètre, et dont l'isolement est parfait, ne donnerait, avec une augmentation de longueur de 1,200 kilomètres, que des résultats à peu près semblables à ceux de l'ancien Atlantique, soit un mot à un mot et demi par minute. Tous les calculs théoriques d'utilisation du câble et d'évaluations des produits à espérer reposent donc sur une base des plus incertaines; et dans cette occasion, comme dans tant d'autres relatives à l'électricité, la pratique pourrait bien démentir la théorie. C'est donc un grand risque à ajouter aux autres chances si nombreuses d'insuccès des lignes sous-marines.

§ II.

Route du Nord. Pour éviter l'incertitude qui règne à ce sujet, on a proposé la route du Nord, qui, partant du nord de l'Écosse, passerait par des îles Feroë, l'Islande et le Groënland, pour aboutir sur la côte du Labrador, où elle serait reliée par une ligne aérienne aux lignes du Canada et au réseau américain.

La concession de cette ligne a été accordée par le gouvernement danois à une Compagnie anglo-américaine; son tracé a été le but du voyage d'exploration du *Fox* et du *Bulldog* en juillet et août 1861.

Elle serait divisée en quatre sections sous-marines d'une longueur de 3,030 kilomètres et trois sections aériennes de 843 kilomètres, soit une distance totale de 3,873 kilomètres (1).

Cette route, sous le rapport des profondeurs, présente des difficultés un peu moindres que les autres ; la longueur des sections n'en présente aucune au point de vue de la transmission électrique, bien qu'il ne soit pas certain que la force des courants terrestres dans cette région des aurores boréales ne présente pas des dangers d'une autre nature. Mais les obstacles à l'opération mécanique de l'entreprise sont considérablement augmentés par la rigueur du climat dans ces hautes latitudes. La partie comprise entre l'Islande et le Labrador est à peine libre de glaces pendant un ou deux mois de l'année ; les dangers de l'opération de la pose seraient donc notablement accrus. La conservation du câble aux huit points d'atterrissement dans des climats aussi rudes, sur des côtes exposées à des vents violents et à des courants de marée d'une grande force, au milieu de banquises de glace, offrirait bien des dangers ; et en cas d'ava-

---

(1) 1° Du nord de l'Ecosse à Thorshaven, au sud de l'île de Stromoë, 400 kilom. Profondeur maximum 465 mètres.

2° Traversée de Stromoë, de Thorshaven à Haldervig......... 43 »

3° D'Haldervig à Beru-fiord sur la côte Est d'Islande............ 445 » Profondeur 1,270 mètres.

4° Traversée de l'Islande de l'est à l'ouest, de Beru-fiord à la baie de Fax, près de Reikiavik........................... 400 »

5° D'Islande contournant le cap Farewell pour aboutir dans la baie de Juliaushaab................................ 1,240 » Profondeur 2,875 mètres.

6° Du Groenland au Labrador, dans la baie de Hamilton....... 945 » Profondeur 3,840 mètres.

7° Du point d'atterrissement jusqu'aux lignes canadiennes environ.. 400 »

TOTAL................ 3,873 »

ries, les réparations ne seraient possibles que pendant un très-court intervalle. L'entretien des lignes aériennes en bon état de service sur une longueur de 850 kilomètres au milieu des neiges, par des froids de 25 degrés au-dessous de zéro, dans des pays inhabités, serait une difficulté non moins grande.

Ces obstacles ont déjà paru insurmontables, à la suite du voyage du *Fox* et du *Bulldog*, en ce qui concerne la traversée du Groënland, et on dut modifier le tracé primitif qui consistait à atterrir le câble sur la côte Est, par le parallèle de Frederickshaab. Cette côte ne put être abordée; elle était entièrement bloquée par les glaces. L'établissement d'une ligne terrestre, et son entretien à travers ce continent désolé, ces masses de glace et de neige parurent également impossibles.

Bien qu'à un moindre degré, les autres sections présentent en résumé des difficultés telles qu'il est très-probable, que, sauf à de rares intervalles, les différentes sections de la ligne ne se trouveraient jamais toutes à la fois en bon état de service. Conséquemment il est très douteux qu'un service régulier pour l'expédition de la correspondance télégraphique puisse être établi d'une manière permanente par cette route.

Aussi, après un examen approfondi, après beaucoup de controverses, l'entreprise est-elle encore à l'état de projet. L'ancienne route directe a continué à réunir en Angleterre un plus grand nombre de partisans.

§ III.

Route
par les Açores
et
Saint-Pierre.

Quels que soient les mérites respectifs de ces deux tracés, c'est surtout au point de vue anglais qu'ils ont de l'intérêt; partant du territoire britannique pour aboutir dans les possessions anglaises, ils ne peuvent évidemment faire l'objet d'une entreprise française. C'est par le sud que la France doit chercher à établir ses communications télégraphiques avec le nouveau monde. Les Açores, qui se trouvent à peu près à distance égale des deux continents, semblent placées par la nature comme le point qui doit servir à les relier un jour. C'est la route qui se présente le plus naturellement pour le tracé d'une ligne française. Elle a d'ailleurs une importance d'actualité, en ce qu'elle mettrait la France en communication plus rapide avec ses colonies de la Martinique, de la Guadeloupe, et avec le Mexique, où elle ne peut manquer d'avoir pendant longtemps encore de grands intérêts politiques, conséquence de l'occupation française. Les Açores se trouvent sur le passage que suivent, à l'aller et au retour, les steamers naviguant entre les Antilles et l'Europe; ils pourraient y prendre ou y laisser les dépêches, comme le font actuellement au cap Race les paquebots faisant le service entre les États-Unis et l'Angleterre. Les nouvelles télégraphiques gagneraient ainsi une avance de cinq jours sur la correspondance, aussitôt l'exécution de la première section qui relierait ces îles à l'Europe. Quels services ne rendrait pas actuellement une ligne semblable en activité!

Avantages
de cette route.

Il est bon de remarquer aussi que non-seulement tous les navires à voiles venant du golfe du Mexique et des Antilles, mais tous ceux en retour de l'Amérique méridionale, de la côte d'Afrique, de l'Inde, de la Chine, de l'Australie et du Pacifique passent en vue ou dans l'ouest des Açores; souvent ils s'y arrêtent pour renouveler leurs vivres : beaucoup profiteraient de l'établissement des communications électriques pour donner de leurs nouvelles et y attendre des ordres. Le télégraphe transatlantiquepar les Açores, en dehors de son service spécial avec les États-Unis, aurait donc un grand avantage pour nos relations politiques avec les Antilles, le Mexique et l'isthme de Panama et rendrait des services réels au commerce et à la navigation avec toutes les parties du monde.

Courtes sections. · Au point de vue de l'exécution, cette route présente les avantages des courtes sections de la ligne du Nord sans les obstacles du climat des mers arctiques. Elle ne se compose d'aucune section d'une longueur plus grande que le câble d'Alexandrie ; la question de transmission électrique est donc basée sur des faits acquis ; elle ne laisse rien à l'inconnu; le tracé possède conséquemment, sous le double rapport des facilités de la transmission électrique et de l'opération mécanique de la pose, une supériorité incontestable sur les deux autres.

Profondeurs. Les profondeurs sont plus grandes de 500 mètres environ, ce qui n'augmente pas sensiblement les difficultés quand elles dépassent 3,000 mètres. Les sondages sur la ligne d'immersion que suivrait le câble n'ont pas été relevés avec autant de détail que pour les autres lignes ; toutefois ceux exécutés en 1858 par le commandant Dayman, pour le compte du gouvernement anglais, et les travaux hy-

drographiques du capitaine Vidal sur le plateau des îles
Açores sont suffisants pour faire apprécier les obstacles à
vaincre sous ce rapport et pour déterminer le choix du
câble. (Voir la carte des fonds à la fin.) Le maximum entre
l'Europe et les îles est de 4,500 mètres. Partout, dans ces
parages, on a constaté le fond d'Oaze, déjà reconnu sur le
parcours de l'ancien câble de l'Atlantique.

Entre les Açores et Terre-Neuve et dans la direction du
nord-ouest, les fonds semblent suivre un plateau uniforme
de 3,500 à 4,000 mètres, jusqu'à une distance de 1,300
kilomètres, où ils se relèvent pour former le banc du Bonnet-Flamand. Le câble y serait immergé par une profondeur de 130 mètres, circonstance favorable qui diminuerait notablement les risques de l'opération.

La seule objection sérieuse qu'on oppose aux avantages
que je viens d'énumérer est fondée sur la nature volcanique du plateau des Açores. On prétend que les éruptions,
les bouleversements du sol sous-marin, ou simplement la
nature volcanique du fond, n'y permettront pas la conservation d'un câble.

Influences volcaniques.

Cette objection est très importante ; j'ai dû l'étudier attentivement. et, après avoir consulté les documents les plus
authentiques, j'ai reconnu que, parfaitement fondée en ce
qui regarde les îles du Sud, elle ne peut en aucune manière
s'appliquer aux îles du Nord.

L'archipel des Açores s'étend sur une longueur de 600
kilomètres environ du N.-O. au S.-E. Il est composé de
neuf îles, divisées en trois groupes distincts.—Saint-Michel
et Sainte Marie au S.-E.; Graciosa, Terceira, Saint-George,
Pico et Fayal, au centre, et Florès et Corvo détachées au
N.-O. Elles sont toutes de nature volcanique et leur soulè-

Iles Açores.

vément au-dessus de la mer est évidemment dû à quelque
cataclysme violent du globe. Plusieurs sont périodique-
ment ébranlées par des tremblements de terre, et renferment des cratères dont les éruptions ont exercé de grands
ravages pendant les siècles derniers et au commencement
de celui-ci. Des mouvements du sol sous-marin, coïnci-
dant généralement avec ces éruptions, ont, à différentes
reprises et en dernier lieu en 1811, produit le soulèvement
jusqu'à 300 pieds au-dessus du niveau de la mer d'îles qui,
après une courte période, ont été englouties aussi soudainement qu'elles étaient apparues. Saint-Michel, Terceira,
Saint-George, Fayal et Pico ont été le théâtre de ces actions volcaniques. Le fait que toutes les pertubations sous-
marines ont invariablement eu lieu dans le bras de mer
qui sépare Saint-Michel des îles du groupe central, laisse
peu de doute sur l'existence d'un volcan sous-marin dans
cette partie. Aussi, bien qu'il eût été désirable au point de
vue des distances d'atterrir à Saint-Michel, située à 1400
kilomètres de la côte d'Europe, on est forcé d'en éviter
même le voisinage, pour ne pas exposer le câble à ces
causes de destruction.

Flores et Corvo.   Mais toutes les îles de l'archipel ne présentent pas ces
dangers. Florès et Corvo, détachées au Nord, en sont tout
à fait exemptes. Ces îles présentent des caractères très-dis-
tincts et semblent d'une formation bien antérieure. La
Caldeira de Corvo est évidemment un cratère éteint, mais
de date très-ancienne. Sur toute l'étendue des deux îles, les
éléments volcaniques composant le sol sont dans un état
complet de décomposition, et nulle part on n'aperçoit les
moindres vestiges d'éruption récente. Et en effet, depuis
leur découverte en 1460, non-seulement aucune action de

ce genre n'a jamais eu lieu, mais aucune secousse de tremblement de terre ne s'y est jamais fait sentir. Établies sur un plateau distinct et séparées des autres îles par une distance de 250 kilomètres et des profondeurs de 1,800 mètres, elles sont à l'abri de leur influence. Un câble y sera en parfaite sécurité et dans d'aussi bonnes conditions de conservation que sur la côte de Terre-Neuve. En ce qui les concerne, le danger est purement imaginaire. On pourrait se borner à y établir une station reliée directement avec l'Europe. La ligne d'immersion se trouverait alors passer à 300 kilomètres au nord de Saint-Michel par des fonds de 2,500 mètres éloignés de toute influence volcanique.

Néanmoins, comme, sous différents rapports, il y aurait avantage à diminuer la distance et à établir une station intermédiaire au centre de la ligne, je crois fermement qu'on pourrait atterrir à Graciosa sans danger pour le câble.

Graciosa.

Cette île, située au nord du groupe central, présente sous différents rapports les mêmes caractères que Florès et Corvo. Elle repose sur un plateau distinct séparé de Terceira et de Saint-George par des profondeurs de 1,400 mètres sur une largeur de 50 kilomètres. Elle paraît également d'une plus ancienne origine que les autres îles du groupe; le sol volcanique est aussi dans un état complet de décomposition et recouvert d'une épaisse couche de sol végétal. Les côtes n'en sont point abruptes, et s'élèvent en suivant une pente graduelle, qui se reproduit dans les sondages. Le pic qui s'élève au centre de l'île est un cratère éteint d'une date très-ancienne, et dont l'intérieur est recouvert de la végétation la plus active. Depuis 1451, date de sa découverte, aucun mouvement volcanique n'y a jamais eu lieu. Elle a cependant quelquefois ressenti les secousses

de tremblements de terre qui ébranlaient les îles du Sud.

On peut considérer que le câble atterrissant sur la côte nord-est n'y serait exposé à aucune influence dangereuse. En fait, un câble télégraphique y serait dans des conditions de conservation meilleures que ceux de la Méditerranée immergés dans le voisinage de Malte, la Sicile, la côte d'Afrique, et même dans le sud de la Sardaigne, et surtout que celui qu'on propose d'atterrir en Islande. Si l'atterrissement à Graciosa doit être rejeté par crainte des actions volcaniques, la télégraphie océanique doit renoncer à tout atterrissement intermédiaire entre les continents, presque toutes les îles des deux Océans étant de formation volcanique.

La solution de la question de l'atterrissement à Graciosa, qui, on le voit, n'est pas indispensable, pourrait d'ailleurs être reculée jusqu'après une enquête plus approfondie, qui serait faite sur les lieux à l'époque des sondages.

La route par les Açores reste donc avec son avantage des courtes sections; elle a le défaut d'une distance totale plus grande. Elle exige conséquemment une somme de dépenses plus considérable que les deux autres. Le parcours de terre à terre entre l'Europe et la pointe de Terre-Neuve est de 3,925 kilomètres, soit 885 kilomètres de plus que la ligne directe d'Irlande à Terre-Neuve. Mais l'augmentation qui en résulte est plus que compensée par la possibilité de diviser l'exécution, et par là de réduire les risques. Dans la ligne directe, il faut de toute nécessité exposer le capital entier aux hasards d'une seule opération. Dans celle-ci, on peut se borner à tenter d'abord la pose de la première section du câble en n'exposant que la moitié du capital; en cas de succès, on exécuterait l'année suivante la seconde partie en profitant de l'expérience acquise par la première opération. En cas d'insuccès, on pourrait liquider l'entreprise avec une perte bien moins forte que l'autre dans des circonstances semblables.

L'augmentation des dépenses d'établissement de la ligne ne serait d'ailleurs pas proportionnelle à l'excédant de longueur; car, pour avoir un câble d'une seule section, d'une utilisation égale, il faudra augmenter notablement les dimensions du conducteur et de l'enveloppe isolante, conséquemment augmenter le prix du câble.

§ IV.

Un quatrième projet consiste à atterrir dans l'Amérique du Sud, sur la côte du Brésil, une ligne longeant la côte de Portugal et celle d'Afrique jusqu'à Saint-Louis, qui de là passerait par les îles du Cap-Vert, traverserait l'Océan et aboutirait aux environs du cap la Roque. Elle remonterait ensuite vers le nord en touchant aux ports les plus importants de la côte d'Amérique, traverserait les Antilles en les reliant entre elles, et les rattacherait au continent Nord américain par le détroit de la Floride. Ce projet gigantesque forme un circuit total de plus de 15,000 kilomètres, dont 14,000 de lignes sous-marines qui seraient divisées en une vingtaine de sections. Il exigerait une dépense de plus de 60 millions de francs.

Dans ses différentes parties, ce vaste réseau réunit toutes les difficultés que présentent séparément la ligne directe d'Irlande et celle par les Açores, les plus grandes profon-

Route du Sud par les îles du cap Vert et l'Amérique méridionale.

deurs connues, la transmission électrique sur une distance de 2,670 kilomètres dans la traversée de l'Océan, des îles du cap Vert au cap lá Roque, ou de 2,300, si on atterrit à Fernando de Noronha ; car on ne peut admettre la possibilité d'établir une station sur le rocher de Pénélo de San-Pedro, où d'ailleurs la gutta-percha serait, en raison de la température élevée, dans des conditions détestables d'isolement ; ce point ne peut être utilisé que pour faciliter l'opération de la pose, en y ancrant une bouée, si la nature du fond ne présentait pas de dangers pour le câble. L'objection fondée sur les influences volcaniques s'applique surtout à ce parcours dans le voisinage des îles Canaries, des îles du cap Vert, de Pénélo de San-Pedro et des Antilles. Le seul avantage qu'il offre serait la presque certitude de temps favorable pendant la pose.

Cette route sera ultérieurement suivie pour l'établissement des communications électriques avec le Brésil ; mais elle ne peut évidemment pas être entreprise en vue des communications avec les États-Unis. Sans parler du capital énorme qu'elle nécessiterait, les points d'atterrissement seraient tellement multipliés qu'il serait impossible de les maintenir en bon état de manière à assurer un service de dépêches permanent. Enfin, admettant même cette possibilité, les répétitions seraient si nombreuses entre chaque section, les retards par suite si grands, que l'utilisation du câble serait complétement insuffisante pour rémunérer l'énorme capital engagé dans l'entreprise.

§ V.

Je ne mentionnerai que pour mémoire le projet russe du colonel Romanoff pour l'établissement d'une ligne sous-marine entre l'Asie et l'Amérique à travers l'océan Pacifique.

Route par la Sibérie et les îles Aleutiennes.

Cette ligne partirait de Nicolaïeff, sur la rivière d'Amoor, pour atterrir à Petropawlowski, à une distance de 1,480 kilomètres. De ce point elle traverserait l'Océan en touchant à douze des îles Aleutiennes, où des stations intermédiaires seraient établies. Elle viendrait aboutir à la presqu'île de Alaska, dans l'Amérique russe, d'où elle serait prolongée jusqu'à l'île Vancouver et San-Francisco, soit par des lignes terrestres, soit par des câbles sous-marins. La longueur de la traversée de l'Océan serait de 3,475 kilomètres, divisée en 12 sections, dont la plus longue aurait 620 kilomètres. La distance totale de la rivière d'Amoor à l'île de la Reine-Charlotte serait de 7,450 kilomètres.

Les lignes terrestres de Sibérie devant s'étendre avant deux ans jusqu'à Nicolaïeff, l'Europe se trouverait, par l'exécution de ce réseau, en communication avec les lignes américaines, qui se prolongent jusqu'à San-Francisco. Une dépêche de France pourrait par cette voie parvenir à New-York, après avoir parcouru 23,000 kilomètres, formant les quatre cinquièmes d'un cercle du globe par cette latitude.

Toutes les objections fondées sur l'entretien des câbles aux atterissements multipliés et celui des lignes de terre d'une si grande longueur dans des pays presque inhabités s'appliquent à ce projet. Jamais les communications ne seraient possibles d'une extrémité à l'autre. Il y aurait toujours quelques sections interrompues : pour la Russie, il a une grande importance ; pour les puissances occidentales, il a un intérêt au point de vue des communications télégraphiques avec la Chine et le Japon ; il devient très-secondaire en vue de celles avec les États-Unis.

TÉLÉGRAPHE TRANSATLANTIQUE PAR LES AÇORES.

La route des Açores pour l'établissement d'une ligne télégraphique entre l'Europe et l'Amérique du Nord est donc la seule à laquelle la France puisse accorder son patronage, en attendant que les progrès de la science permettent de tenter l'immersion d'un câble direct entre Brest et sa petite possession de Saint-Pierre.

Dès 1857, le gouvernement français avait accordé l'autorisation d'atterrir aux environs de Bordeaux une ligne qui, passant par ces îles, devait aboutir à Boston. Ce projet n'ayant pas eu de suite, une concession de cinquante années, pour une ligne qui devait suivre le même parcours, fut accordée en 1860 avec garantie par l'État d'un produit de un million cinquante mille francs. Cette concession n'a également abouti à aucun résultat. Les délais fixés pour l'exécution sont écoulés depuis longtemps; elle est périmée comme la première. Aucune étude sérieuse des difficultés à surmonter, aucuns travaux préparatoires, aucuns sondages n'ont été faits par les concessionnaires en vue de l'établissement de cette ligne. Ils ont été déclarés déchus de tous leurs droits.

J'ai adressé au gouvernement français des propositions

pour l'établissement d'une ligne qui devra atterrir aux environs de Bayonne, toucher aux Açores et à l'île Saint-Pierre, et aboutir au continent américain, avec faculté d'établir une station intermédiaire sur la côte d'Espagne ou de Portugal, et une autre dans l'île de Terre-Neuve, aux environs du cap Race.

TRACÉ.

Pour déterminer le tracé définitif, il ne faut pas perdre de vue les conditions qui, sous le rapport électrique ou sous le rapport mécanique, doivent faciliter l'entreprise.

Il faut, dans l'état actuel de nos connaissances sur la transmission à grande distance, réduire la longueur des sections dans les limites de la ligne d'Alexandrie.

Quant à la partie mécanique, si, après l'immersion d'un câble, il semble, dans les grandes profondeurs, être dans des conditions favorables de sécurité et de conservation, il est, pendant la pose, exposé à des accidents de rupture qui mettent à néant tous les résultats de l'entreprise, par suite de l'impossibilité de repêcher l'extrémité perdue.

D'un autre côté, dans les petites profondeurs, où les opérations de pose et de relèvement sont faciles, les câbles sont exposés à des causes d'interruption plus fréquentes par le frottement sur des roches, ou sur un fond dur par l'effet des grosses mers, des courants ou par les ancres des navires.

Les conditions les plus favorables sont les profondeurs modérées assez grandes pour qu'un câble soit à l'abri des influences de la surface des mers assez faibles pour qu'on puisse toujours le draguer et le relever. Ces profondeurs sont celles de 200 mètres. Malheureusement la plupart des lignes ne présentent pas ce *désidératum* ; mais, toutes les fois qu'on peut l'atteindre, il faut en profiter.

C'est en vue de ces exigences que j'ai proposé le tracé suivant.

La ligne entière serait composée de 5 sections principales.

1° De la côte d'Europe à l'île de Florès.	1,925 kilom.
2° De Florès au cap Race (Terre-Neuve).	2,000 »
3° Du cap Finistère en France..........	680 »
4° Du cap Race à Saint-Pierre..........	240 »
5° De Saint-Pierre au cap Breton......	315 »
Total.....	5,160 kilom.

Les deux premières formeront la ligne transatlantique proprement dite, dont l'exécution établira les communications électriques entre les deux continents. La première serait tentée tout d'abord, la seconde ne serait entreprise que dans le cas où la première aurait été établie avec succès.

Les trois sections complémentaires rattachant les extrémités de la ligne d'un côté au territoire français, de l'autre au continent américain par Saint-Pierre, seraient subordonnées à la réussite des sections centrales; elles ne seraient entreprises que si les communications entre l'Europe et l'Amérique avaient été établies par ces lignes, et si elles avaient fonctionné régulièrement pour le service des dépêches pendant une année.

Ce mode d'exécution successive a pour but de diminuer les risques de l'entreprise et de les limiter, en cas d'événement, au montant d'une seule section.

Section d'Europe aux Açores. 1ere SECTION. — J'ai dit précédemment que cette section pouvait être sans danger divisée en deux parties en atterrissant à Graciosa.

Le point extrême d'attache en Europe dépendrait en partie des arrangements qui pourraient être pris avec les gouvernements d'Espagne ou de Portugal.

Atterrissement. Dans le cas où il serait en Portugal, la plage sablonneuse située à l'embouchure du Minho, sur la rive méridionale, et qui s'étend jusqu'à la petite ville frontière de Caminha, serait un excellent point d'atterrissement.

En raison des distances de la section qui devrait ultérieurement le rattacher à la côte de France, le meilleur point serait au nord du cap Finistère, aux environs du cap **Profondeurs.** Villano, dans la baie de Camarinas. Aux abords des côtes dans cette partie, le plateau des sondes ne fait prévoir aucune difficulté. Au large, les fonds augmentent graduellement : à 5 kilomètres, ils sont de 100 mètres; à 20 kilomètres, on atteint ceux de 200 mètres ; et à 40 kilomètres, ils ne sont encore que de 300 mètres. A partir de ce point, la pente devient plus rapide, les fonds s'abaissent promptement à 1,200 mètres et à 2,600 mètres. Suivant les cartes du lieutenant Maury, on atteint à 140 kilomètres de la côte les fonds de 3,000 à 3,600 mètres qui s'étendent sur une zone de 300 kilomètres. A la suite règne une vallée inférieure d'une largeur de 650 kilomètres, au centre de laquelle se trouvent les plus grandes profondeurs. Elles atteignent 4,575 mètres. Elles diminuent lentement, dans la direction des Açores, jusqu'à 2,500 et 2,000 mètres à l'approche de ces îles, et aux abords de la côte se relèvent par une pente rapide jusqu'à l'atterrissement. Partout où les sondages du commandant Dayman ont porté, il a constaté le fond d'Oaze, qui semble couvrir uniformément le sol sous-marin dans les grandes profondeurs.

En admettant que la ligne dût atterrir à Graciosa, la baie de Santa-Cruz, au nord-est de l'île, serait le point le plus convenable. Les abords en ont été soigneusement explorés par le capitaine Vidal. *Atterrissement à Graciosa.*

Le plateau des sondes en face de la ville s'étend à plus de 4 kilomètres, où l'on trouve les fonds de 300 mètres sable. A 3 kilomètres 1/2, ils sont de 180 mètres, et de 50 mètres à 1,200 mètres de la côte. Le point d'atterrissement serait protégé contre les grands vents de sud-ouest et ouest.

La section intermédiaire, d'une longueur de 280 kilomètres par des fonds de 16 à 1,800 mètres, ne présente pas de difficultés. On pourrait la faire atterrir soit à Florès, soit à Corvo. La première a plus d'importance, la dernière se trouve plus dans la ligne directe, et raccourcirait de près de 15 kilomètres la section suivante. *Section de Graciosa à Florès.*

Les environs de Santa-Cruz, à l'Est dans l'île de Florès, seraient un point convenable d'atterrissement. Vis-à-vis de la ville, la côte est garnie de roches ou d'îlots, et le fond est très-irrégulier à l'accore de ce plateau. Mais au sud, dans l'anse formée entre la pointe Santa-Cruz et la pointe Cabeiro, il y a un bon fond de sable, où le câble serait parfaitement à l'abri des grands vents depuis le nord jusqu'au sud par l'ouest. Le plateau des sondes s'étend à environ 4 kilomètres devant cette anse, par des fonds de 331 mètres *Atterrissement de Florès.*

sable, qui vont en diminuant graduellement jusqu'à la plage. A 600 mètres, ils sont de 18 mètres.

Atterrissement de Corvo. Dans l'île de Corvo, la bourgade du Rosario au S.-E. serait le seul point passable d'atterrissement. A la distance de 600 mètres, on trouve un fond de sable par 18 mètres; à 2 kilomètres 1/2, ils sont de 102 mètres, d'où ils tombent rapidement à 370 mètres, profondeurs qu'on trouve à 3 kilomètres 1/2, limite des sondages. L'aspect le plus général du fond est sable, sable et corail, et quelquefois des plateaux de roche qu'il faudrait éviter.

Des sondages ultérieurs, faits spécialement en vue de l'établissement du câble, détermineraient le point définitif le plus convenable.

Section des Açores à Terre-Neuve. 2e SECTION. — La section entre les Açores et Terre-Neuve est d'une longueur de 2,000 kilomètres. C'est donc la plus longue; mais elle ne traverse pas d'une seule portée des grandes profondeurs comme la première; on trouve sur son parcours le banc du Bonnet-Flamand et les hauts fonds du grand banc de Terre-Neuve.

Banc du Bonnet-Flamand Le Bonnet-Flamand, situé à environ 1,350 kilomètres des Açores et 580 du cap Race, s'étend sur une longueur de plus de 150 kilomètres du nord au sud par 75 de large; les fonds remontent rapidement à l'accore du banc par 400 mètres, et suivent une pente graduelle jusqu'à la partie la plus élevée, où les sondages ont constaté 130 mètres. Le fond, sur tout le plateau, est de vase ou de sable très-fin. Le câble y serait donc dans de très-bonnes conditions de conservation et pourrait toujours y être relevé en cas d'accident.

Profondeurs. Dans la partie comprise entre les Açores et le Bonnet-Flamand, les sondages ne font pas prévoir des fonds dépassant 3,500 mètres. A l'ouest de Florès, le commandant Dayman a constaté des profondeurs de 5,078 mètres, qui semblent confirmer l'opinion accréditée par les observations antérieures, que les plus grandes profondeurs de l'Atlantique se trouvent au sud des bancs de Terre-Neuve, entre les Açores et les Bermudes. Ces sondages sont à près de cent milles en dehors de la ligne d'immersion, et on pourrait s'en éloigner encore davantage en inclinant vers le nord, direction dans laquelle les fonds se maintiennent au-dessous de 3,000 mètres pendant plus de 300 milles.

De récentes explorations, dirigées avec le plus grand soin, ont prouvé la non-existence des nombreuses vigies indiquées dans ces parages sur les anciennes cartes. Elles ne figurent plus sur les nouvelles.

Dans cette partie on traverse le Gulf Stream, mais cette circonstance n'a aucune influence sur les difficultés de la pose. On sait que ce courant n'est que superficiel; entre les Açores et Terre-Neuve, sa profondeur, suivant Maury, n'atteint pas 200 mètres sa vitesse dans le nord des îles est de 0,6 à 0,8 de nœud; à l'approche des bancs, elle atteint en été 1 nœud à 1,2 : le câble aura donc traversé dans quelques minutes la couche supérieure sans être dévié sensiblement de la ligne d'immersion. Ce courant a du reste un cours régulier connu, ce qui permet d'en rectifier les effets : circonstance bien préférable aux courants variables, souvent aussi rapides, qu'on a rencontrés dans la Méditerranée pendant la pose des câbles, et dont on n'a connu la direction que par la déviation qu'ils avaient causée. Enfin, portant dans l'Est, il ne pourrait que rapprocher des profondeurs moindres, direction que j'ai indiquée comme étant la meilleure.

Gulf Stream

3

La partie comprise entre le Bonnet-Flamand et l'île de Terre-Neuve n'offre pas de difficultés pour l'opération de la pose. Entre ces hauts fonds et le Grand-Banc, sur une longueur de 150 kilomètres, les profondeurs sont modérées avec un fond de sable gris très-fin. La traversée des bancs présente un plateau d'une profondeur à peu près uniforme de 80 à 100 mètres, d'une longueur de 250 kilom. environ.

Mais, au point de vue de la conservation du câble, la traversée des bancs présente des dangers d'une autre nature. D'un côté, il serait exposé à être endommagé par les ancres des navires qui se livrent à la pêche de la morue ; d'un autre, on ne peut pas, pour éviter ce danger, immerger le câble à l'accore du banc, où il serait hors de l'atteinte des ancres, mais où il serait exposé aux effets destructeurs des banquises de glace amenées par le courant polaire, et qui échouent souvent à l'accore du banc. Ces montagnes de glace, dont la partie submergée atteint fréquemment de grandes profondeurs, sous l'impulsion des vents et des courants, labourent profondément les fonds sur lesquels elles échouent, et ne manqueraient pas de briser le câble sur leur passage.

On pourrait éviter ces dangers en faisant passer le câble à 150 kilomètres dans le nord, par des profondeurs de 400 mètres, accroissement de longueur doublement regrettable au point de vue de la dépense et de la transmission électrique.

Le meilleur parti serait de franchir hardiment les bancs, mais en employant un câble d'une grande résistance protégé par une forte armature en fer, et en suivant pour la ligne d'immersion le *track* des steamers qui font le service entre les États-Unis et l'Europe. La route qu'ils suivent régulièrement à l'aller et au retour, en doublant le cap

(marges) Traversée des bancs de Terre-Neuve.

Circuit au nord.

Track des steamers.

Race, est sillonnée par une douzaine de navires qui la traversent chaque semaine. Les bateaux pêcheurs, en connaissant la position et la direction, s'exposent rarement dans ces parages, surtout à l'époque des brouillards les plus épais, qui coïncide avec celle de la pêche. Ils évitent l'ancrage dans cette zone des bancs, et, par ce fait, le câble serait peu exposé aux ruptures par les ancres. En cas d'accidents de cette nature, ils seraient toujours réparables dans ces petites profondeurs.

Ces parages n'étant traversés que par les banquises de glace flottantes qui ont pu franchir l'accore des bancs, le câble s'y trouvera hors de l'atteinte de leur partie submergée.

Le fond sur ce parcours est d'ailleurs très-favorable : il est probable qu'un câble lourd ne tarderait pas à y être enfoui de manière à être efficacement garanti contre ces causes de destruction.

Cette importante question de la traversée des bancs mérite cependant de faire l'objet d'une enquête approfondie, à la suite des sondages détaillés et des explorations qui seront entrepris en vue de l'établissement du câble.

La baie des Trépassés, à l'ouest du cap Race, dans l'île de Terre-Neuve, semble très-favorable pour le point d'atterrissement ; elle est entièrement formée par un banc qui s'étend dans le sud, depuis le cap Race jusqu'à 20 kilomètres au large du cap Fréel, avec fond de sable ou gravier, par des profondeurs de 100 mètres, jusqu'aux abords de la côte, où ils diminuent graduellement. *Atterrissement à Terre-Neuve.*

Bien que le terminus d'une ligne française doive être l'île de Saint-Pierre, j'ai demandé la faculté d'établir une station intermédiaire aux environs du cap Race, c'est-à- *Station du cap Race.*

dire à la pointe extrême des îles de l'Amérique du Nord la plus rapprochée d'Europe. Le télégraphe transatlantique s'y relierait aux lignes américaines qui traversent la Nouvelle-Écosse et l'île de Terre-Neuve. Les communications électriques se trouveraient dès lors établies entre les deux mondes. Les considérations de distance, conséquemment de transmission électrique et de diminution des risques par la division des sections, sont les motifs de cette stipulation. Elle permet de reporter à une époque ultérieure la dépense de 3 millions environ que coûtera la prolongation de la ligne depuis ce point jusqu'au continent en passant par Saint-Pierre, et de l'éviter entièrement, en cas de non-réussite ou d'accident pendant la première année d'exploitation.

Il n'est cependant pas certain qu'on puisse profiter de cette faculté. Le privilége exclusif d'atterrir toute ligne télégraphique dans l'île de Terre-Neuve appartient pour cinquante années à l'ancienne Compagnie de l'*Atlantic Telegraph*. Il faudra obtenir d'elle l'autorisation nécessaire; j'ai entamé des négociations à ce sujet avec des administrateurs de la Compagnie, et particulièrement avec M. Cyrus Field, le plus actif promoteur de l'entreprise et l'un des propriétaires de la ligne terrestre aboutissant au cap Race. Le résultat de ces premières ouvertures ne fait prévoir aucun obstacle sérieux. S'il en était autrement, la deuxième section serait alors prolongée directement sur Saint-Pierre.

Section de France au cap Finistère.

3ᵉ SECTION. — Après l'exécution des parties centrales formant la ligne transatlantique, celle des sections complémentaires aux deux extrémités n'offrirait plus que les difficultés ordinaires des câbles en activité.

Biarritz sera le meilleur point d'arrivée de celle qui reliera à la France le point d'attache en Europe; elle

aurait une longueur de 680 kilomètres si ce dernier était
aux environs du cap Finistère, et de 850 si elle devait se
prolonger jusqu'à la frontière de Portugal. La ligne d'immersion suivrait les fonds de 200 mètres à une distance de
la côte variable de 10 à 50 kilomètres. Le plateau des
sondes a été bien exploré, et indique généralement des
fonds de vase. Un câble revêtu d'une forte armature protégée contre l'oxydation s'y trouverait dans les conditions
les plus favorables.

En attendant la construction de cette section, les dépêches
seraient expédiées par la voie de terre. Le gouvernement
espagnol accordera sans aucun doute toute facilité pour
l'établissement de fils spéciaux directs qui relieraient la
station avec le réseau des lignes télégraphiques françaises.

4e Section. Le tracé du cap Race à Saint-Pierre, d'une
longueur de 240 kilomètres, suivrait des fonds variables
ne dépassant pas 250 mètres. Les abords de l'île par le travers
de la ville sont durs et rocheux ; le point d'atterrissement
devra être exploré avec soin et la nature du fond bien
déterminée sur la ligne des sondages. On trouvera probablement un point convenable, soit dans l'anse à Philibert,
au sud de la ville, où il serait à l'abri des vents du sud au
nord par l'ouest, soit dans une des anses au sud de l'île
comprises entre la pointe du Havre et celle des Diamants. *Section du cap Race à Saint-Pierre.*

5e Section. — J'avais d'abord proposé de prolonger la
section finale de Saint-Pierre directement à Halifax, en
traversant la vallée de 250 kilomètres de large par des
fonds de 400 mètres qui séparent le plateau de Terre-Neuve
de celui de l'île du cap Breton, et suivant la côte de la
Nouvelle-Écosse pendant 400 kilomètres, par des fonds de
200 à 250 mètres. Cette section, d'une longueur totale *Section de Saint-Pierre au continent américain.*

de 650 kilomètres, eût été dans de très-bonnes conditions, et aurait eu l'avantage d'assurer une double communication avec le cap Race.

Mais, dans le but de réduire les dépenses, j'ai modifié ce premier plan ; la jonction avec les lignes américaines aurait lieu au cap Nord, au point même d'atterrissement du câble qui relie actuellement Terre-Neuve à l'île du Cap-Breton. La distance est de 315 kilomètres, dans des profondeurs ne dépassant pas 400 mètres. Le câble s'y trouverait dans des conditions de durée analogues à celles du câble établi en 1856 à partir du même point, et qui a fonctionné jusqu'à ce jour sans autre accident qu'une avarie promptement réparée causée par l'ancre d'un navire.

Le tracé proposé pour le télégraphe transatlantique est, on le voit, conçu dans tous ses détails en vue de faciliter l'opération et de réduire les risques dans les limites du possible. Sans doute il eût été préférable, au point de vue politique et de la rapidité des communications, d'éviter la nécessité des sections intermédiaires sur le territoire étranger. Mais n'est-il pas prudent, dans l'état actuel de nos connaissances et pour une première entreprise, de profiter de toutes les ressources qu'offre la configuration du globe? La réalisation de ce projet donnera, je l'espère, l'expérience nécessaire pour éviter cette obligation dans l'exécution d'une seconde ligne, jusqu'à ce que de progrès en progrès on arrive à joindre Brest et Saint-Pierre par un câble d'une seule portée.

MODÈLE DU CABLE.

Le but pratique d'une entreprise télégraphique est l'établissement d'une ligue durable, dans les conditions les plus économiques, qui transmette les signaux avec une vitesse suffisante pour assurer le service des dépêches.

Ce but, dans la télégraphie sous-marine à grande distance, ne peut être atteint que par l'emploi d'un câble approprié aux circonstances particulières du tracé. Il faut bien se pénétrer de ce principe, qu'il doit, suivant ces circonstances, remplir certaines conditions sans lesquelles le succès est impossible. La dépense d'établissement doit être réduite dans les limites strictement nécessaires pour assurer une bonne exécution de l'entreprise dans tous ses détails; mais, au delà de cette limite, toute réduction fondée uniquement sur des motifs d'économie, qui n'assurerait que d'une manière incomplète les conditions essentielles de sécurité et de garantie, en compromettrait le résultat. C'est faute de se conformer à ce principe que tant d'entreprises de télégraphie sous-marine ont échoué jusqu'à ce jour. Ce sont ces conditions essentielles qu'il s'agit de déterminer pour fixer le modèle d'un câble.

Un câble sous-marin se compose d'un fil conducteur entouré d'un substance isolante et d'une enveloppe protectrice extérieure. Les deux premières parties réunies forment ce qu'on appelle le cœur ou l'âme du câble.

CŒUR DU CABLE.

Les deux parties qui forment le cœur sont les seuls éléments essentiels du télégraphe d'où dépend le but de l'entreprise, la transmission des signaux électriques. On comprend l'importance qui s'attache au choix du cœur et à sa bonne fabrication si l'on considère que la continuité du conducteur doit être complète sur toute la longueur du câble; que la gaîne isolante doit, également dans toute son étendue, ne pas présenter la plus légère imperfection, la fissure la plus imperceptible, qui, en laissant pénétrer jusqu'au conducteur l'eau de mer, ou simplement un peu d'humidité, empêcherait toute transmission électrique; et que la rapidité de la transmission des signaux dépend uniquement des matériaux qui le composent, de leurs dimensions et du rapport de ces dimensions entre elles.

Retard du courant. Plusieurs causes se réunissent pour retarder le passage du courant électrique dans un câble sous-marin : la résistance du conducteur au passage de l'électricité, l'imperfection de l'isolement, quelle que soit la substance employée, et l'absorption électrique de l'enveloppe isolante. Mais la cause la plus grave est celle qui résulte du phénomène connu sous le nom d'induction.

Induction. Lorsqu'un courant électrique passe par le conducteur, il agit par induction sur l'électricité contraire du milieu qui entoure la gaîne isolante, qui à son tour réagit sur le courant. Il en résulte, comme dans la bouteille de Leyde, une accumulation d'électricité d'autant plus forte que la surface du conducteur est plus grande et que l'enveloppe isolante est moins épaisse, accumulation dont l'écoulement, surtout dans une grande ligne, demande un certain temps.

Il n'y a pas de phénomène qui ait une plus funeste influence sur la télégraphie sous-marine. Sans les retards du courant qui en résultent, la transmission à grande distance n'aurait présenté aucun danger, et ce sont ses effets, à peine entrevus lors des premières entreprises, qui entravent le développement de la télégraphie océanique. Les recherches des savants ont eu pour but, pendant ces der-

nières années, d'en éviter les effets ; leurs nombreuses
expériences ont fourni les moyens de les réduire, mais on
n'en connaît aucun de les éviter entièrement ; le câble le
plus parfait n'en est point à l'abri.

Le cœur de tous les câbles sous-marins construits jusqu'à ce jour a été formé d'un conducteur de cuivre recouvert de gutta-percha.

Le cuivre est de tous les métaux, en raison de sa haute
conductibilité, huit fois plus grande que celle du fer, et de
sa durée, celui qui est le mieux approprié aux fonctions de
conducteur.

Conducteur.

Pour l'enveloppe isolante, on doit suivre le précepte
sagement posé par le comité d'enquête en Angleterre,
que, quel que soit le mérite d'une matière isolante, on ne
doit l'employer que lorsqu'elle a subi l'épreuve du temps.
Sans donc discuter les qualités incontestables du caoutchouc et de la composition de Léonard Wray, on doit reconnaître que l'expérience de douze années a prouvé que
la gutta-percha est un excellent isolateur, possédant aussi
une haute résistance inductive ; qu'elle semble impérisable
dans l'eau de mer ; qu'elle est impénétrable par l'humidité
dans les plus grandes profondeurs ; qu'elle a l'avantage de
pouvoir être appliquée solidement sur le conducteur à
l'état plastique ; que les soudures s'effectuent avec facilité ;
en résumé que la gutta-percha est admirablement adaptée
à l'usage de la télégraphie sous-marine. Aucune autre
substance n'a subi l'épreuve du temps.

Enveloppe
isolante.

Il ne peut donc être question pour une entreprise de l'importance d'un télégraphe transatlantique de déroger à la
règle.

Les premiers conducteurs étaient formés d'un fil unique ;

depuis, l'expérience a montré qu'il était préférable d'employer un faisceau de plusieurs petits fils légèrement tordus, disposition qui présente plus de sécurité au point de vue de la continuité et de l'homogénéité du conducteur dans toute sa longueur.

Composition de Chatterton. La gutta-percha s'appliquait aussi dans le principe en une ou deux couches. Il était alors difficile d'éviter pendant la fabrication la formation de bulles d'air ; après l'immersion du câble, elles étaient pénétrées par l'eau de mer, et formaient des cavités qui diminuaient toujours et détruisaient souvent l'isolement. On évite actuellement ce danger par l'application de la gutta-percha en minces couches successives. Il est aussi d'usage d'enduire le conducteur d'une composition résineuse connue sous le nom de Chatterton-composition, qui remplit les interstices entre les fils composant le conducteur et produit une adhérence plus complète du conducteur avec la gaîne. L'application d'une couche de la même composition entre chaque couche de gutta-percha est également un progrès incontestable, qui améliore notablement l'isolement et qui augmente dans une proportion plus forte la résistance inductive.

Ces dispositions, dont une longue expérience a confirmé les avantages, sont donc celles qu'il convient d'adopter dans la construction du cœur du câble.

Dimensions. De nombreuses expériences, qui ont porté sur de grandes longueurs de câble, ont eu lieu pendant ces dernières années pour déterminer les meilleures dimensions à donner à ces deux parties essentielles des télégraphes et le rapport de ces dimensions entre elles, de manière à obtenir la plus grande somme de vitesse. Le résultat de ces expériences a été traduit en plusieurs propositions, qui servent de base pour fixer les proportions du cœur d'un câble.

En ce qui regarde la résistance du conducteur, il était déjà établi en télégraphie :

1° Que la résistance d'un conducteur métallique est proportionnelle à sa longueur et en raison inverse de la section, ou, en d'autres termes plus pratiques, que le pouvoir conducteur est proportionnel à la section ou au carré du diamètre, ou encore au poids par unité de distance et en raison inverse de la longueur.

En ce qui concerne l'induction, les lois qui en régissent les effets ont été exprimées comme suit :

1° L'induction est proportionnelle à la force électromotrice ;

2° Elle est proportionnelle à la longueur du câble ;

3° L'inductibilité (ou son opposé, la résistance inductive) dépend uniquement du rapport du diamètre du conducteur avec celui de la gaîne isolante, indépendamment de leur dimension absolue.

Ainsi, en réduisant ou en augmentant le diamètre du conducteur et l'épaisseur de la gaîne isolante dans la même proportion, la résistance inductive reste la même. Au contraire, en changeant le rapport de ces dimensions, l'induction augmente ou diminue suivant que la surface du conducteur est augmentée ou diminuée par rapport à l'épaisseur de la gaîne isolante.

La proportion de ces effets est exprimée par la proposition suivante, qui n'est pas rigoureusement vraie, mais peut être considérée comme suffisamment exacte dans la pratique :

L'induction est proportionnelle à la racine carrée du rayon du conducteur et en raison inverse de la racine carrée de l'épaisseur de la gaîne.

Il résulte de l'ensemble des propositions précédentes que les dimensions des deux parties composant le cœur d'un câble devraient être proportionnelles aux longueurs en maintenant le rapport dans la proportion produisant le maximum de vitesse. Dans la pratique, des considérations de dépense, d'insuffisance d'approvisionnement de la matière isolante et d'encombrement par l'accroissement de volume du câble ne permettent pas d'atteindre aux limites qui résulteraient de cette théorie.

Il ressort encore des mêmes propositions que, si l'on ne peut augmenter dans la même proportion les dimensions du conducteur et de la gaîne, on obtiendra une plus grande somme d'avantages en augmentant le diamètre du conducteur de préférence à celui de la gutta-percha ; car, si l'épaisseur de la gaîne reste invariable, l'induction augmente en raison de la racine carrée du rayon du conducteur, mais le pouvoir conducteur augmente en raison du carré du diamètre ; tandis que, si l'épaisseur de l'enveloppe est augmentée sans changer les dimensions du fil métallique, le pouvoir conducteur reste le même, et l'induction diminue seulement en raison inverse du carré de l'épaisseur de la gaîne.

Vitesse de transmission. La vitesse de transmission d'un câble ne dépend pas uniquement de la rapidité avec laquelle le courant électrique fait son apparition à l'extrémité du conducteur.

Il en serait ainsi si la charge au point de départ et la décharge à l'arrivée s'effectuaient avec une vitesse relativement égale ; le retard n'aurait pas alors d'importance, les courants se succéderaient à la réception dans le même ordre et dans le même intervalle qu'à l'expédition.

Mais comme, dans les longues lignes, la décharge s'opère

plus lentement, si une nouvelle charge est donnée avant l'écoulement complet de celle qui l'a précédée, elles se confondront à l'arrivée, de manière à rendre inintelligibles les successions de courants qui forment les caractères de l'alphabet télégraphique.

Elle dépend donc de la rapidité avec laquelle les signaux peuvent se succéder, et finalement de la rapidité avec laquelle la charge et la décharge peuvent s'effectuer.

Dans les longues lignes sous-marines, on la facilite par l'emploi alternatif de courants d'électricité contraire. Mais elle dépend en définitive du conducteur, de l'isolement et de l'induction. Augmentez le pouvoir conducteur, améliorez l'isolement, augmentez la résistance aux effets de l'induction, vous facilitez l'émission de la charge et l'écoulement de la décharge.

Les influences qui les entravent agissant collective- *Loi de la vitesse de transmission.* ment, en raison de la longueur du câble, il en résulte qu'elle est profondément affectée dans un même câble par un accroissement de longueur. Leurs effets réunis produisent une réduction qui (toutes circonstances extérieures étant les mêmes) a été évaluée par les expériences proportionnelle au carré des longueurs.

Cette proposition ne semble pas démontrée d'une manière absolument rigoureuse ; néanmoins elle est justifiée par des expériences assez nombreuses pour que, dans la pratique, on puisse admettre que la vitesse de transmission des messages par un câble sous-marin est en raison inverse du carré des longueurs.

Ainsi, dans un câble dont la longueur est doublée, la vitesse est réduite au quart ; si la longueur est triple, la vitesse sera neuf fois moindre.

Quant aux meilleures proportions à donner au conducteur et à l'enveloppe isolante pour obtenir le maximum de vitesse, il résulte des expériences de M. Varley et du professeur Thompson de Glascow que le diamètre du fil de cuivre doit être la moitié ou les trois cinquièmes du diamètre extérieur de la gutta-percha.

Larges conducteurs. L'étude des faits qui entravent la transmission dans les câbles a eu pour résultat, conformément aux lois qui en ont été déduites, l'adoption de conducteurs d'un fort diamètre. Le premier pas dans cette voie a été le choix d'un conducteur de 4 millimètres de diamètre pesant 400 livres par mille marin pour la ligne de Malte à Alexandrie. Dans le nouveau projet de l'*Atlantic Telegraph Company* pour l'établissement d'un nouveau câble entre l'Irlande et Terre-Neuve, les électriciens proposent l'adoption d'un conducteur pesant 560 livres par mille; ils déduisent théoriquement des lois mentionnées ci-dessus qu'avec une enveloppe de gutta-percha d'un poids égal, il pourra transmettre avec une vitesse de 12 mots par minute.

L'expérience ne justifie pas entièrement ces calculs. La théorie elle-même est d'ailleurs contestée par quelques électriciens, qui, en opposition avec l'opinion exprimée plus haut, prétendent qu'on obtient une vitesse comparative plus grande par l'augmentation de l'épaisseur de la gaîne isolante que par l'accroissement de la section du conducteur.

Vitesse du câble d'Alger. L'administration française inclinait vers cette opinion à l'époque où elle déterminait les dimensions du câble d'Alger. Elle s'attacha à l'isolement, en exigeant une grande épaisseur de gutta-percha et son application en quatre couches minces séparées entre elles par une couche de Chatterton-composition. Elle n'a pas eu lieu de le regretter.

La vitesse sur le parcours total de 850 kilomètres, lors des essais, a dépassé 14 mots par minute ; dans la pratique, elle est limitée à 10 mots environ par l'imperfection des instruments, dont la manipulation pour l'émission des courants alternes d'électricité contraire est assez difficile et demande une grande habitude.

Dans le câble d'Alexandrie, la vitesse n'est pas sensible-ment supérieure sur une longueur de 940 kilomètres. *Du câble d'Alexandrie.*

En reliant les deux sections principales de cette ligne et formant un circuit de 2,036 kilomètres, elle se maintient à 10 mots environ ; mais, en expérimentant sur les trois sections et opérant la transmission d'une extrémité à l'autre sur une longueur totale de 2,470 kilomètres, elle éprouve une réduction considérable et atteint à peine 5 mots par minute. Établi entre l'Irlande et Terre-Neuve sur une longueur de 3,750 kilomètres, et suivant les mêmes proportions de réduction, ce câble ne donnerait plus qu'une vitesse d'un mot à un mot et demi, comme l'ancien Atlantique ; or il est bon de noter que le conducteur de ce premier câble n'avait que la dimension de celui d'Alger, 2 millimètres, avec une enveloppe de gutta-percha à peu près égale.

Un avantage incontestable des larges conducteurs est *Emploi de faibles courants.* l'emploi d'une force électromotrice extrêmement faible. Sur la ligne d'Alexandrie on n'emploie que trois et deux éléments de la pile Daniell pour les courants alternatifs, positif et négatif.

A l'époque des premiers essais sur le câble d'Alger, nous avons échangé des signaux distincts avec Port-Vendres, en n'employant que deux éléments pour le courant positif et un pour le négatif ; mais, dans la pratique, on se sert, je crois, de deux piles de douze et huit éléments.

Le but de la comparaison entre ces deux câbles est de montrer que, malgré les expériences théoriques, il n'est pas certain que l'augmentation du diamètre du conducteur produise tous les résultats qu'on en attend. Il est prudent de s'en tenir aux faits acquis ; or la longueur du câble de Malte à Alexandrie dépasse celle de la plus longue section de la ligne transatlantique par les Açores : on a le fait de la transmission par ce câble avec une vitesse de cinq mots par minute. Le cœur de ce câble peut donc être pris pour base de celui dont il s'agit de déterminer les dimensions.

La section du fil de cuivre formant le conducteur du modèle dont je propose l'adoption est exactement la même que dans le câble d'Alexandrie. On évite ainsi l'incertain, l'inconnu, qui s'attacherait à l'emploi d'un diamètre différent. Mais l'épaisseur de l'enveloppe de gutta-percha est sensiblement augmentée : on obtiendra donc de ce fait un accroissement de vitesse incontestée, quelles que soient les divergences d'opinion en ce qui regarde le conducteur.

Dans le câble d'Alexandrie, le conducteur, composé de sept fils d'un diamètre total de 4 millimètres, est revêtu de trois couches de gutta-percha et trois couches de Chatterton-composition pesant 98,5 kilogrammes par kilomètre, d'une épaisseur de 3 millim. 1/2.

Le rapport du diamètre extérieur à celui du cuivre est 2,75.

Dimension du cœur du câble. Le cœur du câble transatlantique sera composé :

1° D'un conducteur formé d'un faisceau de sept fils cuivre fin légèrement tordus ayant ensemble un diamètre de 4 millimètres, et pesant environ 98,5 kilogrammes par kilomètre ;

2° D'une enveloppe isolante composée de cinq couches

de gutta-percha et de 5 couches de Chatterton-composition d'une épaisseur de 4 millim. 1/4 pesant environ 110. 5 kilogrammes par kilomètre, et formant avec le conducteur un diamètre total de 12 1/2 millimètres.

Rapport du diamètre extérieur au diamètre du cuivre 3.15.

En ne tenant compte que de l'augmentation de l'épaisseur de la gaîne isolante, on doit compter sur un accroissement de vitesse.

Il est permis d'en espérer un plus considérable des perfectionnements de fabrication qu'il présentera sur un câble qui date de trois années, dont les principaux sont : *Perfectionnements dans la fabrication.*

1° L'emploi de fils de cuivre d'un plus haut pouvoir conducteur, depuis les expériences comparatives du docteur Mathiesen sur la conductibilité des différentes espèces de cuivre dans le commerce, l'amélioration réalisée sous ce rapport peut être évaluée à 25 p. %;

2° Les perfectionnements dans la manipulation de la gutta-percha et son application sur le conducteur;

3° Enfin la division de l'enveloppe isolante en dix couches successives de gutta-percha et de Chatterton-composition, qui a pour effet incontestable d'améliorer l'isolement et de diminuer les effets de l'induction.

Il n'est pas exagéré d'évaluer à 50 p. % l'accroissement de vitesse de transmission qui résultera de l'action collective de toutes ces améliorations.

En tenant compte des distances, la vitesse de transmission par un câble du modèle proposé serait de quinze mots par minute pour la première section entre l'Europe et la station de Graciosa aux Açores, et de huit *Vitesse probable de transmission.*

4

mots pour la deuxième section des Açores à Terre-Neuve.

Les grands progrès apportés dans les essais des câbles pendant la fabrication, les épreuves successives auxquelles ils sont soumis, et la délicatesse perfectionnée des instruments, sont une grande garantie qu'ils réaliseront dans toutes leurs parties les améliorations obtenues jusqu'à ce jour. Cette partie, sur laquelle peut s'exercer le contrôle des ingénieurs et des électriciens pendant la fabrication, a été déjà l'objet d'une grande attention lors de la construction du câble d'Alger. Dans le contrat avec les constructeurs pour la fabrication du cœur, il sera stipulé un maximum de résistance pour le conducteur de cuivre et un minimum de résistance pour l'enveloppe isolante. Toutes les parties qui ne rempliraient pas ces conditions seraient refusées.

Établi conformément aux stipulations mentionnées ci-dessus, entouré de toutes les précautions de garantie d'une bonne fabrication, le cœur du câble transatlantique sera, sous le rapport électrique, dans des conditions qui n'ont jamais été approchées.

ENVELOPPE EXTÉRIEURE.

Le but de l'enveloppe extérieure d'un câble est de protéger le cœur ; il faut qu'il soit déposé au fond de la mer en parfait état ; la moindre fissure, la moindre avarie dans l'enveloppe isolante, sont autant de causes fatales de destruction. Et cependant, avant de parvenir à cette destination, il doit passer par une longue série d'opérations. Il est d'abord soumis à une manipulation fréquente dans le cours de la fabrication ; il doit être lové dans des bassins jusqu'à l'achèvement du câble entier ; ensuite il doit être déroulé , embarqué à bord d'un navire et lové de nouveau dans la cale ; enfin, lors de la pose, il doit, de la cale, passer sur une roue ou tambour et se dérouler à l'arrière du navire pendant la marche. Dans la descente jusqu'à ce qu'il ait atteint le sol sous-marin, il est soumis à une tension d'autant plus grande que la mer est plus profonde. Durant cette suite d'opérations, il est, on le voit, exposé à de nombreux frottements, à l'atteinte des objets extérieurs, à une tension considérable. Après l'immersion il reste encore exposé à de nombreuses causes de détérioration.

Or, la gutta-percha est une substance fragile, délicate, que le choc d'un objet extérieur pénètre, que le frottement endommage, qu'une haute température amollit. Le cuivre est un métal d'une résistance médiocre, il ne peut supporter son propre poids dans les grandes profondeurs. Réunis comme dans le cœur d'un câble, leur différence d'élasticité ne leur permet de supporter aucune extension ni aucune contraction.

Il faut donc protéger le cœur contre ces causes multiples de détérioration, protection qui commence avec la fabrication et doit s'étendre d'une manière durable, après qu'il a été abandonné au fond des mers. *Conditions de l'enveloppe.*

C'est le rôle de l'enveloppe extérieure ; elle doit le mettre à l'abri de toute atteinte des objets extérieurs, de toute pression latérale et supporter tout l'effort de la tension pendant la pose. Ces exigences définissent les conditions qu'elle doit remplir.

Dans les câbles qui ne sont pas destinés pour des grandes

profondeurs, la composition de l'enveloppe extérieure ne présente que des difficultés ordinaires ; elles ont été surmontées dans toutes les lignes en exploitation.

Sur les côtes. Dans les petits fonds, aux abords des côtes, où l'immersion d'un câble pesant ne présente pas de difficulté, l'enveloppe extérieure doit être aussi forte que possible pour résister aux frottements incessants sur un fond quelquefois dur, aux effets des grosses mers et des forts courants de marée et à la rupture par les ancres des navires. On a employé des armatures de fils de fer de plus en plus pesantes qui remplissent complétement le but qu'on voulait atteindre. Seulement, pour mettre cette armature à l'abri de la corrosion, qui dans certaines parties est une cause rapide de destruction, on la protége, dans les nouvelles lignes, par un revêtement de filin enduit d'une composition qui semble être une précaution efficace.

Dans les profondeurs moyennes. Dans les profondeurs modérées, hors de l'atteinte des ancres des navires, où l'immersion d'un câble recouvert d'une armature métallique peut être effectuée sans une trop grande tension, et où il y a possibilité de relever le câble pour faire des réparations en cas d'accident pendant la durée de l'exploitation, le même système d'enveloppe extérieure dans des dimensions moindres a donné de très-bons résultats.

Pour les abords des côtes, le modèle proposé est composé dans des dimensions supérieures à tous ceux employés jusqu'ici ; il pèserait 10,900 kilog. par kilomètre.

Dans les profondeurs inférieures à 200 mètres qui, dans le tracé proposé, comprennent la traversée des bancs de Terre-Neuve, les sections de France au cap Finistère et du cap Race à Saint-Pierre, et une partie de celle de Saint-

Pierre au cap Breton, l'armature sera composée de fils de fer de 5.5 mm. et pèsera 2,600 kilogrammes par kilomètre.

Dans les deux cas, chaque fil de fer sera protégé séparément contre l'oxydation par une garniture de filin enduit de composition, innovation qui n'a pas encore été appliquée, mais qui ne peut manquer d'atteindre le but de la manière la plus efficace.

Dans les grandes profondeurs, celles qui dépassent 1,000 mètres, et à plus forte raison à mesure qu'elles augmentent, le rôle de l'enveloppe extérieure est tout différent. Le câble, après son immersion, est à l'abri des influences qui agissent à la surface ou dans les couches supérieures de la mer ; il n'a plus besoin d'une aussi grande protection. Mais pendant la pose il est soumis à une tension proportionnelle à son poids et aux profondeurs, augmentée par le mouvement du navire sur les vagues. *Enveloppes pour les grandes profondeurs.*

Dans la descente, elle est diminuée par la résistance que l'eau oppose au passage du câble. Mais en cas d'accident imposant la nécessité de procéder au relèvement, cas assez fréquent et qu'il faut prévoir, elle devient excessive, lorsqu'au poids de plusieurs mille mètres de câble s'ajoute le frottement causé par son passage à travers des couches d'eau de plusieurs mille mètres de profondeur. L'enveloppe extérieure doit supporter tout l'effort de la tension sans s'étendre, sans s'allonger sensiblement, de sorte que le cœur soit à l'abri de tous les dangers qu'une extension aurait pour lui.

C'est conséquemment une question de résistance dans le sens de la longueur qui doit dominer dans la composi- *Force de résistance et légèreté.*

tion de l'enveloppe extérieure dans les grandes profondeurs. Le poids du câble dans l'eau étant le principal élément de tension, il est important de le réduire autant que possible. La légèreté et la résistance sont donc les deux principales conditions d'un câble pour les mers profondes pendant la pose. Celui qui, sous le poids moindre, présente la plus grande force de résistance sera le meilleur, pourvu qu'il joigne à ces conditions la souplesse indispensable pour une opération si complexe et si longue.

Armatures de fer. Les armatures en fil de fer de petit calibre présentent deux de ces conditions : la résistance et la souplesse; elles manquent de légèreté. Leur poids est le principal élément de la tension, à un point tel qu'elles ne peuvent le supporter par des fonds de 5 à 6,000 mètres. Dans des profondeurs moindres, elles ne résisteraient pas à une augmentation soudaine de tension, si fréquente pendant la pose. Le peu de marge qui existe entre la tension limite et celle que le câble doit supporter pendant la pose est une source continuelle de dangers, qu'on ne peut éviter qu'au moyen de grandes précautions.

C'est à des causes de cette nature qu'on doit attribuer les ruptures qui eurent lieu lors des premières tentatives de pose de l'Atlantique. Il ne faut cependant pas oublier qu'il fut finalement posé avec succès en traversant des profondeurs de 4,500 mètres; et s'il a ultérieurement échoué sous le rapport électrique, il ne semble pas certain que cela soit dû à l'armature. D'autres câbles armés, quelques-uns très-pesants, ont également été immergés avec succès dans des profondeurs de 2,000 à 3,700 mètres, et relevés dans des fonds de 2,600 mètres.

Enveloppes de chanvre. Pour éviter la tension résultant du poids du câble, on a proposé de légères enveloppes extérieures en chanvre.

Le chanvre réunit plusieurs conditions très-favorables : légèreté, haut module de tension ou résistance relative au poids et souplesse ; mais il ne possède pas la résistance à un degré suffisant ; il est surtout extensible.

Si pendant l'opération de la pose d'un câble il devait se dérouler sans la moindre difficulté, sans le moindre incident, si le navire ne devait rencontrer qu'une mer toujours calme, s'il n'y avait aucune chance que dans une partie du câble immergé il se déclarât une perte d'électricité, le câble ne serait jamais exposé à une tension plus considérable que son propre poids, et alors la légèreté serait la qualité principale à rechercher pour les mers profondes. Dans la pratique, il n'en est pas ainsi.

Malgré toutes les précautions possibles pendant l'embarquement du câble et son lovage dans la cale du navire, malgré tout le soin et toute la surveillance apportés pendant le déroulement, il est une foule de légers incidents inhérents à ce genre d'opérations qui peuvent entraver subitement le déroulement, et qu'il est presque impossible d'éviter, surtout dans celles qui se continuent sans interruption pendant plusieurs jours. Le navire est arrêté alors qu'il marche avec une vitesse de cinq à six nœuds. Les freins arrêtent le mouvement de la machine à dérouler, mais la vitesse acquise du navire exerce une tension soudaine sur la partie du câble immergé, augmentée par la résistance de l'eau, tension dont il est difficile d'évaluer la limite, mais qui presque toujours aurait pour résultat la rupture d'un câble de chanvre. De même, par une forte houle, sans être une mer grosse et telle qu'on doit s'attendre à en rencontrer en traversant l'Océan, les mouvements du

Résistance insuffisante.

navire donnent un jeu irrégulier et saccadé à la machine à dérouler, tantôt réduisant la tension au minimum et tantôt la reportant soudainement à un maximum qui exige une force considérable de résistance absolue.

Mais elle est surtout nécessaire pour le cas où une perte d'électricité viendrait à se déclarer dans la partie immergée ; c'est une éventualité qu'il faut être préparé à surmonter. Une coque qui se forme pendant le déroulement et passe à la mer avant que le navire soit complétement arrêté, un défaut dans l'enveloppe isolante imperceptible pendant la fabrication et échappé aux essais les plus minutieux, qui se manifeste sous la pression des couches d'eau, peuvent nécessiter le relèvement du câble. Tout câble qui n'est pas construit dans des conditions de ténacité suffisante pour résister à cette épreuve ne présente pas la sécurité nécessaire pour justifier son emploi.

Impossibilité de relever les câbles à enveloppes de chanvre.

Avec une enveloppe de chanvre, cette opération est de toute impossibilité. Dans la tentative de pose d'un câble semblable de Candie à Alexandrie, elle n'a pu réussir dans une profondeur de **730** mètres. Le câble s'est rompu.

La tension limite, ou point de rupture, des meilleurs modèles de câble recouverts de chanvre n'a pas dépassé **1,500** kilogrammes. Avec une densité de **1.25**, le module de résistance est donc très-élevé tant que le poïds du câble est le seul élément de tension. Plus que tout autre, ils peuvent supporter sans se rompre une grande longueur de câble dans l'eau. Mais du moment que des causes extérieures viennent s'y joindre, comme c'est le cas pendant le relèvement d'un câble, le frottement des couches d'eau dans les profondeurs de 4,000 et 4,500 mètres et la résis-

tance de la masse du navire accrue par la dérive inévitable,
même sous l'influence des courants et des vents les plus
faibles, deviennent les principaux éléments de tension.
Ce n'est plus alors le rapport de la résistance au poids du
câble qui entre en action : c'est sa force de résistance absolue, c'est la différence entre la tension due au poids et
la tension limite, qui seule reste disponible pour vaincre
la résistance que le câble offre au relèvement. Or, dans
les câbles recouverts de chanvre, cet excédant de force
atteint à peine 1,000 kilogrammes, pouvoir tout à fait insuffisant pour résister à la tension qu'il s'agit de vaincre.

Ce ne sont pas les seuls obstacles à l'emploi du chanvre comme enveloppe protectrice du cœur des câbles.

Il ne le protége qu'imparfaitement contre les atteintes *Protection insuffisante.*
des objets extérieurs, tels qu'un outil acéré, un clou, etc.,
et contre une pression latérale. Il offre une résistance insuffisante au poids des couches supérieures d'une glène.
Le cœur serait exposé à céder à la pression verticale, et
par suite à perdre sa forme circulaire.

Il est surtout trop élastique, défaut qui seul le rend im- *Extension.*
propre à former l'enveloppe extérieure. Il est extensible
sous une tension forte, qui par suite porterait sur le câble; or, j'ai expliqué que ce n'était pas sans dangers sous
le rapport électrique. Enfin il se contracte dans l'eau. La *Contraction.*
contraction produit des effets bien plus funestes que l'extension; dans cet effort, l'enveloppe trouve une résistance
énergique de la part du cœur. Le plus souvent il est forcé
en dehors de l'enveloppe et quelquefois le cuivre est
forcé en dehors de la gutta-percha.

On a prétendu empêcher l'extension et la contraction *Composition proposée pour les éviter.*
du chanvre dans la formation des enveloppes par l'em-

ploi de différents fluides ou compositions dont il serait enduit. Toutes les préparations, tous les systèmes ont été expérimentés par ordre du gouvernement anglais; pas un n'a réalisé les résultats prétendus. Les meilleurs ont donné une extension de 4 et 5 p. 0/0 avant de rompre; aucuns n'ont évité la contraction quand ils ont été soumis sous l'eau à une pression de plusieurs atmosphères.

Deux tentatives de pose de câbles recouverts de chanvre ont eu lieu; les deux ont échoué. Et finalement, M. Néwall, qui les avait entreprises, a déclaré devant le comité d'enquête que ce système ne présentait aucune sécurité.

En présence de ces expériences, il y aurait folie à vouloir employer une enveloppe de chanvre pour un câble transatlantique sans attendre au moins qu'une ligne quelque courte qu'elle fût ait montré la possibilité de le faire. Autant vaudrait jeter à la mer le capital de l'entreprise.

Fils d'acier combinés avec le chanvre. Il résulte de nombreuses expériences que le système qui réunit le plus complétement toutes les conditions requises pour la formation de l'enveloppe extérieure des câbles dans les grandes profondeurs est une combinaison d'acier avec le chanvre. On obtient, par la substitution de l'acier au fer, une plus grande force de résistance sous un poids réduit et on diminue l'extension; par l'adjonction du chanvre, on obtient une réduction de densité et en même temps une augmentation de force plus grande qu'on ne serait tenté de le croire. Il résulte, en effet, d'expériences nombreuses et concluantes, que les deux forces se combinent parfaitement, et que la résistance d'un fil de fer ou d'acier garni de filin de chanvre dans une certaine proportion et avec une spirale allongée, est égale à la somme des résistances des deux matériaux séparés. L'extension du chanvre est évitée par la rigidité du métal, et la contraction portant circulairement sur les fils d'acier contribue à augmenter la résistance totale.

Par cette combinaison dans la composition de l'enveloppe extérieure, on obtient un câble d'un haut module de tension, d'une grande résistance absolue et d'une densité modérée.

Ce système a subi l'épreuve de l'expérience. Les câbles d'Alger et de Corse étaient recouverts d'une armature composée de 10 fils d'acier garnis de chanvre goudronné. Le poids du câble dans l'air, 620 kilogrammes ; dans l'eau, 309 kilogrammes par kilomètre. Le diamètre extérieur, 22 millimètres ; la densité, 2. La tension limite atteignait 6,000 kilogrammes. Il pouvait donc supporter une longueur de 18 kilomètres dans l'eau. Destiné à être immergé par des profondeurs de 3,000 mètres environ, sous une tension maximum n'atteignant pas 1,000 kilogrammes, il restait un excédant de force de 5,000 kilogrammes pour faire face aux efforts de la tension en cas de relèvement.

Armature des câbles d'Alger et de Corse.

Il réunissait donc au plus haut degré les conditions essentielles de sécurité.

Le résultat a répondu aux espérances en ce qui concerne le déroulement du câble et la facilité de l'immersion ; la tension pendant le déroulement se maintint au taux uniforme de 400 kilogrammes environ, prouvant que la densité était dans des limites parfaitement convenables et que le câble ne s'enfonçait pas avec une vitesse égale à celle du navire. Et si l'opération pour la ligne d'Alger a été entravée par des accidents de fortune de mer, ils n'ont pas été dus au câble. De l'avis de tous ceux qui ont assisté à l'opération, l'enveloppe extérieure a justifié les qualités qu'on attendait de sa composition et elle a fourni les moyens de réparer les accidents électriques qui deux fois ont compromis le succès de l'entreprise.

Relèvement des câbles. Dans ces deux occasions, une perte d'électricité se déclara dans la partie du câble qu'on venait d'immerger, il fallut procéder au relèvement dans des profondeurs de 2,600 mètres ; la faute fut ramenée à bord, et le câble réparé fut immergé de nouveau. La dernière fois, l'opération du relèvement porta sur une longueur de 30 kilomètres de câble, et, pendant les quatre jours qu'elle dura, le navire fut deux fois entraîné par une dérive insensible à 10 kilomètres dans l'espace de 24 heures, en dehors de la ligne d'immersion qui avait été suivie pendant la pose du câble. Ce fait donnera une idée de la tension produite par la résistance de la masse du navire.

Lors de l'abordage du *William-Cory* par *le Gomer*, la machine à dérouler avait été renversée dans le choc ; le câble, abandonné à lui-même, dans la confusion causée à bord par l'accident, résista, malgré une forte houle et les mouvements sur les vagues d'un navire désemparé. On put, une fois rassuré sur les suites de la collision, le fixer sur une bouée avec l'espoir de le relever plus tard.

Défauts, élasticité, coques. L'enveloppe de ce câble laissait cependant à désirer sous quelques rapports.

Il avait une tendance à se former en coque, attribuée à la rigidité ou plutôt à l'élasticité de l'acier, défaut qui a plusieurs fois compromis le succès des opérations et qui l'a fait échouer lors de la première tentative.

Le navire chargé d'effectuer la pose fut assailli par une tempête dans le golfe de Lyon, pendant laquelle le câble se rompit à 20 lieues du point d'arrivée. Malgré la violence du vent et l'état de la mer, l'opération se continuait depuis six heures sans avoir été arrêtée par les effets de la tempête. Mais le roulis et le tangage augmentaient les difficultés du déroulement et la tendance du câble à se former en coque en se dévidant de la glène. La surveillance des hommes était également très-difficile. Une coque se forma et passa à la mer avant qu'on pût la déboucler. La transmission du courant électrique s'arrêta subitement ; le conducteur avait été brisé dans le passage de la coque sur la machinerie. Il fallut arrêter le navire et se préparer sans abandonner le bout du câble à attendre la fin de la tempête ou à l'abandonner sur une bouée. C'est pendant cette opération difficile que la rupture eut lieu.

Le même défaut de l'acier avait empêché dans le câble de Corse et dans la section de Minorque à Port-Vendres le parfait lovage à bord, avec toute la régularité désirable, d'une certaine longueur de câble ; le déroulement de ces parties fut par suite lent, laborieux et souvent inquiétant.

Sous le rapport de la durée, on put juger, lors des tentatives de relèvement qui eurent lieu en 1861 pour recouvrer les parties de câble perdues lors des accidents de l'année précédente, que l'enveloppe était après l'immersion exposée à des causes de destruction rapide. On ne put relever que 38 kilomètres à partir de Minorque, et 26 du côté des Sablettes. Les premiers avaient séjourné au fond de la mer depuis neuf mois. Dans beaucoup de parties, le chanvre avait été entièrement détruit par les insectes marins ; il était entièrement incrusté de petits coquillages. Les parties qui avaient été enfouies dans le sable ou dans la vase étaient seules bien conservées. Les fils d'acier préser-

Durée, chanvre détruit par les insectes.

vés par le chanvre étaient en bon état ; ceux mis à nu par les ravages des insectes commençaient à s'oxyder. Dans la section relevée du côté de la France, qui n'avait séjourné que six mois sous l'eau, l'œuvre de destruction n'avait pas commencé, mais elle en présentait les apparences dans quelques parties.

Dans les deux cas, la rupture qui eut lieu par 1,400 et 2,000 mètres paraît avoir été déterminée par des coques. Il est toutefois probable que les fils d'acier, n'étant plus soutenus latéralement par la garniture de filin, n'auraient pas pu supporter la tension des profondeurs plus grandes.

Expériences à Greenwich. Nous avons fait pendant les derniers mois de 1862, dans l'usine de MM. Glass, Elliot et Ce, à Greenwich, une série d'expériences sur différents modèles d'enveloppes formés de fils de fer ou d'acier, protégés contre l'oxydation et les insectes marins, soit par de la gutta-percha, soit par des liens ou rubans enduits de caoutchouc ou de diverses compositions, en vue de rechercher un modèle supérieur à celui du câble d'Alger. Toutes, en considérant la réunion des conditions exigées pour les grandes profondeurs, ont eu pour résultat de confirmer la supériorité des armatures de fil d'acier combinées avec le chanvre, surtout lorsque ces mêmes expériences ont démontré la possibilité d'éviter les deux défauts que je viens de signaler.

Choix de l'armature. C'est donc sur ce principe qu'est composée l'enveloppe protectrice extérieure du câble que nous proposons pour les grandes profondeurs de la ligne transatlantique, en lui faisant subir les modifications et les améliorations qu'exige la différence des profondeurs et que suggère l'expérience du câble d'Alger.

Ainsi la section des fils d'acier a été augmentée pour

accroître la force de résistance proportionnellement aux profondeurs, et pour diminuer en même temps la tendance à se former en coque, défaut qui sera plus efficacement combattu par les perfectionnements apportés depuis deux ans dans la fabrication des fils d'acier. Il sera entièrement évité par un dernier revêtement extérieur de filin de chanvre, qui amortira les effets de l'élasticité du métal, maintiendra plus complétement la forme de l'armature autour du cœur, augmentera la protection contre toute atteinte des objets extérieurs, contribuera dans une certaine proportion à la force du câble et permettra, en l'injectant d'un fluide ou composition inattaquable par les insectes, de protéger efficacement la garniture des fils d'acier contre leurs ravages et les fils contre la corrosion. .

L'armature extérieure pour la ligne du milieu dans les grandes profondeurs sera composée de 11 fils d'acier ayant 2 millimètres 75 de diamètre, garnis séparément de chanvre goudronné. *Composition de l'armature dans les grandes profondeurs.*

Elle sera en outre protégée par un revêtement extérieur de filin enduit d'une composition inattaquable par les insectes.

On a proposé différents mélanges pour protéger le revêtement de chanvre. La composition brevetée de MM. Clark et Bright et celle de Harby ont été employées avec succès. Il est probable que le moyen le plus simple comme le plus efficace dans le câble des grandes profondeurs, où ce revêtement n'est pas en contact avec les fils métalliques, serait de le préparer au sulfate de cuivre et de l'enduire de goudron. Les expériences récentes pour la conservation des cordages de la marine montrent que, préparés de cette manière, le goudron empêchant le lavage du sel de cuivre par *Protection contre les insectes.*

l'eau de mer, ils ont une durée beaucoup plus longue et sont à l'abri des attaques des insectes. Pour surcroît de garantie contre cette éventualité, on pourra mêler au goudron une certaine quantité d'arsenic.

La proportion des matériaux qui entrent dans la composition du câble des grandes profondeurs, dans son état complet, est la suivante par kilomètre :

Conducteur de cuivre.	98,5 kilog.
Enveloppe de gutta-percha.	110,5 »
Revêtement de filin autour du cœur. .	60 »
Garniture de chanvre des fils d'acier. .	141 »
11 fils d'acier.	520 »
Revêtement extérieur.	190 »
Poids total. . . .	1,120 kilog.

Comparée avec le modèle du câble d'Alger, l'armature présente les différences suivantes :

Le nombre des fils d'acier est élevé de 10 à 11, leur section est portée de $3^{mm}14$ à $5^{mm}97$, et leur poids de 305 à 520 kilogrammes ; la garniture de chanvre de chaque fil est réduite de 18 à 14 kilogrammes par kilomètre ; modifications dont le résultat est de doubler la résistance et de réduire l'extension. Le diamètre est à peu près le même, 23^{mm} au lieu de 22. Il sera porté à 28^{mm} par l'adjonction du revêtement extérieur, ce qui reduira la densité du câble un peu au-dessous de celui d'Alger.

Ses dimensions seront les suivantes :

Poids dans l'air... 1,120 kilogr. par kilomètre.

Poids dans l'eau... 540 —

Diamètre extérieur.   28 millimètres.

Densité..........   1.9   —

La tension limite, ou maximum de résistance, atteint Tension limite. 10,000 kilogrammes ; il peut donc supporter dans l'eau le poids d'une longueur de câble dépassant 18 kilomètres. L'extension sous une charge de 5,000 kilogrammes atteint à peine 0.75 p. 0/0.

En adoptant le principe qu'un câble peut être immergé Module de tension en toute sécurité sous une tension égale à la moitié de la tension limite, pourvu que l'extension ne dépasse pas 1 p. 0/0, il conviendrait pour des profondeurs de 9,000 mètres.

Dans les fonds de 5,000 mètres, qui ne sont pas atteints sur le tracé, le maximum de tension verticale dû au poids du câble serait 2,700 kilogrammes ; il resterait donc un excédant de force de plus de 7,000 kilogrammes pour faire face, en cas de relèvement, à toute augmentation de tension. Sous ce rapport, il offre toutes les conditions de sécurité désirables.

Je ferai remarquer que les deux sections du milieu de la ligne transatlantique, seules, nécessiteront 2,500 tonnes d'acier, et qu'il faut pour ce genre d'entreprise des qualités toutes spéciales, d'une grande ténacité, mais alliée à la douceur, à une grande souplesse. A l'époque de la fabrication du câble d'Alger, il y avait difficulté à se procurer promptement des fils d'acier de qualité convenable et en quantité suffisante. Le développement que la fabrication de l'acier a prise aujourd'hui ferait disparaître toute difficulté à cet égard, et en même temps les améliorations dans les procédés de manufacture, qui ont suivi une marche parallèle, assureraient une qualité d'acier supérieure sous tous les rapports à ceux employés en 1860. On éviterait par cela même une partie des risques dus à la trop grande élasticité des câbles fabriqués à cette époque.

Câble pour les profondeurs de 200 mètres. Pour les profondeurs ne dépassant pas 200 mètres, l'armature sera composée de 10 fils de fer de 5.5 millimètres de diamètre, garnis séparément de filin enduit de la composition Harby, pour les protéger contre l'oxydation.

Le câble pèserait 2,600 kilogrammes par kilomètre, comme suit :

Cœur.........................	209
Filin autour du cœur...............	186
10 fils de fer n° 5..................	1,945
Garniture de filin des fils de fer.......	260
Poids total...........	2,600 kilog.
Poids dans l'eau....................	1,775
Diamètre extérieur.................	33 mill.
Densité..........................	3,15

Câble des côtes. Aux abords des côtes, l'armature ne saurait être composée dans des conditions de solidité assez grandes. L'expérience de douze années, depuis que le premier câble sous-marin a été posé, a prouvé chaque jour la nécessité de protéger plus efficacement le câble contre les causes puissantes de destruction auxquelles il est exposé ; aussi, dans chaque entreprise nouvelle, on a augmenté les dimensions de l'armature aux points d'atterrissements, en même temps qu'on a adopté des mesures pour la protéger contre l'oxydation, dont les progrès sont si rapides dans les parties où elle est lavée par les courants aussitôt qu'elle se forme.

Le modèle proposé pour les abords des côtes jusque dans les profondeurs de 100 mètres est formé d'une double armature, système adopté l'été dernier pour le câble de Hollande, et qui, malgré son poids, a été manié lors de la pose avec plus de facilité que les câbles antérieurs. Nous proposons également pour ce modèle de protéger séparément chaque fil de fer contre l'oxydation par une garniture de filin enduit de composition Harby.

Le cœur sera protégé et séparé de l'armature par un fort revêtement en filin; l'armature se composera de dix fils de fer de 6.4 millimètres de diamètre recouverts d'un revêtement de filin et composition. Cette première armature sera recouverte d'une seconde composée de dix torons de 3 fils de fer, de 5.5 millimètres de diamètre, garnis séparément de filin, à raison de 35 kilogrammes par kilomètre, enduit de composition.

Le poids total par kilomètre sera :

Cœur.........................	209
Revêtement et garniture de filin.......	1,541
Fer..........................	9,150
Total..........	10,900 kilog.

Diamètre 7 centimètres.

Toutes les conditions suggérées par la théorie et par l'expérience ont été prises en considération pour le choix du câble dans toutes ses parties ; il offre donc sous ce rapport toutes les garanties de succès possibles dans l'état actuel de la science de la télégraphie sous-marine. J'ai traité très-longuement cette partie, parce qu'elle renferme les principaux éléments du réussite. C'est sur elle que le Gouvernement peut exercer le contrôle le plus sérieux ; il peut en étudier les données et en surveiller l'exécution. La description du câble est détaillée dans le projet de convention ; elle sera donc obligatoire pour le concessionnaire ; toutefois, pour ne pas fermer la porte à toute amélioration future, il est expressément stipulé que toute modification que l'expérience pourra ultérieurement suggérer pourra être faite d'accord avec l'Administration.

POSE DU CABLE.

Nécessité de précautions pour la faciliter. La pose d'un câble est dans toute ligne sous-marine une opération très-délicate. Dans les grandes profondeurs et pour les distances d'un télégraphe transatlantique, où, en cas de rupture, il est impossible de ressaisir le bout perdu, et où, en cas d'accident ultérieur, il est très-improbable qu'on puisse opérer le relèvement sur une grande longueur, elle a une double importance. L'avenir de l'entreprise avec un bon câble dépend de la perfection avec laquelle il est déposé sur le sol sous-marin. Il faut donc s'efforcer de faciliter l'immersion en combinant toutes les mesures dont l'expérience a montré les avantages et en adoptant toutes les précautions que la prudence peut suggérer.

Sondages détaillés. L'une des premières est la connaissance des fonds de la ligne d'immersion. Dans l'occasion présente, nous avons les premiers éléments pour déterminer les conditions que les câbles doivent remplir ; mais ils ne sont pas suffisants pour entreprendre l'immersion. Des sondages plus détaillés devront être faits dans les grandes profondeurs, surtout aux points signalés par des différences de niveau, pour établir la rapidité des pentes. Il faudrait pouvoir établir le profil des fonds sur la ligne d'immersion d'une manière assez complète pour que les ingénieurs dirigeant l'opération pussent toujours, pendant qu'elle s'effectuera, savoir dans quelles profondeurs ils se trouvent. Dans beaucoup de cas, ces indications peuvent être très-précieuses.

Aux points d'atterrissement, les sondages devront être relevés et la nature du fond déterminée avec un soin particulier, pour qu'on puisse éviter les roches ou les fonds durs. Rarement dans les entreprises de télégraphie sous-marine ces travaux préparatoires ont été exécutés avec un soin suffisant ; de là aussi, la fréquence des avaries aux abords des côtes.

Le gouvernement français est disposé à entreprendre ces travaux d'hydrographie, qui deviennent une nécessité de l'époque et dans lesquels nous avons été devancés par les Anglais, et surtout par les Américains. Avec les perfectionnements apportés dans les moyens de sondage des mers profondes, on arrivera à déterminer la surface du sol sous-marin dans toute l'étendue de l'Océan.

Le meilleur plan pour immerger un câble sur une longue distance est de le diviser sur deux navires qui, comme dans le cas suivi pour l'Atlantique, se joignent à moitié route, opèrent la soudure des deux parties du câble, et se dirigent chacun de leur côté vers le point d'atterrissement. Le principal avantage qu'il présente est de réduire de moitié le temps nécessaire pour accomplir l'opération, par conséquent de réduire dans une proportion plus

Emploi de deux navires.

grande les risques d'accident pour cause de mauvais temps.

La seule objection contre ce mode a été que, dans le cas d'interruption des communications électriques, il pourrait y avoir incertitude sur le point où la faute existerait, et que, par suite, les ingénieurs seraient exposés à suspendre ou à continuer l'opération à bord des deux navires, si les électriciens plaçaient par erreur la faute dans leur voisinage ou dans celui de l'autre navire.

Les causes d'erreur de ce genre sont aujourd'hui beaucoup réduites par la délicatesse des instruments et la perfection apportée dans les essais. On constate avec une grande exactitude le point où une faute électrique se déclare. Il est difficile d'admettre la possibilité d'une erreur de ce genre une fois que la longueur entre les deux navires aurait atteint une certaine importance.

Quant à employer un plus grand nombre de navires pour la pose, de manière à avoir une soudure à opérer dans les grandes profondeurs, quels que soient le temps et l'état de la mer, c'est une opération tellement dangereuse, tellement incertaine que, pour toute personne ayant une expérience pratique de ce genre d'opérations et qui a pu en apprécier les difficultés, ce plan doit être rejeté d'une manière absolue.

Deux navires qui doivent opérer la jonction au milieu attendent le moment favorable; ils choisissent un temps propice, effectuent la soudure à leur aise, sans hâte, la recommencent si elle n'a pas réussi, ou peuvent l'abandonner avec perte d'une faible longueur de câble si, lorsqu'elle est descendue au fond, il se déclare un défaut d'isolement. Vouloir exposer cette opération délicate aux hasards des mers serait augmenter sans raison les risques déjà trop considérables.

Pour un câble transatlantique, la question des navires nécessaires pour effectuer la pose ne laisse pas que de présenter des difficultés. Dans le premier câble de l'Atlantique, malgré sa petite dimension et sa légèreté, il a fallu des navires de 3,200 tonneaux pour en porter la moitié. On a pu voir dans les considérations qui ont déterminé le choix du câble que nous avions également eu en vue son poids et son volume; mais il a fallu augmenter les dimensions du conducteur et de la gutta-percha; le diamètre du cœur seul est peu inférieur au diamètre extérieur du câble de l'Atlantique, en y comprenant l'armature. Avec les améliorations apportées dans la composition de l'enveloppe et avec l'adjonction d'un revêtement extérieur, on est arrivé à des dimensions doubles.

Le poids du câble est de 1,120 kilogrammes, et son volume 0, 615 mètres cubes par kilomètre.

La longueur de la plus grande section est de 2,000 kilomètres; en y ajoutant un tiers pour faire face à l'excédant du câble à l'émission sur la distance parcourue, c'est une longueur d'environ 2,700 kilomètres de câble qu'il faut embarquer. Le poids dépassera 3,000 tonnes; mais avec un câble léger comme le modèle adopté, c'est surtout l'encombrement plutôt que le poids qui nécessite des navires de grande capacité. En tenant compte de l'espace perdu pour l'arrimage, et par le diamètre intérieur de la glène, qui ne peut sans danger pour le câble être inférieur à 2 mètres, il faut, pour contenir les 2,700 kilomètres, une glène de 12 mètres de diamètre extérieur et de 32 mètres de hauteur; ou bien quatre glènes, de 8 mètres de haut sur 12 de large.

Si l'on considère que les navires doivent en outre prendre le câble des côtes et un large approvisionnement de charbon pour le voyage, on aura une idée du tonnage effectif requis pour ces opérations. Pour la pose de chacune des grandes sections, il faudra deux navires de 2,500 à 3,000 tonneaux, avec de grandes dimensions de largeur et de creux de cale, pour pouvoir lover la moitié du câble en deux glènes.

Ces navires doivent, en outre, présenter des conditions particulières, une grande solidité sur l'eau, une grande puissance de machine pour pouvoir autant que possible conserver une marche uniforme, quel que soit l'état de la mer. Ils doivent aussi être disposés de manière qu'au fur et à mesure de l'émission du câble on puisse maintenir l'assiette du navire par l'introduction de l'eau de mer comme lest.

Considérant la durée de l'entreprise, qui s'effectuera pendant quatre années consécutives, et le prix pour lequel l'affrétement des navires entre dans les frais d'établissement, il serait probablement plus économique d'en construire deux spécialement affectés à l'immersion des câbles réunissant toutes les conditions désirables pour ce genre d'opération.

Bassins étanches. Une clause nouvelle d'une grande importance pour la conservation des câbles en parfait état électrique, et pour la découverte immédiate des fautes d'isolement qui viendraient à se manifester, a été introduite dans le projet de convention. Elle stipule l'établissement à bord de bassins à compartiments étanches, dans lesquels le câble sera maintenu sous l'eau jusqu'au moment de l'immersion. Elle

permet de maintenir le câble à une basse température, en
le mettant à l'abri des effets développés généralement
dans la cale des navires par le voisinage de la chaudière,
ou par la chaleur des mois d'été pendant lesquels la pose
doit avoir lieu.

Le lovage du câble dans les bassins préparés pour le Lovage du câble.
recevoir à bord du navire est une opération très-simple ;
mais elle demande le plus grand soin. Il est déposé en
cercles juxtaposés horizontalement à partir de la circonférence extérieure vers la circonférence intérieure, qui
forme un espace vide d'un mètre de rayon. Le déroulement
s'opère donc en sens contraire, des petits cercles aux plus
grands, afin d'éviter toute pression latérale. Les couches
horizontales sont superposées dans les profondeurs de la
cale, où elles forment un vaste cylindre appelé glène,
dont le diamètre est limité par la largeur du navire. La
forme est solidement maintenue par des ligatures de chanvre et l'arrimage nivelé souvent par l'emploi de petites
planches ou morceaux de bois qu'on coupe ou qu'on re-
jette pendant le déroulement.

De la perfection avec laquelle le câble a été lové dans
la glène dépend la facilité du déroulement. Chaque cercle,
chaque partie du câble doit rester immobile à sa place,
jusqu'à ce que son tour soit venu. Il doit alors la quitter
sans secousse, se dévider sans frottement, sans pression
sur les autres, passer sans temps d'arrêt sur la machinerie et de là dans la mer avec la même régularité que
ceux qui l'ont précédé.

Le lovage ne demande que des soins et des précautions ; mais il dépend beaucoup des qualités du
câble, de sa souplesse et de son manque absolu

d'élasticité. Un bon câble doit se lover facilement, bien à plat, sans mouvement de ressort ou de bascule ; plusieurs des modèles sur lesquels ont porté nos expériences à Greenwich ne remplissaient pas ces conditions et ont offert une résistance au lovage qui n'en permettait pas l'adoption, quelque bons qu'ils fussent sous d'autres rapports.

Machine
à dérouler
le câble.

Le système de machinerie actuellement en usage est aussi parfait qu'on peut le désirer. Il est facile à mettre en mouvement ; son jeu est régulier et a donné de très-bons résultats lors de la pose des câbles d'Alger et de Corse, et a subi depuis de nouveaux perfectionnements. L'action des freins, difficile à régler avec des câbles lourds, est d'ailleurs bien facilitée par l'emploi des câbles légers.

Machine
pour le
relèvement.

La machinerie pour relever les câbles, construite sur les plans de MM. Clifford et Canning, est également très-perfectionnée. Le mouvement est transmis par des roues de frottement, qui lui donnent un jeu très-facile et très-uniforme, qu'on régularise suivant la tension et qu'on arrête instantanément lorsqu'elle devient trop forte.

Tension pendant
l'opération.

J'ai dit précédemment que les câbles d'Alger et de Corse avaient été immergés sous une tension à peu près constante de 400 kilogrammes environ. Dans les temps d'arrêt, elle augmentait graduellement jusqu'à 1,000 ou 1,200 kilogrammes, suivant l'état de la mer. Dans plusieurs occasions, ou par suite d'incidents pendant le déroulement, le navire a été arrêté subitement et le pouvoir des freins mis en action ; elle a dépassé 2,000 kilogrammes et atteint un maximum qu'il est difficile d'évaluer, ces tensions extrêmes s'exerçant par secousses.

L'immersion du câble que nous proposons pour les

grandes profondeurs devra s'opérer, comme pour celui d'Alger, avec une tension très-faible pendant la marche du navire. En effet, le câble, au moment où il se déroule du navire dans la mer, est entraîné dans son mouvement de descente par la tension de la partie immergée et par son poids. Il éprouve dans son passage dans l'eau une résistance qui le soutient et ralentit sa marche d'autant plus que son volume est plus grand et que sa densité est plus faible.

Il est assez difficile de calculer le résultat de ces influences et conséquemment d'évaluer la rapidité de la descente. En prenant pour terme de comparaison la vitesse d'un plomb de sonde, qui est cependant entraîné par un poids considérable et n'est retenu que par le frottement d'une mince ligne verticale, on voit qu'il ne parcourt que 78 mètres par minute dans les profondeurs de 1,000 mètres, vitesse qui se réduit à 57 dans les fonds de 1,800 mètres et à 47 dans les fonds de 3,500 mètres. Avec des poids plus lourds et des lignes excessivement fines incapables de les supporter, le commandant Daymann a, il est vrai, atteint depuis en 50 minutes les fonds de 4,000 mètres, soit à raison de 80 mètres par minute.

Néanmoins, avec une vitesse de cinq nœuds, le navire parcourt 153 mètres par minute. Avec un câble léger, dont la rapidité de descente est trois ou quatre fois moindre, il ne peut y avoir qu'une tension très-modérée, lorsque les freins sont réglés de manière à ne pas entraver l'émission régulière du câble. C'est en effet ce qui résulte de l'expérience. La tension est par suite toujours moindre pendant la marche du navire, et c'est dans les temps d'arrêt que les risques de rupture sont les plus grands.

Vitesse
de descente
du câble.

Le câble de l'Atlantique, auquel sa densité élevée et son petit volume devaient donner une vitesse de descente rapide, a été immergé sous une tension variable de 800 à 1,000 kilogrammes pendant la marche du navire. Elle augmentait graduellement quand on ralentissait la vitesse, jusqu'à 1,700 et 1,800 kilogrammes lorsqu'il était arrêté, augmentation qui, dépassée plusieurs fois, a causé la rupture.

Il est un autre élément de sécurité pendant la pose dont l'expérience a prouvé l'utilité dans un cas extrême. Lors de l'abordage du *William-Cory* avec le *Gomer*, le câble fut abandonné sur une bouée par une profondeur de 2,400 mètres pendant un mois. La tentative de relèvement qui eut lieu après cette période fut, il est vrai, infructueuse; la haussière qui joignait le câble et la bouée se rompit au point où elle atteignait le fond; il s'était formé à cet endroit un assemblage de coques sur un même nœud où la haussière avait été usée par le frottement sur le fond et était à moitié coupée.

Emploi des bouées.

Mais la possibilité d'ancrer, momentanément au moins, un câble sur une bouée par des grandes profondeurs a été démontrée. Elle a résisté pendant un mois d'hiver aux tempêtes du golfe de Lyon; et il n'est pas douteux pour tous ceux qui ont assisté à la tentative du relèvement qu'elle eût réussi si l'intervalle écoulé depuis l'accident avait été moins long. Tel qu'il était, le câble fut ramené à 700 mètres de la surface, à une hauteur de 1,700 mètres du fond. On peut d'ailleurs à l'avenir éviter la cause à laquelle est due la rupture, en substituant une chaîne d'acier à la partie de la haussière qui devrait porter sur le fond.

Une haussière d'acier et de chanvre, d'une résistance

supérieure à 10 tonnes et d'une densité modérée, avec des émérillons mobiles dans des écrous à chaque longueur de 100 mètres, pour éviter la torsion, peut être fabriquée dans ce but, en même temps que des bouées d'une dimension suffisante pour résister à une tension de 3,000 kilogrammes, maximum qui ne serait pas atteint dans des profondeurs de 5,000 mètres.

Cette précaution peut être d'une grande ressource dans un cas extrême, soit celui de tempête soudaine, soit celui d'accident électrique à une extrémité du câble compromettant le succès. Elle pourrait être également utilisée au point de jonction d'où les deux navires partiraient, à l'endroit de la soudure des deux parties du câble. La bouée surmontée d'un pavillon serait un point de repère pour le cas d'accident à bord de l'un des navires. A cet endroit, l'opération serait très facile et aurait même l'avantage de fournir les moyens d'effectuer lentement la descente de la soudure en la soutenant avec la haussière et de la déposer au fond sans la moindre chance d'avarie.

Utilité des bouées pendant la pose.

Elle sera en tous cas prise dans les profondeurs modérées de la seconde section, dans la traversée du Bonnet-Flamand et à l'arrivée sur les bancs de Terre-Neuve, pour assurer à chaque étape les parties de câble immergées, en donnant la possibilité de le retrouver en des points où le relèvement serait facile.

Lors de la pose des câbles, la longueur dépasse toujours dans une certaine proportion la distance parcourue. Dans les longues lignes, la route parcourue par le navire dépasse également la distance mesurée entre les deux points d'atterrissement. Cet excédant est en outre souvent

Perte de câble à l'émission.

augmenté par la dérive sous l'influence des vents et des courants variables.

Nécessité de navire pour contrôler la route.

Dans la navigation ordinaire, une déviation d'une dizaine de milles sur une traversée de plusieurs jours est très-fréquente; elle n'a d'ailleurs qu'une importance médiocre. Dans la pose d'un câble, tout accroissement de parcours a un double résultat fâcheux, au point de vue des dépenses et de la transmission électrique. On ne saurait prendre trop de précautions pour rester pendant l'immersion dans la ligne la plus directe. Sous ce rapport, les navires opérant la pose des câbles sont dans de très mauvaises conditions. Pendant le règlement des boussoles au départ, ils sont chargés d'une masse de fer qui diminue progressivement pendant la traversée au fur et à mesure du déroulement du câble. Il en résulte souvent une déviation de l'aiguille aimantée qui peut causer de grandes erreurs et qui ne permet pas de se fier sans contrôle à ses indications. Dans les hautes mers, ils doivent donc être escortés par un autre navire qui leur donne la route. Lors de la pose du câble de l'Atlantique, le *Niagara* et l'*Agamemnon* étaient escortés par plusieurs navires de la marine anglaise et de la marine américaine. Le *Colbert* ou le *Brandon*, de la marine impériale, ont piloté le *Wiliam-Cory* ou le *Berwick* pendant la pose des câbles d'Alger et de Corse. Dans ces deux occasions, l'émission du câble fut très-modérée. Malheureusement, dans une des tentatives pour achever la ligne d'Alger, un accident fatal a eu lieu; l'abordage du *William-Cory* et du *Gomer*; mais c'est un cas tout à fait fortuit et si exceptionnel qu'on doit compter qu'il ne se représentera jamais. La marine française voudra s'associer à cette grande entreprise, en accordant deux navires à vapeur pour contrôler la route et rendre assistance, en cas de besoin, aux navires spécialement chargés de l'opération. Sa responsabilité sera d'ailleurs complétement mise à l'abri.

Il est d'une grande importance d'avoir à bord des navires une quantité de câble amplement suffisante pour faire face à toutes les éventualités qui pourraient occasionner une trop grande perte de câble. D'un autre côté, la question de dépenses, l'encombrement à bord, de toute quantité superflue, obligent à calculer l'excédant dans des limites modérées.

Excédant de câble embarqué à bord.

Dans les estimations, j'ai fixé à un tiers le minimum d'excédant de longueur de câble sur la distance mesurée qui devra être embarqué. Pour les câbles d'Alger et de Corse, la perte à l'émission n'a pas dépassé 13 p. 0/0. Pour l'Atlantique, elle a été de 15 1/2 p. 0/0 sur la distance parcourue, et 22 p. 0/0 sur la distance mesurée.

Il y aurait néanmoins avantage à avoir un surplus le plus grand possible. C'est pour cette raison surtout que je considère qu'il serait très important d'atterrir à Graciosa. Le câble destiné pour la section intermédiaire formerait une réserve disponible de 370 kilomètres, qui serait une grande sécurité en cas d'événement.

La pose de la seconde section entre les Açores et Terre-Neuve serait facilitée par les hauts fonds qui règnent sur une partie du parcours; elle profitera, d'ailleurs, des perfectionnements suggérés par l'expérience de la première. Elle nécessitera l'emploi du câble des profondeurs de 200 mètres dans la traversée du grand banc et probablement aussi sur le Bonnet-Flamand, où il est utile de le fortifier

Pose de la seconde section.

pour le cas où son relèvement ultérieur deviendrait nécessaire.

Durée de l'opération de la pose. La distance du cap Finistère à Graciosa est de 890 milles marins (1,645 kilomètres). En employant deux navires
partant du milieu ils auraient chacun 445 milles à parcourir. En calculant sur une vitesse moyenne de 5 nœuds,
il faudrait 90 heures pour achever l'opération.

La section de Terre-Neuve pourrait s'effectuer avec trois
navires, l'un entre le cap Race et le Bonnet-Flamand, les
deux autres partant du milieu entre ce point et les Açores,
ce qui réduirait la distance pour chaque navire à 375
milles (700 kilomètres), soit un voyage de trois jours à
raison de cinq nœuds.

Le *Niagara* et l'*Agamemnon*, lors de la pose de l'Atlan-
que, ont parcouru chacun 880 milles (1,630 kilomètres)
avec une vitesse moyenne de 5,6 nœuds.

On a vu, dans la partie où il est question de la fabrication du câble, l'importance d'essais incessants et scrupuleux pour constater son état électrique. La même vigilance
doit s'étendre à l'opération de la pose ; c'est à ce moment
que se déclareront les plus légers défauts qui auraient pu
échapper aux observations les plus minutieuses. Une faute
de ce genre peut passer à la mer, et si on s'en aperçoit
promptement, le mal n'est pas irréparable.

On ne saura donc prendre trop de précautions pour assurer à bord du navire les instruments les plus perfec-
tionnés, les plus délicats, et surtout les électriciens les
plus habiles et les plus expérimentés dans les opérations
de la pose et les essais des câbles immergés, afin de pouvoir constater la moindre variation dans l'état électrique,
reconnaître le moindre défaut pendant que le câble est en-

core à bord, le signaler aussitôt qu'il se manifeste, et enfin désigner avec certitude le point où la perte s'est déclarée et la distance qui en sépare le navire.

DURÉE.

Il est difficile d'apprécier la durée probable d'un câble sous-marin ; l'expérience ne remonte pas au delà de 1851, date de l'établissement du premier câble, qui fonctionne encore aujourd'hui entre Douvres et Calais.

Depuis cette époque, 52 autres lignes ont été entreprises : plusieurs et malheureusement les plus importantes ont cessé de transmettre, après un temps plus ou moins long ; 45 subsistent et sont exploitées journellement pour le service des dépêches. Elles forment une longueur de 8,652 kilomètres de câble, contenant 14,732 kilomètres de fils conducteurs.

Câbles en activité.

Il est digne de remarque que sur ce nombre 28 ont été manufacturés par messieurs Glass, Elliot et compagnie, de Londres. En fait, sur 31 câbles formant une longueur totale de 6,715 kilomètres, sortis depuis huit ans des ateliers de cette maison et immergés par ses ingénieurs et électriciens, deux courtes sections seulement de 59 kilomètres, qui ont été rompues par des ancres de navire (et qui pourraient être facilement réparés), ont cessé de fonctionner. Tous les autres sont en bon état de service.

Câbles fabriqués par Glass, Elliot et Cie.

Dans le nombre des câbles en activité, on peut en citer un certain nombre qui depuis leur établissement n'ont jamais nécessité la moindre réparation. Celui de la Spezzia au cap Corse, d'une longueur de 203 kilomètres, dans des profondeurs de 1,200 mètres et qui contient 6 conducteurs, a été immergé en 1854 et n'a jamais coûté un centime pour son entretien. La transmission a toujours été excellente, et il est aujourd'hui, après huit années de séjour au fond de la mer, en aussi parfait état que le jour où il a été posé.

D'autres, tels que celui de Douvres à Calais, interrompus momentanément par suite d'accidents fortuits à leurs points d'atterrissement, soit par des ancres de navire, soit par le frottement sur les rocs, ont été facilement réparés et fonctionnent avec succès.

Inaltérabilité de la gutta-percha dans l'eau de mer.

Dans tous les cas où des parties de câble ont été relevées, aussi bien de ceux en exploitation que de ceux qui ont cessé de transmettre, tels que celui de l'Atlantique, ceux de la mer Rouge et de la Méditerranée, la gutta-percha a été retrouvée en aussi parfait état que lors de sa fabrication. A l'air elle s'altère facilement ; mais dans l'eau salée elle est impérissable, et dans les couches inférieures des mers profondes, ses qualités isolantes sont notablement augmentées par la basse température, qui au-dessous de 2,500 mètres paraît être uniformément de 4° 2 centigrades. L'immersion à l'abri de la chaleur et de la lumière est en fait le seul moyen de la conserver sans altération. Sans la gutta-percha, la télégraphie sous-marine serait loin d'avoir atteint le développement qu'elle a aujourd'hui. Son introduction dans le commerce semble avoir providentiellement coïncidé avec l'application de l'électricité à la télégraphie, en vue de son extension future à travers les profondeurs océaniques.

La partie la plus essentielle d'un télégraphe sous-marin, l'enveloppe isolante, ne renferme donc aucun germe de destruction ; s'il a été déposé sur le sol sous-marin en parfait état, la durée ne dépend que des accidents produits par des causes extérieures. On a pu voir dans les parties précédentes les soins qui ont été apportés dans le choix du câble pour assurer l'état intrinsèque le plus parfait possible ; dans l'enveloppe extérieure et dans les dispositions relatives à l'immersion, pour garantir son dépôt sur le fond de la mer, sans en altérer la perfection, et pour l'y protéger contre toute cause de détérioration.

Dans les grandes profondeurs, le câble se trouve soustrait à toutes les influences extérieures ; il doit reposer sur la couche molle de débris de coquillages microscopiques qui s'y est accumulée d'une manière continue depuis la formation des mers. La ténuité de ces coquilles indique qu'il n'y règne aucun courant, que les eaux y sont dans un repos absolu. Le câble ne tarderait pas à être enfoui sous une couche de débris semblables qui serait pour lui la protection la plus effective. Il s'y trouverait dans de bonnes conditions de conservation.

Repos absolu dans les grands fonds.

Aux abords des côtes, les accidents sont réparables. Toutes les mesures sont d'ailleurs prises pour les rendre aussi peu fréquents que possible par l'emploi d'un câble d'une solidité extrême, fortifié par une double armature de fer à l'abri de l'oxydation ; elles seront complétées par une exploration détaillée de la nature du fond qui permettra d'éviter les fonds durs et rocailleux sur la ligne d'immersion.

Accidents aux abords des côtes.

Il y a également des précautions à prendre pour éviter les accidents électriques qui pourraient résulter du passage de courants trop forts à travers le conducteur.

Précautions contre les accidents dus au passage de l'électricité.

La carrière du câble de l'Atlantique paraît avoir été abrégée par l'application des moyens énergiques auxquels on a dû les signaux qui se sont fait passage d'une extrémité à l'autre. Aujourd'hui qu'on a reconnu les dangers de ce système et qu'on est arrivé à n'employer pour la transmission des messages qu'une force électromotrice excessivement faible, des piles composées de quatre ou cinq éléments, il n'y a rien à craindre sous ce rapport.

Courants naturels. Les courants naturels qui parcourent constamment les câbles n'ont pas une intensité suffisante pour altérer leurs conditions électriques, surtout lorsque l'isolement est produit par une grande épaisseur de gutta-percha. Mais **Electricité atmosphérique.** ceux dus à l'électricité atmosphérique, aux orages, sont des causes continuelles de danger, si l'on ne prend des mesures pour en préserver le câble. Les lignes aériennes sont fréquemment atteintes par la foudre ; si elles sont en communication avec un câble, le fluide électrique pénètre par le conducteur et se fait jour à travers l'enveloppe isolante, la plupart du temps à une petite distance de la côte, mais souvent il suit le conducteur sur une grande longueur jusqu'à ce qu'il rencontre un point faible où la gutta-percha offre une résistance moindre, point où il s'échappe en la perforant. C'est un cas fréquent dans les lignes souterraines reliées à des fils aériens. Plusieurs câbles sous-marins ont été mis hors de service par ces effets. Pour celui de Malte à Corfou, le fait paraît certain ; il est très-probable pour celui de Cagliari à Bône.

Pendant notre séjour à Minorque, lors de la pose de la seconde section du câble d'Alger, la foudre a frappé devant nous la ligne aérienne qui reliait le câble au bureau de Mahon et est venue éclater dans la cabane où la jonction s'opérait au point même d'atterrissement. Fort heureusement, le câble y était bien protégé par deux appareils de paratonnerre à pointes, à travers lequel le fluide gagna l'armature métallique et la terre. Le conducteur du câble fut préservé et les communications avec la ville furent seules interrompues. Sans l'efficacité de ces précautions, la section de Minorque à Alger eût été détruite dès cette époque.

Le même fait s'est présenté même lorsque les communications avec le point d'atterrissement ont été effectuées par des fils souterrains. A Jersey, le tonnerre est tombé sur le sommet d'une colline où passait la ligne souterraine enterrée à une profondeur de 50 à 60 centimètres. Malgré cela, le fluide a pénétré dans le fil conducteur, d'un côté s'échappant dans le bureau des télégraphes, et de l'autre parcourant le câble jusqu'à une distance de 25 kilomètres, où il a perforé la gutta-percha. Il n'est pas impossible que l'accident récent dans le câble d'Alger, qui s'est déclaré à la suite de tempêtes accompagnées de violents orages, ait été causé par des effets semblables.

Pour éviter ces accidents, il faut protéger le conduc- Paratonnerre aux atterrissements. teur au point même d'atterrissement par les meilleurs systèmes de paratonnerre. Il serait désirable de les prolonger par un fil très-mince, dont la fusion par l'intensité du courant détruirait les communications avec le câble, si toutefois cet accroissement de résistance ne réduisait pas la vitesse de transmission. Enfin, lorsqu'il sera nécessaire de relier un câble à une ligne terrestre, la communication devra toujours s'établir par des fils enterrés profondément dans des terrains favorables à l'écoulement rapide du fluide.

Un bon câble, immergé en bon état, à l'abri des influences extérieures et entouré de toutes les protections qu'indique l'expérience, sera dans de bonnes conditions de conservation et de durée. Rien ne fait prévoir un terme à la durée de ceux qui ont résisté à l'épreuve des premières années.

DÉPENSES D'ÉTABLISSEMENT.

J'ai fait ressortir la nécessité d'établir le câble dans des conditions de transmission, de solidité et de durée appropriées aux circonstances de longueurs, de profondeurs et de lieux. J'ai expliqué avec de longs détails les considérations qui avaient déterminé l'adoption des modèles du câble, conformément à ces exigences. Vouloir, en vue d'économie dans les dépenses, réduire leurs dimensions dans des limites inférieures à celles que la théorie et l'expérience indiquent, ou négliger des dispositions dont elles ont démontré l'avantage, serait une politique fatale, qui a déjà conduit à bien des mécomptes et qui aurait encore les mêmes résultats. Quelles que soient d'ailleurs les réductions, le câble le plus inférieur, destiné à transmettre sur une longueur de 2,000 et 2,400 mètres, sera d'un prix élevé.

Résultat des perfectionnements du modèle des câbles.

Dans le câble que j'ai proposé, la première amélioration, la plus essentielle, porte sur les dimensions du conducteur et de l'enveloppe isolante. Il en résulte une augmentation proportionnelle dans les dimensions de l'armature. Les différents modèles présentent en outre des perfectionnements nombreux ; le câble des grandes profondeurs, une augmentation du nombre et de la section des fils d'acier, par conséquent de leur poids, et un revêtement extérieur protégeant l'armature ; les deux autres, une garniture des fils de fer pour les préserver de l'oxydation, et pour le câble des côtes une augmentation de poids considérable. De ces améliorations résulte une augmentation des dépenses d'établissement, par le prix plus élevé des câbles et aussi par la nécessité d'employer pour la pose des navires d'un plus grand tonnage, en raison de l'augmentation de leur volume et de leur poids.

Au point de vue économique, il faut d'ailleurs considérer qu'en appliquant une augmentation de dépenses à l'amélioration des parties vitales du télégraphe, on augmente la rapidité de transmission des messages. Conséquemment on augmente dans une proportion au moins égale son pouvoir producteur, sa capacité de gagner un revenu pour le capital. On peut admettre que pour une ligne reliant l'Europe au continent nord américain, quel que soit son pouvoir de transmission, le trafic sera suffisant pour l'alimenter. Si elle peut transmettre dix ou vingt mots par minute, elle trouvera dix ou vingt mots à transmettre. Le nombre de dépêches sera limité uniquement par l'impossibilité matérielle de transmettre davantage. Si le pouvoir de transmission est élevé de quatre mots à cinq, six, sept, huit ou dix mots par minute, on augmente non-seulement les recettes dans la même proportion, mais on diminue les causes d'erreur, les répétitions, car c'est un fait bien connu en télégraphie et bien naturel que les causes de retard diminuent à mesure que la facilité de transmission augmente.

J'ai remis à **M.** le Directeur Général des Lignes Télégraphiques des devis détaillés complets, établissant les prix des modèles de câble, ainsi que les frais de pose. Les chiffres peuvent être contrôlés et il est facile pour l'administration de s'assurer qu'ils ont été fixés avec la plus grande modération et dans les limites strictement nécessaires pour garantir la meilleure exécution de l'entreprise.

Le prix de revient par kilomètre des trois modèles dans leur état complet est de :

Fr. 3,150 pour le n° 1, câble des grandes profondeurs.

3,400 pour le n° 2, câble des profondeurs de 200 mètres.

7,400 pour le n° 3, câble des côtes.

Le cœur seul entre pour fr. 1,770 dans la composition de ces prix.

Le montant des dépenses d'établissement des deux premières sections du cap Finistère à Terre-Neuve sera de 20,469,000 francs.

Pour la ligne totale de Biarritz au cap Breton, il s'élèvera à fr. 26,735,000 comme suit :

	Distance.	Longueur du câble.	Prix du câble.	Frais de pose.	Prix du câble posé.
1re Section.	1,925 kilom.	2,565	fr. 8,156,000	fr. 1,935,000	fr. 10,091,000
2e —	2,000	2,620	8,437,000	1,941,000	10,378,000
3e —	680	747	2,652,000	514,000	3,166,000
4e —	240	285	989,000	326,000	1,315,000
5e —	315	403	1,359,000	426,000	1,785,000
Total...	5,160 kilom.	6,620 kilom.	fr. 21,593,000	fr. 5,142,000	fr. 26,735,000

Ces chiffres représentent les frais matériels, sans y comprendre les risques de pose, si ce n'est l'assurance maritime ordinaire contre les risques de perte du navire et de la cargaison pendant la traversée.

Le prix total d'établissement, tel qu'il résulte de ces comptes, pourra subir une réduction d'environ un million de francs dans le cas où on diminuerait les dimensions du conducteur et de l'enveloppe des câbles des trois dernières sections en raison de leur longueur. J'ai cru devoir les maintenir dans les mêmes proportions parce

qu'il sera préférable, si cela est reconnu possible après la
pose des deux grandes sections, d'éviter la répétition des
messages aux stations intermédiaires et d'opérer la transmission directe, d'un côté entre les Açores et la
France et de l'autre entre les Açores et le point extrême
d'atterrissement en Amérique ; résultat qu'on ne peut espérer atteindre qu'en conservant dans toute la longueur
les dimensions du fil de cuivre et de l'enveloppe de gutta-
percha adoptées pour la ligne centrale.

PRODUITS.

L'importance des relations qui existent entre l'ancien
et le nouveau monde peut donner une idée du développement que doit prendre la correspondance télégraphique
aussitôt que l'établissement des communications électriques sera un fait accompli.

Relations entre l'Europe et l'Amérique.

L'Europe est actuellement sillonnée par 250,000 kilomètres de fils télégraphiques, dont les prolongements s'é-
tendent déjà jusqu'en Asie et en Afrique. Ils pénétreront
avant peu jusque dans l'Inde et jusqu'à l'extrémité orien-
tale de l'Asie sur les côtes de l'océan Pacifique.

Lignes télégraphiques en Europe.

Dans l'Amérique du Nord ils forment un réseau de
65,000 kilomètres qui s'étend depuis la pointe extrême de
Terre-Neuve, sur les côtes de l'Océan, jusqu'aux rives du
Pacifique, à San-Francisco, et depuis le nord du Canada
jusqu'au golfe du Mexique ; rien n'est plus facile que de
prolonger ce réseau par des lignes sous-marines jusqu'à
Cuba et aux principales Antilles.

En Amérique.

Telles sont les sources qui viendront alimenter le câble, lorsque les peuples jusqu'à présent séparés par une

mer de 1,200 lieues seront mis en communication instantanée.

Nombre
de dépêches.

Évaluer le nombre probable des dépêches est impossible ; le développement qu'elles ont atteint entre l'Angleterre et le continent peut seul en donner une idée. En 1862 la compagnie du *Submarine telegraph* à elle seule a transmis entre la France et l'Angleterre 844 dépêches par jour en moyenne. Le nombre total de celles échangées par tous les fils sous-marins qui relient la Grande-Bretagne au continent a dépassé 500,000, soit plus de 1,500 dépêches par jour ouvrable.

Si l'on considère que l'emploi de la télégraphie est d'autant plus fréquent qu'elle offre un plus grand avantage sur la correspondance par lettres ; que par un télégraphe transatlantique les dépêches auront une avance de dix jours ; qu'il présente encore cette supériorité pour la négociation des affaires d'être toujours prêt à transmettre une nouvelle, un ordre, sans obligation d'attendre le jour du départ du paquebot; on peut conclure avec toute certitude que le premier câble sera insuffisant pour l'expédition du service.

Tarif
des taxes.

Ces considérations ont motivé l'opinion émise par des membres du comité d'enquête en Angleterre que l'encombrement ne pourrait être évité que par la fixation d'un tarif excessif, soit 250 francs par dépêche.

Il ne nous a pas paru nécessaire de s'engager dans cette voie.

Nous avons pensé qu'il était préférable de maintenir la taxe à un taux modéré, devant laisser même avec un pouvoir de transmission restreint une rémunération équitable au capital engagé dans l'entreprise.

Le tarif pour la transmission de la dépêche de vingt
mots entre l'Europe et l'Amérique est fixé à cent francs
par le projet de convention; entre les Açores et l'Europe,
et entre les Açores et l'Amérique, il est de cinquante
francs.

Le chiffre est modéré, si l'on tient compte des dépenses
d'établissement de la ligne et des risques de conservation.
Considérant l'importance du service rendu, il laisse d'ailleurs
toute latitude au développement de la correspondance télégraphique. Il ne faut pas perdre de vue qu'il doit être
proportionné au pouvoir de transmission du câble. Il est
important de s'assurer autant que possible, même dans le
cas où il ne pourrait transmettre qu'un nombre réduit
de dépêches, un chiffre de recette suffisant pour amortir
le capital. Il sera d'ailleurs toujours temps d'abaisser la
taxe si l'expérience en montrait la nécessité.

Le tarif fixé par la charte de la compagnie de l'*Atlantic* *Tarif de la Cie Transatlantic telegraph.*
telegraph était de F. 62 50, mais le câble était d'un prix
bien moindre. Les gouvernements anglais et américain,
en fournissant les navires pour l'opération de la pose,
faisaient une concession équivalente à une subvention de
trois millions de francs, qui, en fait, s'est élevée au
double par la nécessité de renvoyer l'entreprise à l'année
suivante, après l'insuccès de la première tentative. On
avait compté l'établir avec un capital de F. 8,750,000;
il a atteint F. 11,576,250. Enfin, on n'avait que des données très-vagues sur le retard dû à l'induction, et on
comptait par suite sur une vitesse de transmission plus
grande que celle qu'on est raisonnablement en droit d'attendre aujourd'hui. Ce tarif est évidemment trop peu
élevé.

Plusieurs électriciens anglais éminents pensent encore qu'il est possible, sans s'imposer des dépenses exagérées, d'obtenir une vitesse de 15 à 16 mots par minute entre l'Irlande et Terre-Neuve, c'est-à-dire sur une longueur de 3,700 kilomètres. Les évaluations récentes de l'*Atlantic telegraph Company*, en faisant un nouvel appel aux capitaux, sont basées sur une vitesse de 10 mots. Admettre ces données hypothétiques serait s'exposer encore à une déception. Malgré les améliorations apportées dans la construction du câble et l'accroissement de vitesse qu'on doit en espérer, la seule base certaine des évaluations de produits est celle des faits acquis, résultats sanctionnés par l'expérience.

J'ai dit précédemment que le câble de Malte à Alexandrie, sur une longueur excédant la plus grande section de la ligne transatlantique par les Açores, fonctionnait avec une vitesse de 5 mots par minute. J'ai dit aussi que, par suite de l'accroissement de l'épaisseur de la gaîne isolante, par son application en un plus grand nombre de couches et par les améliorations réalisées dans la conductibilité du cuivre et les qualités isolantes de la gutta-percha, on devait atteindre une vitesse moitié plus grande. Néanmoins j'ai établi les évaluations de produits sur une vitesse réduite à 4 mots par minute. J'ai tenu compte, dans ces évaluations, de la perte de temps qui résulte des erreurs, répétitions et ajustements des instruments, et aussi des indications de dates et d'heures non payées par les dépêches. J'ai calculé la journée de travail à seize heures, bien que la différence de longitude doive permettre de travailler nuit et jour sans interruption. Enfin, les jours de travail sont limités à 300 par an, pour faire face à la réduction de travail des dimanches et jours de fête et aussi aux éventualités d'interruptions et de réparations aux points d'atterrissement.

Il résulte des comptes approximatifs de produits établis sur ces bases que le produit net de la ligne transatlantique, frais d'exploitation déduits, s'élèvera à F. 3,800,000.

En prévision des risques de toute nature auxquels le câble reste exposé pendant toute la durée de l'exploitation, il est indispensable de pourvoir, par le prélèvement d'une large part dans les produits, à l'amortissement rapide du capital et à la formation d'un fonds de réserve pour faire face aux réparations des câbles ou à leur renouvellement.

Fonds d'amortissement et de réparations.

J'ai proposé, dans ce but, de stipuler la répartition suivante :

Répartition des produits.

L'intérêt du capital à raison de 6 p. 0/0 l'an sera tout d'abord prélevé sur le produit des recettes ;

Le solde, après ce prélèvement, sera appliqué : 1/4 à la formation d'un fonds d'amortissement ; 1/4 à la formation d'un fonds de réserve et réparations, 1/2 en dividende aux intéressés.

Réparti conformément à ces stipulations, le câble fonctionnant à raison de 4 mots par minute donnerait, en sus des intérêts, un dividende de 4 p. 0/0 environ.

Résultats financiers.

En même temps, une somme annuelle de F. 550,000 serait employée à l'amortissement du capital, qui serait entièrement effectué dans une période de moins de 24 années.

Une somme égale de F. 550,000 formerait le prélèvement annuel applicable aux réparations.

Une augmentation de vitesse de transmission produira pour chaque mot, par minute, un accroissement de re-

Augmentations.

cettes de **F.** 1,080,000 par an. Le chiffre du revenu du capital, intérêts et dividende s'élèvera donc à 10, 12, 14, 16 et 18 p. 0/0, et la durée de l'amortissement sera réduite de 24 à 19, 16, 14 et 12 années, suivant que le câble transmettra les messages avec une vitesse de 4, 5, 6, 7 ou 8 mots par minute.

La somme annuelle attribuée au fonds de réparations suivrait une progression proportionnelle à raison de 270,000 fr. d'augmentation pour chaque mot d'accroissement de vitesse. La réserve atteindrait donc, en moins de 14, 10, 8, 7 ou 6 années, le chiffre de 10 millions, avec lequel elle pourrait faire face au renouvellement d'une des grandes sections.

Au delà de huit mots, une augmentation du pouvoir conducteur du câble ne changerait pas sensiblement les résultats financiers. Passé une certaine limite, on se trouve en présence des difficultés mécaniques de la manipulation, qui ne permettent pas toujours de réaliser la vitesse effective que le câble est susceptible d'atteindre. On serait d'ailleurs probablement obligé d'abaisser le tarif.

Nouveau système de transmission. Il est cependant une circonstance qui peut développer considérablement le pouvoir producteur du câble. Dans toutes les questions relatives à la transmission des messages, j'ai toujours eu en vue l'alphabet Morse qui, formé d'une succession de signaux, nécessite en moyenne l'émission de plus de 3 courants pour chaque lettre et 5 pour les chiffres. C'est le système généralement en usage dans la télégraphie, c'est le seul employé pour les câbles sous-marins. Mais si un autre appareil réduisant le nombre des signaux composant les caractères de l'alphabet, ou celui de Hughes, qui n'exige qu'un seul courant pour chaque lettre, pouvait être appliqué à l'expédition des dépêches, on voit combien le pouvoir producteur serait agrandi, quelle augmentation de recettes il en résulterait, même avec un abaissement notable dans le tarif des taxes.

ÉVALUATION DES PRODUITS DE LA LIGNE ET RÉPARTITION.

Vitesse de transmission, 4 mots par minute.

Par heure......... 240 mots.

A déduire un quart,
pour erreurs, répétitions, } 60
perte de temps, etc....

Travail effectif, 180 mots par heure, soit 9 dépêches de 20 mots.

16 heures de travail par jour, 144 dépêches à fr. 100...........F. 14,400 »

300 jours de travail par an, à fr. 14,400. 4,320,000 »
Frais d'exploitation............. 520,000 »

Produit net....... 3,800,000 »

Intérêts à 6 0/0 sur un capital de
fr. 26,735,000................... 1,600,000 »

Bénéfice à répartir......F. 2,200,000 »

1/4 au fonds d'amor-
tissement.........F. 550,000 »
1/4 au fonds de ré-
serve.............. 550,000 »
1/2 au capital...... 1,100,000 »

F. 2,200,000 »

Durée de l'amortissement, à 6 p. 0/0... 24 ans.

Résultats de l'exploitation avec différentes vitesses de transmission.

Nombre de mots par minute.	Nombre de dépêches par jour.	Fonds d'amortissement.	Durée de l'amortissement.	Fonds de réserve.	Solde au capital.	Dividendes en sus des intérêts.
2	72	10,000 fr.	»	10,000	20,000	»
3	108	280,000	34 ans	280,000	560,000	2 p. 0/0
4	144	550,000	24	550,000	1,100,000	4
5	180	820,000	19	820,000	1,640,000	6
6	216	1,090,000	16	1,090,000	2,180,000	8
7	252	1,360,000	14	1,360,000	2,720,000	10
8	288	1,630,000	12	1,630,000	3,260,000	12

CONCOURS DE L'ÉTAT.

Nécessité du concours de l'État. Par son caractère scientifique et civilisateur, le télégraphe transatlantique a un titre au patronage de la France; par l'importance des intérêts de toute nature qui s'y rattachent, il a des droits à réclamer le concours de l'État, comme entreprise d'utilité publique.

Plus que toute autre, il a besoin de ce concours, car s'il offre en cas de succès des éléments de bénéfice légitime, il est exposé à des chances de perte qui ne permettent pas à l'industrie privée réduite à ses propres forces d'en entreprendre l'exécution.

Le Gouvernement l'a reconnu en 1860, par la loi de concession qui stipulait la garantie par l'État d'un produit minimum de un million cinquante mille francs. Les concessionnaires n'ont pu, malgré cette garantie, remplir leurs engagements. En Angleterre des avantages plus grands assurés à la compagnie de l'*Atlantic telegraph* n'ont pas eu plus de résultat. Les gouvernements anglais et américain se sont engagés à lui payer une subvention annuelle de 700,000 francs, et l'Angleterre garantit, en

outre, un minimum d'intérêt de 8 0/0. Mais les subventions et la garantie étant subordonnées à la réussite et
conséquemment les risques de l'entreprise restant entièrement à la charge de la Compagnie, elle n'a pu jusqu'à
ce jour parvenir à former le capital de 15 millions nécessaire pour l'établissement d'un nouveau câble.

En France, où les capitaux sont moins audacieux, où
les habitudes de prudence prédominent, où on recherche
moins les chances aléatoires de grands bénéfices que la
sécurité pour le principal, quels capitaux, quelles épar-
gnes oseraient se placer dans une entreprise, quelque
brillantes que fussent les prévisions, si, dans un certain
cas, le cas d'insuccès, intérêts et principal devaient être
engloutis dans une perte totale? Quelle Compagnie pourrait même faire honorablement appel aux capitaux dans
des termes semblables?

Les évaluations que j'ai exposées prouvent qu'en cas
de succès les éléments de bénéfice seront suffisants,
même avec une vitesse de transmission restreinte, pour
rémunérer largement le capital. Si l'on parvient à établir
d'une manière durable un bon câble, l'entreprise n'a
pas besoin d'appui; elle se suffit à elle-même. Mais,
quel que soit le bon choix du câble, quelles que soient les
précautions qui aient présidé dans tous les détails de sa
construction et de l'opération de la pose, il sera, pendant
cette opération et pendant toute la durée de l'exploitation,
exposé à des chances de perte, comme tout ce qui est
livré aux hasards des mers. C'est contre ces éventualités
qu'il faut protéger le capital.

Pour un navire et sa cargaison exposés à des dangers
de même nature, mais à un degré moindre, il y a l'assu-

Assurances
contre les
risques
de perte.

rance. Pour la télégraphie sous-marine, l'assurance n'existe pas. Il y a bien eu, dans le principe, quelques cas d'assurance partielle de câble et un temps viendra sans doute où il sera aussi facile de faire assurer un câble qu'il l'est aujourd'hui de faire assurer un navire. Mais ce temps n'est pas venu. Il y a aujourd'hui impossibilité absolue d'effectuer l'assurance d'un câble de la longueur et de la valeur du télégraphe transatlantique. On fait bien couvrir les risques maritimes, tels que le naufrage du navire, mais l'assurance du câble contre les risques d'accident pendant la pose, et à plus forte raison pendant l'exploitation, est impossible.

Les gouvernements seuls intéressés à l'exécution de la ligne peuvent remplir le rôle des assurances, et garantir le capital contre les risques de perte.

Garantie par l'Etat d'un minimum de 3 p. 0/0. C'est sur ce principe que j'ai réclamé le concours de l'État pour l'établissement du télégraphe transatlantique par les Açores. J'ai demandé au Gouvernement de contribuer partiellement à l'assurance par la concession d'une garantie d'intérêt de 3 0/0 sur le capital d'établissement de la ligne, quel que soit le résultat de l'entreprise.

Il s'agit de considérer quels sont les avantages que le pays peut attendre de cette création, d'apprécier les risques de l'entreprise, de mesurer l'étendue des engagements qui peuvent en résulter pour le Trésor, et de décider si le résultat de cette comparaison est de nature à justifier la concession du concours demandé à l'État.

Posé dans ces termes, la réponse ne peut être douteuse.

Les avantages politiques et commerciaux sont tellement évidents, qu'il est inutile de rien ajouter à ce sujet. Ils ont été manifestes durant la courte carrière de l'*Atlantic Telegraph*.

Les risques de l'entreprise ont été longuement exposés dans les parties relatives au choix du câble et à son immersion. Je n'ai point cherché à en diminuer l'importance. J'ai cependant démontré que toutes les difficultés du tracé que je propose avaient été surmontées dans d'autres occasions, et que le projet n'était basé que sur des faits acquis par l'expérience.

Le fait de la transmission électrique à une plus grande distance est réalisé par la ligne d'Alexandrie.

L'opération mécanique de la pose sur une distance double a été effectuée en six jours avec le câble de l'*Atlantique* ; en employant deux navires partant du milieu des sections, le parcours le plus long ne dépassera que de 100 kilomètres celui de France en Algérie.

On a pu juger que les modèles de câble proposés pour la ligne présentaient toutes les conditions de sécurité exigées par les circonstances, et que toutes les précautions suggérées par la prudence étaient prises pour assurer le succès de l'opération de la pose et pour garantir la conservation du câble après son immersion.

L'administration aura le droit d'exercer son contrôle pendant la fabrication, comme si le câble était manufacturé pour son compte, et de s'assurer à toute époques de la fidèle exécution de toutes les stipulations mentionnées dans le projet de convention. Entourée de toutes ces garanties, la réussite sera presque certaine.

L'engagement réclamé de l'État sera d'ailleurs bien réduit par la condition expresse, stipulée dans la convention, d'exécution successive des sections à une année d'intervalle, subordonnée, pour chaque section, à la réussite de celles qui auront été immergées pendans les années précédentes. La garantie de l'État est par cette clause limitée d'abord au capital de la première section ; et si elle est établie avec succès, l'expérience acquise dans cette première opération sera presque une certitude du succès complet de l'entreprise entière.

J'ai dit que la première section était la plus difficile ; elle a cependant l'avantage de présenter de grandes probabilités de temps favorable à l'époque de l'opération. Depuis le solstice d'été jusqu'à l'équinoxe d'automne, le temps est généralement beau entre les Açores et la côte de Portugal, et il y règne de longues séries de calme. On se trouvera sous ce rapport dans des conditions bien plus rassurantes que par les latitudes plus hautes.

Engagements de l'Etat. Mes propositions sur les bases d'une garantie d'un minimum de 3 p. 0/0 sur le capital d'établissement ont été acceptées, en principe, par le Gouvernement. Elle ont été résumées dans un projet de convention actuellement soumis à son approbation. (Voir le texte de ce projet, page 109.)

Les devis détaillés soumis en même temps à son examen fixent les évaluations des dépenses d'établissement des cinq sections composant la ligne à une somme totale de 26,735,000 francs.

Il ressort du compte d'estimation des résultats de l'exploitation que le produit des recettes, déduction faite des frais d'exploitation, s'élevera à 6 p. 0/0 du capital, pourvu que le câble transmette les messages avec une vitesse de deux mots par minute ; dans ces conditions, il faut une période de trente-sept années pour l'amortissement intégral du capital, en servant les intérêts à raison de 5 p. 0/0. Tel est le résultat strictement nécessaire pour couvrir toutes les charges de l'entreprise.

Tout accroissement de pouvoir de transmission au delà

d'un minimum de deux mots produira une augmentation de recettes, qui formera le bénéfice net de l'opération. Ce bénéfice sera appliqué comme suit :

Un quart à la formation d'un fonds d'amortissement du capital ;

Un quart à un fonds de réserve, destiné à faire face à toute éventualité de réparations ou de renouvellement du matériel, ou pour l'établissement de nouveaux câbles si ceux établis étaient insuffisants pour le service de la correspondance télégraphique.

La moitié formant le solde constituera la part de bénéfice qui sera distribuée en dividende aux intéressés, en sus des intérêts.

On a vu par le compte approximatif de répartition sur ces bases que le capital d'établissement sera entièrement amorti en 34, 24, 19, 16, 14, ou 12 années, suivant que la vitesse de transmission sera de 3, 4, 5, 6, 7 ou 8 mots par minute.

Le fonds de réserve suivra une marche parallèle, et tout en faisant face aux réparations courantes durant l'exploitation, il pourra atteindre en peu d'années le chiffre nécessaire pour renouveler au besoin le câble d'une des grandes sections de la ligne.

La portion des bénéfices afférente aux intéressés, augmentant dans une proportion égale, suffira pour rémunérer largement le capital, si la transmission atteint la vitesse qu'on doit espérer.

Dans tous les cas que je viens d'énumérer, le concours matériel de l'État n'est point nécessaire ; il ne devient indispensable que si, par suite d'accident ou d'éventualité quelconque, le produit des recettes ne suffit pas pour couvrir les charges de l'entreprise; s'il n'atteint pas pendant trente-sept années le chiffre nécessaire pour faire face à l'amortissement et au service des intérêts à 5 p. 0/0 l'an, c'est-à-dire si la vitesse de transmission n'atteint pas deux mots par minute. Au-dessous de ce minimum seulement, la garantie de l'État doit devenir effective pour assurer au moins un revenu partiel au capital engagé dans l'entreprise.

Garantie
de produit
minimum.

En conséquence, je demande à l'État de garantir, quel que soit le résultat de l'entreprise, un minimum d'intérêt de 3 p. 0/0 sur un capital limité à 25 millions, soit un produit net minimum de fr. 750,000, et de s'engager également jusqu'à concurrence de cette somme à compléter les intérêts de 6 p. 0[0 sur le capital chaque fois qu'ils ne seront pas atteints par le produit net des recettes de l'année.

La garantie de l'État datera pour chaque section de la ligne du moment où le câble destiné pour cette section aura été entièrement embarqué à bord du navire chargé de la pose, et qu'il aura été reconnu en parfait état par les employés de l'administration délégués à cet effet; à partir de ce moment, elle durera sans interruption pendant trente-sept années consécutives ou jusqu'au remboursement du capital, s'il était amorti avant ce terme, malgré tout accident qui aurait lieu pendant cette période; le but de la garantie de l'État étant précisément d'assurer en partie le revenu du capital engagé dans l'entreprise contre les éventualités de toute nature auxquelles le câble est exposé pendant son immersion et pendant toute la durée de l'exploitation. Elle cessera lorsque le capital d'établissement de la ligne aura été entièrement amorti au moyen des prélèvements sur les bénéfices.

La garantie de l'État sera répartie entre les différentes sections de la ligne comme suit : Répartition de la garantie.

Fr. 300,000	pour la 1re section, entre l'Europe et les Açores, évaluée à	Fr. 10,000,000
300,000	pour la 2e section, entre les Açores et Terre-Neuve, évaluée à	10,000,000
75,000	pour la 3e section, entre la France et le cap Finistère, évaluée à	2,500,000
37,500	pour la 4e section du cap Race (Terre-Neuve) à Saint-Pierre, évaluée à	1,250,000
37,500	pour la 5e section, de Saint-Pierre au continent américain, évaluée à	1,250,000
Fr. 750,000	TOTAL. . . .	Fr. 25,000,000

chiffre de fr. 1,735,000 au dessous des estimations réelles. Cette différence portera principalement sur les trois sections complémentaires qui, offrant moins de dangers, peuvent à la rigueur se contenter d'une protection moindre. Elles sont d'ailleurs éventuellement susceptibles d'une réduction. L'important est que la garantie soit entière sur les deux grandes sections centrales.

On remarquera que les engagements de l'État ne commencent qu'à la dernière limite possible. Le Gouvernement aura le droit d'exercer son contrôle au fur et à mesure de la fabrication et à toute époque, pendant et après l'embarquement ; néanmoins, tous les accidents qui pourront se présenter jusque-là restent aux risques des concessionnaires. Ce n'est que lorsque le câble aura été entièrement lové à bord, dans les bassins remplis d'eau préparés pour le recevoir, au moment du départ, c'est-à-dire quelques jours seulement avant l'immersion, que les essais définitifs du câble auront lieu, et que, s'il est reconnu en parfait état, la garantie commencera à courir.

Maximum des engagements de l'État. En résumé, dans les plus mauvaises circonstances, c'est-à-dire dans le cas où les cinq sections viendraient à cesser de fonctionner peu après leur établissement, la somme des engagements résultant pour le trésor de la garantie demandée à l'État peut s'élever à un maximum de trente-sept annuités de fr. 750,000. Jusqu'après l'établissement avec succès de la première section la garantie ne comporte qu'un engagement de 300,000 fr.

Vitesse probable de huit mots. Si l'immersion réussit, on doit espérer des dimensions du cœur du câble une vitesse de transmission de huit mots, qui rendrait la garantie de l'État purement nominale et en réduirait la durée à une période de moins de douze années, par l'amortissement rapide du capital.

Ces engagements, en présence des avantages à attendre de l'établissement d'un télégraphe électrique à travers l'Océan, sont-ils assez onéreux pour que le Gouvernement hésite à accorder le concours qui lui est demandé ? Que sont-ils, comparés aux chiffres des subventions accordées aux paquebots transatlantiques dans le même but, la facilité des communications ? Et cependant, dans bien des cas, au point de vue politique, le télégraphe rendra des services non moins grands. Plus que toute autre création moderne, il contribuera au développement commercial de la France avec tous les points de l'Amérique, avec lesquels il la mettra en communication.

Le projet de convention stipule que la section entre la France et les Açores sera établie avant le 1er novembre 1864, et celle entre les Açores et Terre-Neuve l'année suivante. Au 1er novembre 1865, les communications devront exister entre l'Europe et l'Amérique par le télégraphe transatlantique. Les trois sections complémentaires seraient exécutées dans les trois années suivantes.

Toutes les mesures sont prises pour l'exécution de cet engagement ; mais il n'est possible que si la convention définitive qui le rendra obligatoire est adoptée par le Corps législatif pendant la session actuelle. Sinon, il faudra de toute nécessité en reculer l'exécution d'une année. Huit mois entiers sont nécessaires pour la fabrication dans de bonnes conditions de 2,563 kilomètres de câble conforme au modèle stipulé. Elle doit donc commencer le 1er septembre pour que le câble soit entièrement terminé et prêt à embarquer le 1er mai 1864. Il y a d'ailleurs des travaux préparatoires sur le tracé de la première section à exécuter pendant les mois d'été de l'année courante, un voyage d'exploration et de sondage sur la ligne d'immersion et aux points d'atterrissement, qui nécessitent un matériel de lignes de sondes et d'instruments dont la préparation demande un certain temps.

Il faut donc se hâter. J'espère que si le Gouvernement promet son concours au projet de télégraphe transatlantique par les Açores, il reconnaîtra l'urgence d'une prompte exécution et ne voudra pas la renvoyer à une époque plus éloignée.

J'aurais désiré pouvoir prendre l'engagement de manu-

Epoque d'exécution.

Difficulté

facturer en France les câbles nécessaires pour l'établissement de la ligne. Cela ne m'a pas été possible. La maison
Rattier, dont l'usine est à Paris, est la seule maison française qui se soit occupée de cette fabrication. Elle a livré à
l'administration des lignes télégraphiques, de bons câbles
pour les petites longueurs immergées sur le littoral, qu'on
a pu expédier par chemin de fer, pour être embarqués à
bord des navires chargés de la pose. Sa position loin de
la mer lui rend impossible l'entreprise des grandes lignes
qu'il faut charger par sections non interrompues de 6 et
700 kilomètres et transborder directement des bassins de
l'usine dans les bassins des navires. Il faudrait donc créer
à grands frais dans un port de mer, et dans une position
où les plus grands navires pourraient accoster, une usine
nouvelle avec le double matériel nécessaire pour la fabrication du cœur du câble et de la couverture extérieure.
Ce qui ne peut avoir lieu assez promptement pour établir
la première section dans les délais stipulés. Ce n'est cependant pas la plus grande difficulté : celles relatives à l'approvisionnement de la matière isolante et à sa préparation
seraient probablement un obstacle insurmontable.

En Angleterre, la construction des câbles est divisée. La
fabrication du cœur est une industrie spéciale ayant pour
objet la manipulation de la gutta-percha et son application
sur le conducteur. La construction de l'enveloppe extérieure et l'achèvement du câble forment une industrie
séparée. Plusieurs maisons s'occupent de cette partie,
mais une seule a monopolisé la première. Le cœur de tous
les câbles immergés jusqu'à ce jour a été manufacturé
par la *Gutta-percha Company*, de Londres ; il n'y a d'exception que pour les lignes côtières fabriquées en France par

la maison Rattier, qui réunit les deux industries. La *Gutta-* Gutta-percha company.
percha Company a introduit au fur et mesure des travaux
importants qu'elle a exécutés depuis douze ans ans des perfectionnements considérables dans ses procédés de fabrication ; elle s'est assuré la propriété de ces procédés par des
brevets d'invention. Elle livre aujourd'hui des produits
présentant sous le rapport de l'isolement une perfection
qu'il serait impossible d'atteindre dès le début.

Mais c'est surtout pour se procurer la matière brute Difficulté de l'approvisionne-ments de la gutta-percha.
qu'une compagnie nouvelle éprouverait de grandes diffi-
cultés. Les sources d'approvisionnement de la gutta-percha
sont très-limitées. La production a peine à suffire aux besoins
sans cesse croissants de la télégraphie (1). Le prix, qui dans
le principe ne dépassait pas 2 francs par kilogramme, a plus
que quadruplé et avec l'augmentation des prix sont arrivées
sur le marché européen des qualités inférieures tout à fait
impropres à l'emploi d'isolateur dans les câbles sous-marins. La plus grande partie des importations en Europe vient
de Singapoore à destination d'Angleterre. La Hollande reçoit aussi quelques envois irréguliers de Bornéo et de Java.

La *Gutta-percha Company* a sur les lieux de production
des agents qui achètent pour son compte toutes les qualités
supérieures ; chaque année elle éprouve plus de difficulté
à assurer son approvisionnement ; elle n'y parvient qu'en
augmentant continuellement ses prix d'achat. Il n'y a pour
ainsi dire à s'expédier en Europe, en dehors des envois
venant directement à son adresse, que les parties qu'elle a
refusées. Elle a donc en fait constitué à son profit un mo-

(1) Les importations de gutta-percha en Europe pendant la période décen-
nale ont été, en moyenne, de 750 tonnes par an, dont la moitié en qualités impropres à l'usage de la télégraphie sous-marine.

nopole contre lequel il est difficile de lutter. Plusieurs maisons anglaises l'ont essayé, aucune n'a pu y parvenir.

On peut déduire de ces considérations les difficultés qu'une maison nouvelle française éprouverait pour se procurer en quantité et en qualité la matière première nécessaire à sa fabrication. Il lui faudrait maintenir également sur les lieux de production des agents pour faire ses achats en concurrence avec ceux de la *Gutta-percha Company*, et s'ils y parvenaient, ce ne serait qu'en produisant une nouvelle hausse dans les prix déjà si élevés.

Il me semble difficile d'introduire en France l'industrie de la fabrication des câbles sur des bases solides tant qu'on n'aura pas trouvé une substance nouvelle pour remplacer la gutta-percha dans l'isolement des conducteurs des télégraphes sous-marins. Je crois que c'est vers ce but que devraient surtout tendre les encouragements du Gouvernement.

Cœur manufacturé par la *Gutta-Percha Company*.

La gutta-percha constitue à elle seule la moitié du prix des câbles : il en faut 730,000 kilogrammes pour le télégraphe transatlantique.

La *Gutta-percha Company* peut seule s'engager pour une quantité aussi forte; les produits de sa fabrication sont aussi les seuls qui inspirent une confiance suffisante dans la réussite pour attirer les capitaux dans l'entreprise. C'est donc elle qui serait chargée de la manufacture du cœur du câble. Le contrat qui doit l'engager est arrêté; il sera signé aussitôt que la concession sera définitivement accordée par l'État.

Câble achevé et immergé par la maison Glass Elliot et cie.

Un projet de contrat pour la fabrication de l'enveloppe extérieure et pour la pose des câbles est également arrêté avec Messieurs Glass, Elliot et compagnie, les grands contracteurs de télégraphes sous-marins; il n'attend plus pour sa ratification que la décision du Gouvernement. C'est dans leur usine à Greenwich, et sous la direction de leur habile ingénieur, M. Canning, qu'ont eu lieu les expériences ayant pour but de déterminer le choix des câbles; et c'est d'accord avec eux que les modèles stipulés ont été soumis à l'approbation de l'administration. Aucune autre maison ne présente d'aussi grandes garanties de bonne exécution; on l'a vu par le succès qui a accompagné toutes leurs entreprises; c'est à elle que le gouvernement français avait confié l'exécution des lignes d'Alger et de Corse.

J'ai à peine fait allusion dans le cours de cet exposé à l'accident arrivé récemment au câble d'Alger. J'ai toujours mentionné son établissement comme un grand succès télégraphique, et en effet, malgré tout ce qui peut arriver, il aura eu une glorieuse carrière. La partie comprise entre Alger et Minorque, d'une longueur de 450 kilomètres de câble environ, immergé au commencement de septembre 1860, a fonctionné avec une grande perfection pendant vingt-six mois. Dans la nuit du 27 novembre dernier, à la suite d'une tempête d'une extrême violence, il a soudainement cessé de transmettre. Un accident avait eu lieu. Jusqu'à ce moment il avait été en aussi bon état de service que le jour de son immersion; l'isolement n'avait pas subi la moindre altération. L'interruption ne pouvait donc être attribuée à un vice propre du câble; elle était évidemment due à une cause extérieure se rattachant à la tempête. Comme il résultait des essais faits sur le câble que la perte existait à une grande distance des côtes et dans des profondeurs de 2,600 mètres, on ne pouvait l'expliquer par les influences agissant à la surface des mers;

Accident du câble d'Alger.

on pensa qu'un mouvement volcanique du sol sous-marin pouvait avoir causé la rupture du câble.

J'espérais pouvoir annoncer avant la fin de ce mémoire que les réparations avaient été effectuées ou tout au moins pouvoir donner une explication certaine des causes de l'accident.

Les recherches du *Brandon* et du *Hawthorne*, actuellement occupés de ces travaux, n'ont point encore abouti à un résultat définitif. Toutefois, il résulte des expériences électriques faites aux deux extrémités que le câble n'est pas rompu ; l'isolement seul est détruit dans deux points ; ce n'est donc pas un fait mécanique, c'est un accident électrique qui a dû se produire.

Il paraît très-probable que le conducteur a été atteint par la foudre sur la côte d'Alger ; une partie du fluide s'est écoulée par le conducteur du câble, jusqu'à environ 180 kilomètres, où il s'est échappé en perforant la gutta percha et détruisant l'isolement. Le même accident s'est renouvelé dans la nuit du 12 décembre, pendant une tempête également accompagnée d'éclairs et de coups de tonnerre ; cette fois le fluide s'est fait jour à 11 kilomètres du rivage, où il a produit une seconde faute.

Quelque singulier que paraisse cette succession d'accidents semblables à si peu d'intervalle, on l'explique naturellement par ce fait que, dans la première occasion, les paratonnerres ont partiellement protégé le conducteur. La grande distance parcourue par le fluide indique que le courant n'était pas très-violent. Dérangés par ce premier choc, ils auront été dans la seconde occasion une protection moins efficace ; par suite, un courant électrique d'une plus grande force a dû pénétrer dans le câble ; c'est aussi ce qui semble résulter de la petite distance qu'il a parcourue cette fois avant de perforer l'enveloppe. Si les recherches subséquentes confirment ces faits, ils ajouteront à la nécessité de rechercher les moyens de protéger plus efficacement les câbles à leurs points d'atterrissement.

Le *Brandon* et le *Hawthorne* travaillent à réparer la faute qui se trouve près du rivage, avec l'espoir qu'en substituant l'emploi de courants positifs seulement, d'une plus grande énergie, aux courants alternes d'électricité contraire, on pourra transmettre les signaux à travers le câble, malgré la perte existant au large.

Quoi qu'il arrive, ce malheureux accident doit-il arrêter les progrès de la télégraphie sous-marine? Cela est impossible. Elle est devenue une nécessité de l'époque; l'Algérie, qui a goûté les bienfaits des communications électriques régulières avec la France, ne peut plus s'en passer; il faudra nécessairement les rétablir. La télégraphie sous-marine est lancée dans une voie de progrès dans laquelle elle ne peut plus rétrograder. Chaque fait nouveau, chaque accident ajoutent à l'expérience et font faire un nouveau pas à la science. Celui-ci, comme tous ceux qui l'ont précédé, confirme la nécessité de ne négliger aucun élément de succès dans le choix du câble, et de multiplier les moyens de protection qui doivent l'entourer.

J'ai personnellement pris une part active aux négociations avec le Gouvernement et à toutes les opérations qui ont eu pour résultat l'établissement des télégraphes de France en Algérie et de France en Corse. L'administration a reconnu l'influence que ma participation avait eue dans la bonne exécution de ces deux lignes et dans le règlement

des difficultés auxquelles les accidents maritimes de la
première ont donné lieu. J'espère que ce sera une recom-
mandation pour l'engager à accepter les propositions que
je lui ai adressées avec la ferme confiance que le succès
couronnera cette tentative pour établir des communications électriques permanentes entre l'Europe et l'Amérique.

Pour l'entreprendre, je demande à la France le patronage qu'elle accorda au premier télégraphe de Douvres à
Calais, et j'ose espérer que S. M. l'Empereur, qui a
personnellement encouragé seul les premiers pas de la
télégraphie sous-marine alors qu'elle était mise en doute,
voudra bien accorder la même protection à un projet ayant
pour but de réaliser entre les deux mondes le trait
d'union que le premier câble a formé entre les deux
royaumes.

J. DESPECHER,
28, Chaussée d'Antin.

Paris, 1er mars 1863.

PROJET DE CONVENTION.

Entre S. Exc. le Ministre de l'intérieur, agissant au nom de l'État, d'une part ;

Et M. Jules Despecher, demeurant à Paris, rue de la Chaussée-d'Antin, n° 28, agissant tant en son nom personnel qu'au nom et pour compte de la Société qu'il se propose de former sous la dénomination de Compagnie du Télégraphe transatlantique, d'autre part,

Il a été convenu ce qui suit :

Art. 1er. M. Despecher s'engage à entreprendre l'établissement d'une ligne télégraphique sous-marine entre la France et l'Amérique.

Cette ligne devra atterrir aux environs de Bayonne, toucher aux îles Açores et à l'île Saint-Pierre, et aboutir au continent américain, avec faculté pour le concessionnaire d'établir une station intermédiaire sur la côte d'Espagne ou de Portugal, et une autre dans l'île de Terre-Neuve, aux environs du cap Race.

Art. 2. L'exécution des sections composant la ligne totale aura lieu comme suit :

1° La partie comprise entre le point extrême d'attache en Europe sur la côte de l'Océan et l'île de Florès (Açores), d'une longueur de 1,925 kilomètres, devra être établie avant le 1er novembre 1864.

2° La section de l'île de Florès au cap Race (Terre-Neuve), d'une longueur de 2,000 kilomètres, ne sera entreprise que si la première partie entre Florès et l'Europe avait été établie avec succès. Dans ce cas, elle devra être exécutée avant le 1er novembre 1865.

3° L'exécution des sections complémentaires aux deux extrémités de la ligne sera subordonnée à la réussite des sections centrales ci-dessus formant la ligne transatlantique proprement dite. Elles ne seront entreprises que si les communications télégraphiques entre

8

l'Europe et l'Amérique avaient été établies avec succès par cette ligne, et si elle avait continué à fonctionner régulièrement pour le service des dépêches pendant une année. A partir de cette époque, l'exécution de ces sections deviendra obligatoire.

Celle comprise entre la France et le point d'attache sur la côte d'Espagne ou de Portugal, d'une longueur de 680 kilomètres au moins, devra être établie dans le délai d'un an.

Les deux autres, du cap Race à Saint-Pierre et de cette île au continent américain, formant ensemble 555 kilomètres, devront être terminées dans un délai de deux ans.

Dans le cas où le concessionnaire n'userait pas de la faculté d'établir des stations sur la côte d'Espagne ou de Portugal et à Terre-Neuve, la section de France à la côte et celle de Terre-Neuve à Saint-Pierre seraient naturellement exécutées dans les délais fixés pour les sections de la ligne transatlantique dont elles feraient partie intégrante.

ART. 3. En cas d'accident ayant retardé l'exécution de l'une ou l'autre des sections de la ligne, de nouveaux délais seront accordés.

ART. 4. Le Gouvernement français, de son côté, concède à M. Despecher :

1° Le droit d'établir par cette ligne un service de dépêches télégraphiques entre l'Europe et l'Amérique et les points intermédiaires, et de percevoir les taxes au tarif fixé par l'article 14.

2° Le droit d'atterrir le câble en France, d'ériger au point d'arrivée une station télégraphique, et d'établir les câbles souterrains nécessaires pour relier la ligne sous-marine aux lignes de l'administration française ;

3° Le droit exclusif d'atterrissement de toute ligne télégraphique aux îles Saint-Pierre et Miquelon.

Le Gouvernement s'engage aussi, pour toute la durée de la concession, à ne pas autoriser l'établissement par un autre que par le concessionnaire ou ses ayants droit de toute autre ligne entre la France et l'Amérique du Nord.

ART. 5. La durée de la concession est fixée à cinquante années, à partir de l'homologation de la présente convention.

A l'expiration de ce terme, le concessionnaire pourra continuer l'exploitation de la ligne ; le droit d'atterrissement en France et à Saint-Pierre lui sera maintenu, mais le Gouvernement rentrera en possession de tous les priviléges exclusifs concédés par le présent, et pourra faire à tout autre toute concession qu'il jugera convenable.

ART. 6. Les câbles employés pour l'établissement de la ligne seront conformes aux modèles approuvés par l'administration des lignes télégraphiques.

Le cœur du câble sera composé :

1° D'un conducteur formé d'un faisceau de sept fils, cuivre fin, légèrement tordus, ayant ensemble un diamètre de 4 millimètres, et pesant environ 98ᵏ 5 kilogrammes par kilomètre;

2° D'une enveloppe isolante, composée de cinq couches de gutta-percha et de cinq couches de Chatterton-composition pesant ensemble environ 110ᵏ 5 par kilomètre, et formant avec le conducteur un diamètre total de 12.5 millimètres.

Le cœur sera protégé :

1° Par un revêtement de filin ;

2° Par une armature extérieure.

L'armature extérieure sera de trois modèles :

1° Pour les lignes du milieu, dans les grandes profondeurs, elle sera composée d'au moins dix fils d'acier, n° 12 du gabarit anglais, ayant 2,75 millimètres de diamètre, garnis séparément de chanvre goudronné.

2° Pour les profondeurs n'atteignant pas 200 mètres, l'armature sera composée d'au moins dix fils de fer n° 5, ayant un diamètre de 5.5 millimètres.

3° Pour les abords des côtes, dans les profondeurs inférieures à 100 mètres, l'armature sera formée d'au moins dix fils de fer n° 3, ayant un diamètre de 6.5 millimètres. Cette première armature sera revêtue d'une seconde, composée de neuf torons de trois fils de fer n° 5.

Les armatures seront, s'il est possible, recouvertes d'un revêtement de filin goudronné, préservé de toutes causes de détérioration rapide et de destruction par les insectes.

Il est bien entendu que toutes modifications dans le modèle des câbles que l'expérience pourrait ultérieurement suggérer pourront être faites d'accord avec l'administration.

ART. 7. Deux fonctionnaires de l'administration des lignes télégraphiques pourront être accrédités près du concessionnaire pour vérifier la fabrication des câbles, en constater la conductilité et le bon état d'isolement.

ART. 8. La longueur de câble à manufacturer pour chaque section, et qui sera mise à bord des navires chargés de la pose, devra excéder la distance réelle d'un tiers pour les grandes profondeurs et un cinquième pour les profondeurs inférieures à 200 mètres. Pour la section de France en Espagne, cet excédant sera réduit à 1/10e.

ART. 9. Les navires chargés de la pose seront munis de bassins à compartiments étanches, dans lesquels les câbles seront maintenus sous l'eau jusqu'au moment de l'immersion.

ART. 10. Le tracé définitif pour chaque section de la ligne, particulièrement aux points d'atterrissement et aux abords des bancs de Terre-Neuve, sera soumis à l'approbation du Gouvernement français.

ART. 11. Le concessionnaire avertira quinze jours à l'avance l'administration du moment où les navires chargés de la pose quitteront les ports d'embarquement.

Il sera tenu d'admettre à bord deux personnes désignées par l'administration des lignes télégraphiques pour suivre l'opération et de leur accorder toutes facilités pour remplir leur mission.

ART. 12. Sur la demande du concessionnaire, deux bâtiments de la marine impériale seront délégués pour escorter les navires effectuant la pose des câbles et leur donner assistance au besoin. Aucune responsabilité, pour le Gouvernement, ne pourra résulter de cette condition, quant aux accidents de toute nature, abordage ou avaries qu'ils pourraient, dans l'exercice de leurs fonctions, occasionner, soit au câble, soit aux navires prenant part à l'opération.

ART. 13. Aussitôt la pose d'une des sections heureusement effectuée, le concessionnaire pourra l'ouvrir au service des dépêches télégraphiques.

ART. 14. Les dépêches échangées entre le Gouvernement français et ses agents jouiront de la priorité sur la correspondance privée.

La transmission des dépêches particulières et la perception des taxes devront se faire sans distinction ni faveur, et sans acception de personnes ou de nationalités, conformément aux stipulations de la convention télégraphique internationale de Berne; sauf en ce qui concerne le tarif des taxes qui sera réglé comme suit pour la dépêche de vingt mots :

Entre l'Europe et l'Amérique................	100 fr.
Entre les Açores et l'Europe..............	50
Entre les Açores et l'Amérique..............	50

Entre Saint-Pierre et Terre-Neuve.......... 10 fr.
Entre Saint-Pierre et le continent américain.. 10

Avec augmentation d'un quart de la taxe pour chaque série de cinq mots ou fraction de série au delà de vingt mots.

Le tarif fixé par le présent pourra, à toute époque, être réduit, d'accord avec l'administration.

Art. 15. Le produit des dépêches, déduction faite des frais d'exploitation, sera tout d'abord appliqué au payement des intérêts sur le capital d'établissement de la ligne à raison de 6 p. 0/0 l'an.

Le solde après ce prélèvement formant le bénéfice net de l'entreprise sera réparti comme suit :

Un quart sera employé à la création d'un fonds d'amortissement,
Un quart sera appliqué à la formation d'un fonds de réserve pour faire face à toute éventualité de réparations ou de renouvellement du matériel, et pour l'établissement de nouveaux câbles, dans le cas où ceux établis seraient insuffisants pour le service de la correspondance télégraphique.
La moitié formant le solde sera attribuée en dividende aux intéressés, conformément aux conventions particulières de l'acte de Société formée pour l'exécution de l'entreprise.

Ces prélèvements cesseront, pour le fonds d'amortissement, lorsque le capital aura été intégralement amorti, et, pour le fonds de réserve, lorsqu'il aura atteint le chiffre de 25 millions. Ils feront alors retour aux intéressés.

Art. 16. En considération des obligations que le concessionnaire s'impose par le présent et pour concourir dans une juste proportion aux risques de cette importante et difficile entreprise, Son Exc. le Ministre de l'intérieur garantit au nom de l'État à lui ou à ses ayants droit, quel que soit le résultat de l'entreprise, pendant une période qui ne pourra excéder trente-sept années un minimum d'intérêt de 3 p. 0/0 sur le capital d'établissement, soit une somme de F. 750,000 sur un capital fixé à 25 millions de francs. Son Excellence s'engage également au nom de l'État, jusqu'à concurrence de ladite somme de F. 750,000, à compléter les intérêts de 6 p. 0/0 sur le capital chaque fois que, pendant cette période, ce chiffre ne sera pas atteint dans l'année par la somme des produits nets.

La garantie de l'État cessera lorsque les prélèvements cumulés en vertu de l'article 15 auront intégralement amorti le capital d'établissement.

Art. 17. La garantie de l'État commencera, pour chaque section de la ligne, lorsque le câble destiné pour cette section aura été entièrement embarqué à bord des navires chargés de la pose et qu'il aura été certifié en parfait état par les fonctionnaires de l'administration délégués à cet effet. A partir de ce moment, elle courra pendant une période de trente-sept années, ou jusqu'à remboursement intégral du capital, s'il était amorti avant ce terme, malgré tout accident qui se présenterait durant cette période; le but de la subvention étant précisément d'assurer en partie le capital engagé dans l'entreprise contre les éventualités de toute nature auxquelles il est exposé pendant l'immersion du câble et pendant toute la durée de l'exploitation.

Toutefois, en cas d'accident pendant la pose et si par suite le concessionnaire renonçait à l'entreprise, la valeur des parties de câble qui pourraient rester à bord des navires serait déduite du capital, de manière que la garantie de l'État ne portât à raison de 3 p. 0/0 que sur la somme réellement perdue.

Art. 18. Les articles du présent, relatifs à la subvention accordée par l'État, ne seront point altérés ni modifiés en aucune manière par toute convention que le concessionnaire pourrait passer avec tout gouvernement étranger pour obtenir son concours à l'entreprise et augmenter la garantie contre les chances de perte du capital.

Art. 19. En cas d'interruption des communications pendant la durée de la concession, les réparations pour les rétablir devront être effectuées dans le plus bref délai possible. Le concessionnaire ne pourra se refuser à les faire exécuter, ou à remettre un nouveau câble, si les réparations étaient reconnues impossibles, qu'après épuisement du fonds de réserve ou en en faisant abandon.

Si l'interruption se prolongeait pendant plus d'une année sans qu'il ait été fait aucune tentative pour rétablir les communications, ou sans qu'il ait été pris aucune mesure pour remplacer la partie endommagée du câble, la garantie de l'État continuerait conformément à l'article 17; mais l'État rentrerait en possession de tous autres priviléges exclusifs concédés par le présent et pourrait faire à tout autre toute concession qu'il jugerait convenable, comme si la présente convention était arrivée à son terme et ainsi qu'il est stipulé pour ce cas par l'article 5.

Art. 20. Le Gouvernement français fera faire les sondages détaillés sur le tracé de la route projetée.

Art. 21. Les portions de câble sous-marin aboutissant sur le territoire soumis à la France et les lignes souterraines qui les rattacheront aux bureaux des lignes télégraphiques françaises ne seront passibles d'aucuns droits de douane. Les navires prenant part aux opérations de la pose seront également exempts de tous droits de tonnage et autres dans les ports français.

Art. 22. Le Gouvernement français aura le droit d'établir les moyens de contrôle qu'il jugera convenables pour assurer l'exécution de la présente convention et vérifier la comptabilité de l'exploitation.

Art. 23. En cas de guerre de la France avec une puissance étrangère, le Gouvernement français s'engage à ne pas couper ou détruire les câbles immergés en vertu de la présente convention et à reconnaître la neutralité de la ligne.

Art. 24. En garantie de l'exécution des présentes conventions, un cautionnement de 250,000 fr. sera versé à la Caisse des Dépôts et Consignations dans le délai d'un mois à partir de l'homologation de la présente convention par décret impérial.

Il sera remboursé lorsque deux cents kilomètres de câble auront été manufacturés.

Art. 25. La présente convention devra être approuvée par un décret de S. M. l'Empereur et sanctionnée par une loi.

TABLE DES MATIÈRES.

Paris, imprimerie de Paul Dupont, rue de Grenelle-Saint-Honoré, 45.

ROUTES TÉLÉGRAPHIQUES A TRAVERS L'OCÉAN ATLANTIQUE

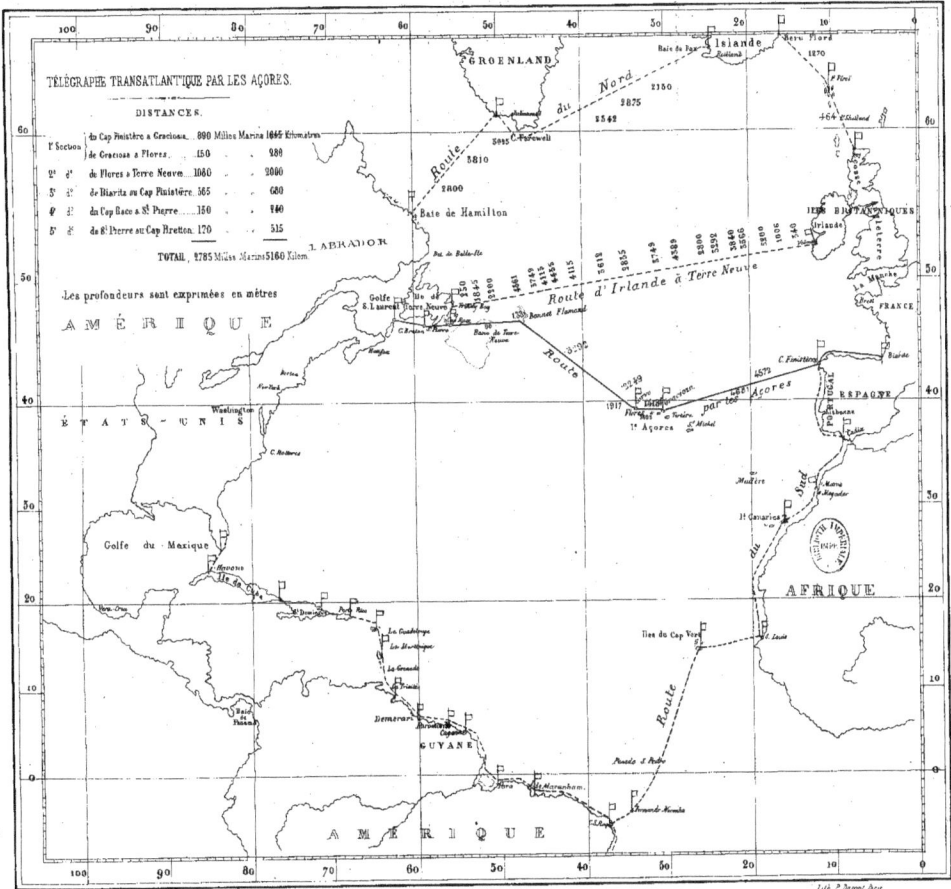

TÉLÉGRAPHE TRANSATLANTIQUE PAR LES AÇORES.

DISTANCES.

1ʳᵉ Section	du Cap Finistère à Graciosa... 890 Milles Marins	1645 Kilomètres	
	de Graciosa à Flores... 150	"	288
2ᵉ d°	de Flores à Terre Neuve... 1060	"	2000
3ᵉ d°	de Biarritz au Cap Finistère. 565	"	680
4ᵉ d°	du Cap Race à St Pierre... 150	"	240
5ᵉ d°	de St Pierre au Cap Breton. 170	"	515

TOTAL, 2785 Milles Marins 5160 Kilom.

Les profondeurs sont exprimées en mètres

Lith P. Dupret Paris

BASSIN DE L'OCÉAN ATLANTIQUE NORD.

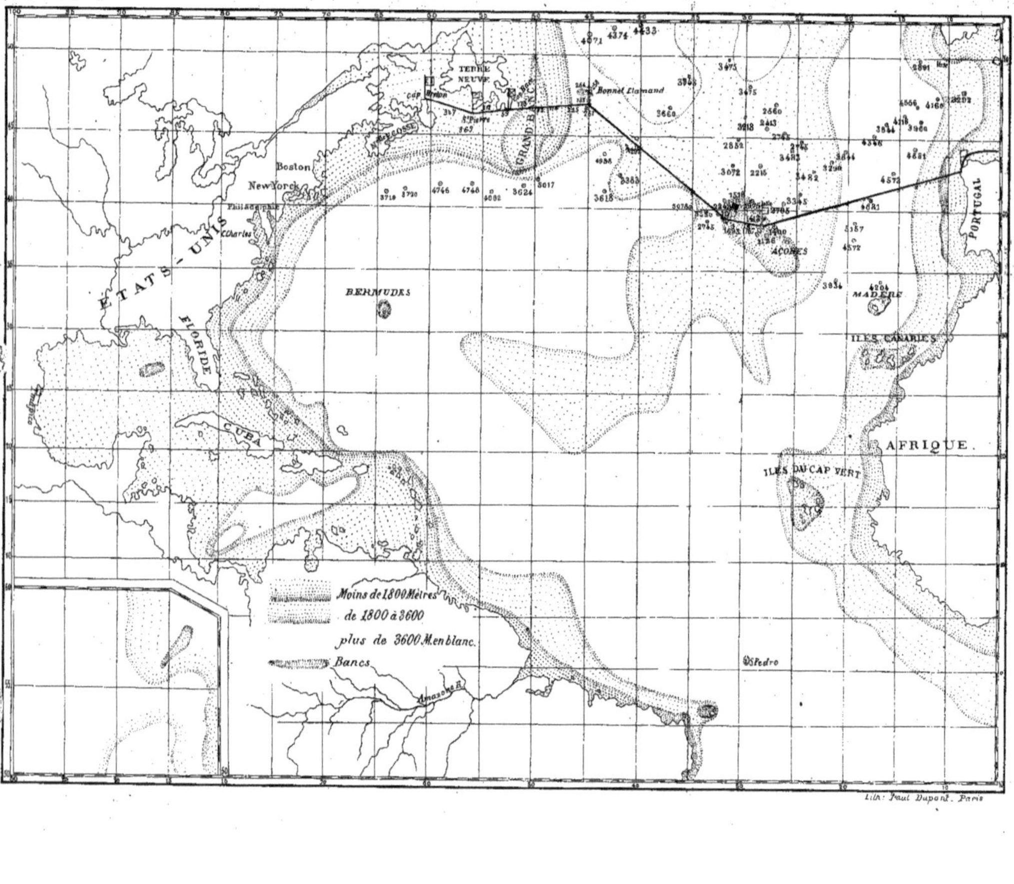

ÉTATS-UNIS

TERRE NEUVE

GRAND BANC

Boston
New-York
Philadelphie
C.Charles

FLORIDE

CUBA

BERMUDES

Bennet Flamand

AÇORES

MADÈRE

ILES CANARIES

PORTUGAL

AFRIQUE

ILES DU CAP VERT

S.Pedro

Moins de 1800 Mètres
de 1800 à 3600
plus de 3600. Mentblanc.
Bancs

Lith. Paul Dupont, Paris

PROGRAMME

D'UN

COURS DE DROIT ROMAIN

Première Partie,

CONTENANT

LE RÉSUMÉ HISTORIQUE DES PRINCIPALES RÈGLES DU DROIT ROMAIN,

RELATIVES :

A LA PUISSANCE DOMINICALE, A LA PUISSANCE PATERNELLE ET A LA PUISSANCE TUTÉLAIRE;

MATIÈRES TRAITÉES DANS LE LIVRE 1er DES INSTITUTES DE JUSTINIEN.

DEUXIÈME ÉDITION,

ENTIÈREMENT REVUE ET CONSIDÉRABLEMENT AUGMENTÉE,

PRÉCÉDÉE

DE QUELQUES RÉFLEXIONS SUR L'ENSEIGNEMENT DU DROIT EN GÉNÉRAL,

ET D'UNE HISTOIRE ABRÉGÉE DU DROIT ROMAIN, DE SA CODIFICATION ET DE SA

DESTINÉE DEPUIS CETTE CODIFICATION JUSQU'A NOS JOURS;

PAR M. BÉNECH,

AVOCAT A LA COUR ROYALE, PROFESSEUR DE DROIT ROMAIN

A LA FACULTÉ DE DROIT DE TOULOUSE.

TOULOUSE.

IMPRIMERIE DE Pne MONTAUBIN,

PETITE RUE SAINT-ROME, N° 1.

1856.

PROGRAMME

D'UN

COURS DE DROIT ROMAIN

Première Partie,

CONTENANT

LE RÉSUMÉ HISTORIQUE DES PRINCIPALES RÈGLES DU DROIT ROMAIN

RELATIVES A LA PUISSANCE DOMINICALE, A LA PUISSANCE PATERNELLE ET A LA PUISSANCE TUTÉLAIRE,

MATIÈRES TRAITÉES DANS LE LIVRE 1er DES INSTITUTES DE JUSTINIEN.

DEUXIÈME ÉDITION,

ENTIÈREMENT REVUE ET CONSIDÉRABLEMENT AUGMENTÉE,

PRÉCÉDÉE

DE QUELQUES RÉFLEXIONS SUR L'ENSEIGNEMENT DU DROIT EN GÉNÉRAL,

ET D'UNE HISTOIRE ABRÉGÉE DU DROIT ROMAIN, DE SA CODIFICATION ET DE SA
DESTINÉE DEPUIS CETTE CODIFICATION JUSQU'A NOS JOURS;

PAR M. BÉNECH,

AVOCAT A LA COUR ROYALE, PROFESSEUR DE DROIT ROMAIN
A LA FACULTÉ DE DROIT DE TOULOUSE.

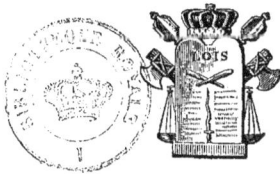

TOULOUSE.

IMPRIMERIE DE Phe MONTAUBIN,
PETITE RUE SAINT-ROME, N° 1.

1856.

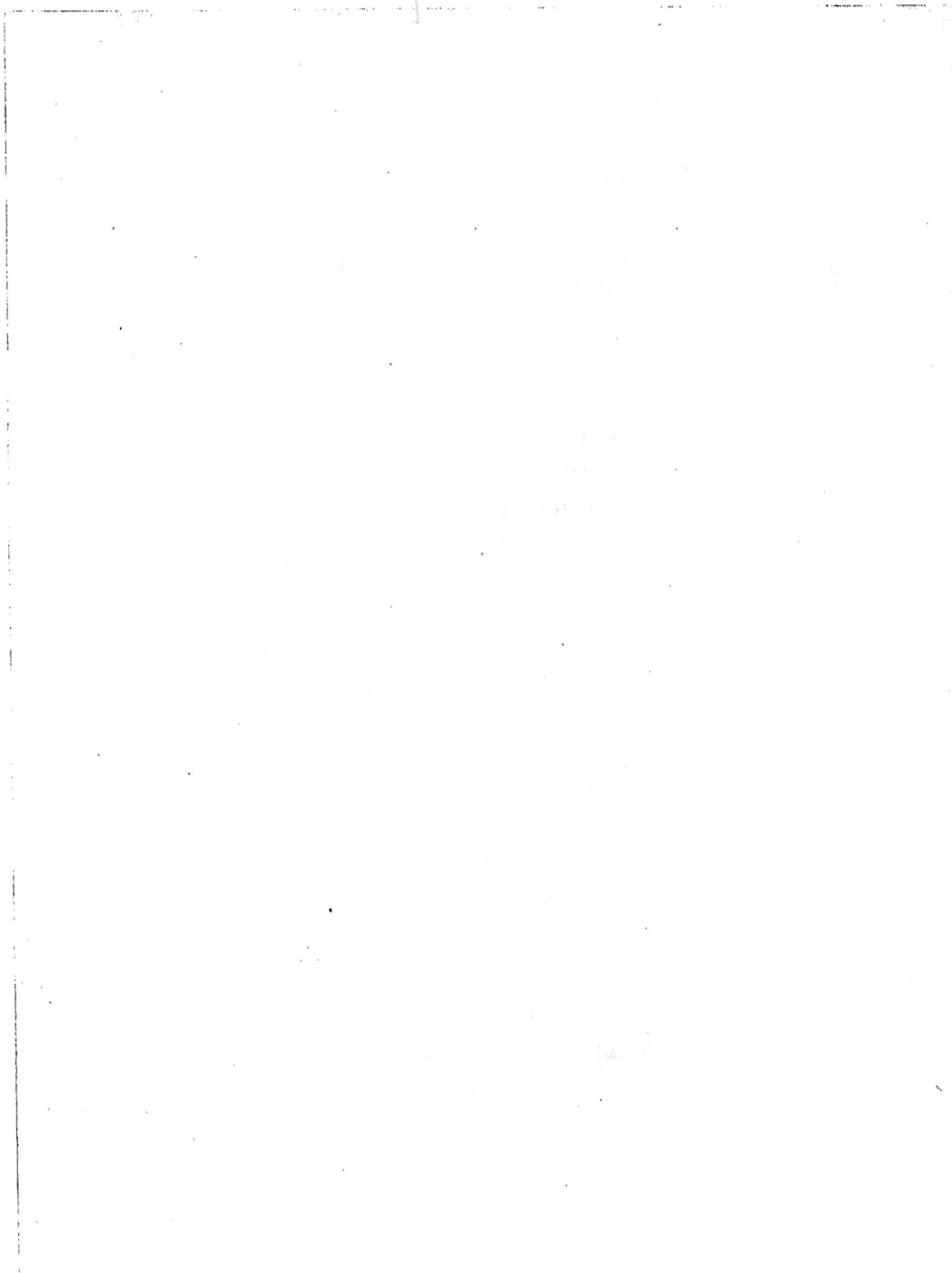

Objet du Programme. — Choix d'une Méthode. — Quelques réflexions sur l'enseignement du Droit en général.

L'ACCUEIL bienveillant fait par MM. les Etudians au Programme du Cours de droit romain, et les encouragemens que j'ai reçus du chef de l'Université m'ont engagé à publier la deuxième Edition de la première partie.

Personne ne s'est mépris sur le but de mon travail, qui n'a été composé que pour suppléer la dictée des cahiers, et dans l'unique objet de servir de base aux exercices de l'Ecole. Je n'ai entendu écrire ni un traité ni un commentaire nouveau sur les Institutes de Justinien ; mais seulement une série de propositions générales, classées dans un ordre méthodique, un enchaînement de règles élémentaires et substantielles, toutes fécondes en conséquences. J'ai voulu par là donner à mes auditeurs un guide pour les diriger dans leurs travaux particuliers, et leur faciliter l'intelligence de mes explications en soulageant à-la-fois et leur attention et leur mémoire. Le cadre dans lequel ces explications doivent être circonscrites sera constamment placé sous leurs yeux : il leur est réservé de le remplir à l'aide de leurs recherches, de leurs méditations et des notes à recueillir de mes développemens oraux. Ceux-ci auront pour objet principal la partie historique du Droit Romain, l'explication du texte des Institutes de Justinien et la solution des difficultés qu'il présente.

Pour la solution de ces difficultés, j'aurai principalement recours aux Sentences de Paul, aux Fragmens d'Ulpien, et surtout aux Institutes de Gaius, dont la découverte récente semble avoir imprimé à la science du droit une vie nouvelle. Lorsque je croirai devoir invoquer des autorités, je me bornerai à reproduire sommairement la doctrine des jurisconsultes dont les théories sont le plus généralement estimées. Ainsi, parmi les anciens, les OEuvres de Cujas, les Elémens du droit civil par Heineccius, les Commentaires de

Vinnius ; et parmi les contemporains , l'Histoire du droit romain par Hugo , la Chresto-mathie de M. Blondeau , et les Institutes expliquées par M. Ducaurroy me fourniront de précieux documens.

J'éviterai d'ailleurs , autant que possible , de descendre dans le champ de la controverse. Tracer de larges principes , et résumer à grands traits la doctrine , tel est selon moi l'unique mandat du professeur. Il n'a que peu de succès à attendre de l'exploration des détails et de l'examen des hypothèses particulières , tandis qu'il aura obtenu de beaux résultats s'il a appris à ses auditeurs la manière d'étudier , s'il leur a fait comprendre tout le prix d'une bonne méthode. C'est principalement sous ce point de vue que les Ecoles sont appelées à exercer une grande influence et sur la trempe à donner aux esprits et sur les destinées de la science. *

L'étude trop assidue des questions qui se rattachent plus à la pratique qu'à la théorie , offre d'ailleurs de grands dangers à ceux qui entrent dans la carrière , en les détournant d'un examen approfondi et scrupuleux des textes. Selon nous , cet examen doit être cons-tamment le sujet de leurs travaux. On oublie facilement les dissertations des savans , les décisions des interprêtes , l'autorité des décisions judiciaires , élémens si souvent trompeurs et toujours si mobiles ; la science des textes seule reste profondément gravée dans l'esprit. Elle constitue seule une érudition durable , un fonds sur lequel il est permis de bâtir avec confiance. Seule elle imprime au jurisconsulte le type de l'individualité.

« Les textes , s'écrie M. Lherminier , ** quelle puissance n'ont-ils pas , de tout temps ,
» exercé sur le monde ! C'est dans ces formules de la Religion et du Droit que la parole de
» l'homme est véritablement solide et durable ; là plus qu'ailleurs il sait graver sa pensée ;
» sa parole semble s'y durcir et s'immobiliser , et l'on dirait que rien ne peut abolir ce sys-
» tème monumental que les générations des peuples se transmettent comme un testament
» impérissable. Eh ! qui n'a pas , en méditant les livres religieux consacrés par le respect du

---

* Dans un article de la Revue de législation et de jurisprudence , publiée à Paris sous la direction de M. Wolowski (livraison de mars 1836 , pag. 414 et 415), nous avons remarqué le passage suivant qui résume fidèlement toutes nos idées sur l'objet de l'enseignement : « On se méprendrait étrangement sur le
» but et la portée de l'enseignement scolaire si on lui attribuait plus qu'il n'a l'intention de réaliser. —
» Pour avoir fait ses humanités , on n'est pas encore philologue ; comme aussi , pour avoir fait son droit ,
» on n'est pas jurisconsulte ; mais on apprend comment le devenir et on ne l'apprend pas autrement. La
» mission du professeur, quel que soit l'objet de son enseignement , est toute de préparation. Il indique à
» l'élève le champ qu'il doit étudier , lui en facilite les abords , il le lui fait parcourir dans toutes les
» directions , afin d'en connaître rapidement l'étendue et les limites ; il montre comment il faut s'y
» prendre pour le féconder ; il aide tout au plus à jeter la semence ; la récolte n'entre pas dans sa tâche. »

** Philosophie du Droit , tom. 2 , p. 288.

» genre humain, tremblé d'admiration devant ces grands textes de l'Ecriture qui à travers
» les révolutions des sociétés et des âges sont toujours restés puissans et populaires, qui
» vont à toutes les intelligences et qui enchantent tour à tour le philosophe, le poète, le
» savant, le simple, l'ignorant et le malheureux. Partout où les mœurs sont fortes, les
» principes certains et les lois inflexibles, les textes ont une précision qui saisit et une ma-
» jesté qui subjugue. Les douze tables à Rome, les axiômes de notre droit coutumier dans
» la vieille France ont ce caractère de force et de dignité qui seules savent se concilier la
» popularité et la puissance. »

Si ces réflexions sont exactes à l'égard de toutes les législations, elles deviennent encore
plus saisissantes de vérité à l'égard de la jurisprudence romaine, dont les textes sont surtout
remarquables par une justesse et une précision de langage qu'aucune paraphrase ne saurait
reproduire fidèlement, qu'aucun autre idiôme n'a pu ni traduire ni imiter.

Aussi, faut-il le confesser, l'usage de la langue française offre des inconvéniens pour l'étude
de cette jurisprudence. Mais ces inconvéniens ne m'ont pas paru assez graves pour m'empêcher de suivre cette nouvelle marche. De nombreux précédens et surtout la direction donnée
par l'Université aux études classiques m'ont rassuré sur les résultats de mon innovation dans
la Faculté de droit de Toulouse, avec d'autant plus de raison que j'aurai le soin de reproduire
littéralement les expressions et les formules consacrées, que j'essaierais vainement de para-
phraser d'une manière satisfaisante.

Quelle méthode devais-je employer pour la rédaction de mon Programme ? Cette question
m'a long-temps occupé, parce que je suis convaincu que toute la science du droit consiste
dans la manière de l'étudier. Fallait-il, en marchant sur les traces de nombreux commenta-
teurs, adopter l'ordre établi par les rédacteurs des Institutes de Justinien, et les suivre
pas à pas dans la série des titres et des paragraphes, ou bien n'était-il pas plus convenable,
en laissant à l'écart les formes scolastiques, de renverser l'ordre des matières tracé par la
codification pour les reproduire dans un cadre plus favorable à la science ?

Après de mures réflexions, j'ai donné la préférence à cette dernière méthode que quelques-uns désignent sous le nom de méthode dogmatique, et que d'autres appellent méthode
synthétique. Un législateur n'est pas impérieusement astreint à suivre une marche plutôt
qu'une autre. La seule obligation qu'il ait à remplir, c'est de manifester sa volonté avec clarté
et précision. Le devoir du légiste, au contraire, et surtout celui du professeur, est de
coordonner les principes et d'établir sur chacune des parties du Droit des classifications convenables. Je ne respecterai donc pas en entier ni la distribution des titres ni celle des
paragraphes. En traçant pour chaque matière les divisions principales dans lesquelles tous
les textes afférens viendront successivement prendre leur place, j'aurai peut-être l'avantage
de donner des notions plus exactes. Ce mode d'enseignement simplifie la doctrine en la sys-

tématisant, tandis que la méthode éxégétique scindant les idées et ne laissant souvent apercevoir à l'esprit que des principes particuliers sans ordre et sans liaison, impose à ceux qui entrent dans la carrière des travaux au-dessus de leurs forces.

Pour produire des résultats satisfaisans, la méthode dogmatique doit se fortifier par le concours de la méthode historique. Cette dernière consiste à exposer l'origine et les développemens successifs des diverses matières du Droit, en les prenant dans les temps lés plus reculés pour les suivre jusque dans les temps les plus modernes, et à faire ressortir la liaison qui réunit non-seulement les diverses institutions entr'elles, mais encore celles qui les rattachent et à l'ordre de la famille et à la forme de gouvernement.

La méthode historique est indispensable sous un double rapport.

Le Droit n'est autre chose que l'expression d'une sociabilité donnée. Il ne s'est pas formé d'un seul jet. Comme les sociétés dont il revêt la physionomie, il a éprouvé toutes les vicissitudes et subi toutes les phases auxquelles la civilisation est sujette. Enfance et adolescence, âge viril et décadence, toutes ces gradations se rencontrent dans l'histoire du Droit, comme dans l'histoire des nations. Décrire avec soin ces gradations et les énumérer avec exactitude, tel est le premier objet de la méthode historique ; le second n'est pas moins important.

Les variations quelquefois subites et quelquefois progressives de la jurisprudence sont l'effet des modifications tantôt insensibles des mœurs, tantôt de l'action rapide des révolutions politiques, sociales ou religieuses ; il faut donc, pour expliquer convenablement ces variations, remonter aux causes efficientes en interrogeant l'archéologie morale des peuples. On l'a dit avec raison : l'histoire est l'œil du Droit. Sans histoire point de science, point de philosophie ; surtout point d'enseignement. L'histoire éclaire et vivifie les textes et leur communique cet intérêt toujours nouveau qui s'attache à l'étude de la civilisation.

Ainsi avec la synthèse l'histoire, et avec l'histoire la philosophie ; tel est le mélange des divers élémens qui formeront la méthode que je me propose de suivre. Si j'insiste sur ses avantages, c'est parce que de nos jours elle a été plus d'une fois délaissée.

Encore placés sous l'influence de l'école du XVIII⁰ siècle qui avait trop souvent sacrifié la science à la pratique, des légistes contemporains ont prouvé par leurs écrits que pour enseigner le droit il suffisait à leur avis de formuler des définitions, de rapprocher quelques textes, d'invoquer de nombreuses autorités et de faire de grands frais d'une érudition toujours fastidieuse lorsqu'elle n'est pas inutile. Cette manière de considérer l'enseignement a produit les plus funestes résultats ; elle a amorti la science et fait disparaître la pureté des théories au milieu des détails de la pratique. Son mouvement rétrograde nous a menacés de nous refouler vers l'école des glossateurs, en nous éloignant pour toujours des doctrines des jurisconsultes du XVI⁰ siècle.

On ne saurait s'élever avec assez d'énergie contre une telle tendance qui paralyserait tous les efforts , n'aurait d'autre résultat que de rappetisser la mission du professeur , briser l'élan des esprits , et ravir à la jurisprudence tout ce qu'elle a de vie , de puissance et d'intérêt.

Nous aimons cependant à constater que tous les jours les auteurs dans leurs écrits , et les docteurs dans leurs chaires s'éloignent de plus en plus de cette voie désastreuse ; le retour à de plus larges idées s'est déjà fait sentir. Puisse-t-il être complet et durable en même temps !

Puisque le besoin de faire refleurir les études historiques est généralement compris comme une condition d'existence et de progrès pour la science , je me suis demandé plus d'une fois si , pour l'enseignement du droit romain , il ne serait pas convenable , peut-être même nécessaire , de substituer le texte des Institutes de Gaius au texte des Institutes de Justinien.

Gaius a écrit sous le règne d'Antonin le Pieux et de Marc-Aurèle, dans le beau siècle de la jurisprudence romaine. Ses Institutes , résumé précis des monumens de cette jurisprudence , formaient la base de l'enseignement dans les écoles de Rome , de Béryte et de Constantinople. D'autres jurisconsultes avaient aussi composé des Institutes , et notamment Ulpien , Florentin et Marcien ; mais l'œuvre de Gaius avait obtenu la préférence.

Justinien lui-même nous apprend qu'il a composé en grande partie ses Institutes avec des fragmens extraits de celles de Gaius. Celui-ci nous montre le droit romain dans son individualité , dans sa beauté originale. Il le dessine à grands traits avec sa physionomie et sa structure toute particulière. Que trouvons-nous , au contraire , dans le recueil élémentaire de Justinien ? les débris mutilés de l'ancienne législation , appropriés aux mœurs des romains du Bas-Empire , aux besoins d'une société dégénérée qui n'était plus qu'un pâle reflet du monde romain et de son antique civilisation. Certes , loin de nous la pensée de méconnaître les avantages du droit de Justinien , de ses théories assises sur le droit naturel , et surtout l'excellence de cette philosophie empreinte de Christianisme qui frayait à l'humanité une voie nouvelle d'émancipation , de liberté et d'égalité. Mais comme il faut étudier le droit romain plutôt sous le point de vue de son utilité scientifique que sous le point de vue de son utilité pratique , j'aimerais mieux prendre pour point de départ les Institutes de Gaius , en indiquant néanmoins les changemens apportés par les législateurs de Constantinople.

Si le manuscrit de Vérone eût été découvert à l'époque de la restauration de nos écoles de droit , n'est-il pas très-vraisemblable qu'il eût été préféré à l'œuvre de Tribonien ?

Ces observations me dispensent du soin d'énumérer les motifs qui m'ont engagé à ne pas m'occuper ici des rapports à établir entre les textes du droit romain et les textes du droit français. Si les lois et les décrets relatifs à l'organisation des facultés de droit prescrivent de semblables rapprochemens, tout le monde sait que ces lois dictées par les souvenirs de la dernière école, c'est-à-dire de l'école des praticiens, sont mortes en naissant. Les professeurs chargés de l'enseignement du droit romain ont partout compris que puisque pour rapprocher il faut nécessairement connaître les deux termes de comparaison, les rapports dont je parle seraient tout-à-fait sans objet devant des auditeurs qui sont censés ne pas connaître encore le droit français. Sans doute, si trois années étaient consacrées à l'enseignement du droit romain comme à l'enseignement de nos lois civiles, je concevrais l'utilité de cette méthode et la possibilité de son exécution. Mais exiger que dans le court espace d'une seule année scolaire un professeur d'Instituts enseignât et le droit romain et ses rapports avec le droit français, ce serait lui imposer une tâche qu'il ne saurait consciencieusement remplir, et l'assujettir à des exercices de nature à introduire le désordre et la confusion dans des esprits encore novices. Lorsque dans le cours de ses études le jeune légiste aura exploré les matières du droit français correspondantes au droit romain, il se livrera seul, sans efforts et d'une manière utile, à ces rapprochemens que le professeur aurait jusque là vainement essayé de faire. Celui-ci n'indique-t-il pas d'ailleurs les rapports des deux législations lorsqu'il découvre dans la jurisprudence romaine le principe de nos institutions modernes ? Ne prépare-t-il pas les esprits à l'intelligence de nos lois nationales lorsqu'il remonte à leur berceau pour indiquer les circonstances auxquelles elles doivent leur origine et leurs progrès ?

N'est-ce donc rien faire dans l'intérêt d'une famille que de lui révéler et sa race et les premiers titres de sa filiation ?

INTRODUCTION

A l'étude du Droit en général, et du Droit Romain en particulier.

Études auxiliaires de la Jurisprudence. — Histoire abrégée du Droit Romain, de sa codification et de sa destinée depuis cette codification jusqu'à nos jours.

QUELS que soient les avantages attachés à l'exploration des textes, la science du Droit ne consiste pas tout entière dans cette exploration. Celui qui n'aurait appris qu'à s'éclairer avec plus ou moins de sûreté sur le sens des lois positives, serait un praticien plus ou moins habile; mais il serait indigne du nom de jurisconsulte. Pour mériter ce titre, le légiste doit acquérir d'autres connaissances et se livrer à d'autres études que j'appellerai, avec M. Blondeau, études auxiliaires de la jurisprudence. Je ne suivrai pas ce savant professeur dans l'exposé de ces diverses études; qu'il me soit seulement permis, en préludant à l'explication des Institutes, de signaler celles qui offrent le plus d'intérêt au jeune ami des lois.

L'étude de la philosophie mérite, sans contredit, le premier rang parmi les travaux auxquels il doit se livrer; car, sans la connaissance de ces règles, on chercherait vainement à pénétrer l'esprit des lois écrites. La morale et la logique doivent être principalement l'objet des méditations de celui qui se consacre au culte de la jurisprudence. Les lettres lui offrent encore d'immenses avantages. Ces avantages sont si généralement appréciés et il est si facile de les comprendre, surtout dans l'état actuel de notre organisation sociale, que je me dispenserai de les énumérer. Mais de toutes les branches de la littérature, l'histoire, nous l'avons déja fait remarquer dans nos Observations préliminaires, est celle à laquelle le jeune légiste doit s'attacher avec le plus de persévérance. L'étude de l'histoire du peuple romain doit donc nécessairement accompagner les travaux auxquels nous allons nous livrer pour connaître la législation de ce peuple.

2

Avant d'aborder ces travaux , nous avons jugé convenable , pour ne pas dire indispensable , d'esquisser l'histoire du droit romain , de son enfance , de ses progrès , de sa codification et de ses destinées depuis cette codification jusqu'à nos jours.

Le peuple romain , composé d'un triple élément étrusque , latin et sabellique , n'eut à son origine ni droit formulé , ni lois écrites. Sa jurisprudence consista tout entière dans quelques traditions reçues ; tous les pouvoirs se trouvaient concentrés dans la main de son chef. *Urbem Romam ab initio reges habuere.* Bientôt le nombre des habitans de la cité naissante s'étant augmenté , Romulus divise le peuple en trente curies et crée le sénat. Deux castes se forment ; les Patriciens se séparent de Plébéiens. Le peuple est appelé à voter les lois qui lui sont proposées par le souverain ou par un membre du Sénat. Le Sénat est le conseil de la cité ; le Roi est un magistrat chargé de l'autorité administrative, du pouvoir exécutif et judiciaire. Ainsi, l'organisation politique constitua dès la fondation de Rome une monarchie tempérée.

Servius Tullius divise le peuple en centuries ; ce changement met le pouvoir à la discrétion de la fortune. Les lois votées par le peuple , réuni d'abord en curies , et depuis Servius , en centuries , prirent le nom de *leges curiatæ et centuriatæ.* S'il faut en croire quelques témoignages , Sextus Papirius aurait codifié ces lois qui reçurent le nom de *Jus civile Papirianum.*

Tarquin le Superbe foule aux pieds les lois promulguées sous ses prédecesseurs et s'arroge un pouvoir despotique. Mais profitant de la juste indignation qu'excite l'outrage fait à la vertu d'une femme , le peuple brise le sceptre des tyrans et les expulse ; c'était en l'année 244 de la fondation de Rome. Le gouvernement républicain est substitué au gouvernement monarchique. Cette révolution ne fut pas plébéienne , elle fut tout entière au profit des patriciens. Deux consuls , pris parmi les patriciens , sont investis des pouvoirs dont les rois avaient joui. Le peuple , qui veut effacer jusqu'au souvenir de la puissance exercée par ces derniers , abroge les lois délibérées sous leur règne. L'arbitraire et l'anarchie sont le résultat nécessaire de cette abrogation. Tout le droit consiste de nouveau dans les usages reçus et les traditions anciennes. — Les divisions intestines éclatent ; les plébéiens opprimés cherchent à secouer le joug qui pèse sur eux. La république s'était assise sur des bases si largement aristocratiques ! Les patriciens et les plébéiens représentaient deux principes contraires ; les premiers celui du privilége et de l'exclusion ; les seconds celui de l'extension de la conquête. Aux patriciens étaient réservées la fortune , les dignités , les magistratures ; aux plébéiens la sujétion , les incapacités , les privations !

Les collisions furent ce qu'elles devaient être , fréquentes , animées. Les plébéiens obtiennent d'abord des tribuns pour la défense de leur ordre ; bientôt ils entrent en possession du droit de voter les projets de résolution qui leur sont soumis par ces tribuns. (Ces réso-

lutions prennent le nom de *Plébiscites.*)— Ils demandent à grands cris une législation formu-
lée, et dix patriciens, connus sous le nom de *Décemvirs*, deviennent les législateurs du peuple
romain (de Rome, an 300.). Sur XII tables , que les uns disent d'airain , les autres d'ivoire ,
sont gravés les usages antiques de l'Italie sacerdotale , le code de l'aristocratie patricienne et la
charte que cette aristocratie semble octroyer en proclamant le principe de l'égalité , aux yeux
du droit civil, entre tous les membres de la cité.

La promulgation de la loi des XII tables qui devint , d'après Tite-Live, la source du droit
public et privé des romains , suspendit pour un moment les discordes intérieures ; mais la
trève ne fut pas longue. Les plébéiens arrachent tous les jours au patriciat de nouvelles
concessions. Leurs plébiscites deviennent obligatoires pour les patriciens et pour les sénateurs. (Année 416-465.)

Le peuple entier continuait à délibérer dans les assemblées de comices par centuries sur les
projets de loi qui lui étaient soumis par les magistrats de l'ordre des sénateurs ; de son côté ,
le Sénat s'occupait de la haute direction des affaires, du maniement des finances , de la diplo-
matie , des relations extérieures et , dans la sphère de ses attributions , prenait des décisions
connues sous le nom de *Sénatus-consultes.*

La puissance consulaire , égale dès sa naissance à la puissance des rois , fut sensiblement
diminuée. On en détacha successivement la censure, la préture , l'édilité et la questure. A
la préture fut attaché le pouvoir judiciaire ; à l'édilité, l'administration de la police et la surveillance des bâtimens et des jeux publics.

On n'avait d'abord créé qu'un seul préteur chargé de prononcer (*jus dicere*) sur les différens qui s'élevaient entre les citoyens romains. Plus tard , l'affluence des étrangers à Rome
exigea la création d'un second magistrat du même ordre ; il fut appelé à statuer sur les
contestations qui s'élèveraient entre deux étrangers , ou entre un étranger et un citoyen
romain. On le désigna sous le titre de *Prætor peregrinus* , pour le distinguer du préteur
dont nous avons parlé , auquel on donna le nom de *Prætor Urbanus* (*Inst. de Gaïus,
com.* 1er , §. 6).

Avant d'entrer en fonctions les préteurs et les édiles curules publiaient le programme
des principes dont ils feraient l'application pendant l'année de leur gestion ; *edicta in tabula
et in albo proponebant , juridictionis perpetuæ causâ ubi de plano recte legi possint.* Ces
programmes connus sous le nom d'Edits (*Edicta Magistratuum*), constituèrent le droit
honoraire , *Jus honorarium.*

Marcien appella le Droit honoraire la *parole vivante* du Droit civil, *viva vox juris civilis.*
Papinien écrivit que les préteurs l'avaient établi *adjuvandi vel supplendi , vel corrigendi juris*

civilis causâ propter utilitatem publicam. — La jurisprudence prétorienne eut l'immense avantage de faire progresser le Droit avec la civilisation.

Ainsi se multipliaient successivement les élémens du droit civil écrit et du droit coûtumier ou non écrit. Au droit civil écrit se rapportaient la Loi des XII tables, les Plébiscites votés par les plébéiens sans la participation des patriciens et des sénateurs et les lois proprement dites votées par le peuple romain tout entier. — Parmi les sources du droit coûtumier on classait les traditions anciennes ou les coûtumes, *mores majorum*, les décisions judiciaires, *res judicatæ*, et le droit honoraire ou les édits des préteurs et des édiles, enfin les réponses que faisaient les jurisconsultes aux cliens qui venaient les consulter (*responsa prudentium*). Plus tard, lorsque par suite des événemens dont nous allons parler, la connaissance du Droit eût été répandue, on y ajouta les controverses entre les jurisconsultes ou les discussions auxquelles ils se livraient dans le prétoire : DISPUTATIONES FORI.

La Loi des XII tables avait (nous l'avons vu) posé les bases du droit public et privé des romains ; mais c'était peu de constituer ou plutôt de créer le Droit, il fallait encore indiquer la manière dont il pourrait être exercé. Les Patriciens composent à ce sujet et les actions de la loi (*legis actiones*), représentation symbolique du combat auxquels dès l'origine les romains se livraient pour revendiquer un droit ou pour le défendre, et les formules solennelles coûtenant les expressions consacrées qui devaient accompagner la pantomime juridique. Ils fixèrent en outre des jours pendant lesquels les actions ne pourraient être valablement intentées. Uniques dépositaires des connaissances relatives à la jurisprudence, ils considèrent encore la procédure comme un moyen d'influence sur les plébéiens qui seront obligés de s'adresser à eux pour connaître et les actions, et les formules, et les jours fastes ou néfastes, toutes fois qu'ils auront un droit à exercer.

En l'année 449 de la fondation de Rome un scribe d'Appius-Claudius, Cnœus-Flavius, fils d'un affranchi, révèle au grand jour ce mystère important et publie le recueil des formules. Privés par cette découverte d'une grande partie de leur prépondérance, les patriciens composent aussitôt de nouvelles formules ; mais leur secret fut encore une fois dévoilé par Sextus-Ælius-Catus. Le recueil publié par Flavius fut appelé *jus Flavianum*, et celui d'Ælius *jus Ælianum* (Année 552).

A cette époque les plébéiens entrent définitivement en possession de la science du Droit et de la procédure. Tibérius-Coruncanius, le premier plébéien parvenu au pontificat, enseigne publiquement la jurisprudence. Alors la science du Droit prend une extension rapide. — Alors on voit les jurisconsultes se multiplier. — Des travaux précieux furent entrepris et exécutés, et bientôt les noms des jurisconsultes dont Pomponius a mentionné les services dans la loi 2, § 40. et *suiv.*, *ff. de orig. et progress. juris*, furent mis en honneur. — Le monopole de la jurisprudence ayant été détruit, le droit romain qui s'était formé sous l'influence des mythes de l'Etrurie sacerdotale, qui avait été si long-temps caché dans l'impénétrable sanctuaire du collége des Pontifes, désormais exposé au grand jour *du Forum*, vit son génie si apre s'adoucir, ses formes si sévères se mitiger, et son étroite alliance avec le droit sacré, s'affaiblir.

Cependant Rome, accomplissant ses destinées, poursuivait le cours de ses conquêtes. L'Italie soumise, ses légions envahirent l'Europe, l'Afrique, et l'Asie. Après de longs et terribles combats dont l'histoire nous a retracé le souvenir avec de si vives couleurs, Mummius brûle Corinthe ; Scipion-Emilien détruit Carthage et se rend maître de Numance. Le commerce et l'industrie prennent un grand essor. Les rapports des romains avec les nations étrangères font pénétrer le droit des gens dans le droit civil. Les arts et la littérature de la Grèce s'introduisent à Rome malgré les efforts de l'inflexible Caton ; le stoïcisme s'y naturalise sous le patronage des Scipions ; mais les sévères prévisions du représentant de la vieille rusticité nationale ne tardèrent pas à se réaliser. Tout-à-coup les mœurs se corrompent ; le luxe déborde de toutes parts. Rome passe en un seul jour des veilles à l'oisiveté , des armes à la mollesse et aux voluptés ; *non gradu, sed præcipiti cursu virtute descitum, ad vitia transcursum.* Le temps des guerres sociales et des guerres civiles est arrivé. Les premières finissent par la concession du droit de cité à tous habitans de l'Italie ; les secondes, après de longues convulsions et d'affreux déchiremens, entraînent la perte de la république. Le peuple romain, épuisé par plus d'un siècle de luttes sanglantes , se jette entre les bras d'un seul homme ; une nouvelle révolution politique s'accomplit ; le gouvernement impérial prend la place du gouvernement républicain ; le fils adoptif de César, vainqueur d'Antoine à Actium , saisit les rênes de l'état , sous le nom d'*Imperator* ou de *Princeps reipublicæ.*

Auguste est investi de la dignité de souverain pontife, de la puissance tribunitienne et de toutes les hautes fonctions civiles , administratives et militaires. Il avait jeté un regard trop profond dans le monde romain pour ne pas être convaincu qu'il était prêt à subir le joug qu'un maître voudrait lui imposer ; mais la robe ensanglantée de César lui avait appris combien il est dangereux de précipiter la servitude. S'il y conduit le peuple , ce sera par une progression sagement calculée. Les institutions et les magistratures chères aux romains sont en apparence conservées ; les faisceaux des licteurs précèdent encore les consuls et les tribuns. Les comices continuent à voter les lois ; les plébéiens votent même un nombre prodigieux de plébiscites ; mais en réalité c'est la volonté du souverain qui exerce partout une influence décisive.

Par une loi , désignée sous le nom de loi *Regia*, le peuple lui conférant ses pouvoirs, l'autorise à rendre des ordonnances impériales ou des constitutions (*constitutiones , principum placita*).

Cette innovation , qui déplaça le pouvoir législatif, ne fut pas la seule. Jusqu'à cette époque les jurisconsultes n'avaient eu d'autre autorité que celle qui s'attachait à la sagesse de leurs décisions ; Auguste établit entr'eux une distinction en accordant à ceux dont il voulait se concilier les suffrages le privilége particulier de répondre sur le Droit en son nom. Parmi ceux qui jouissaient alors d'un grand crédit, Labéon et Ateius-Capiton se faisaient principalement remarquer. Divisés de méthodes et d'opinions en jurisprudence, ils étaient divisés aussi d'opinions politiques. Labéon se posa l'homme du mouvement et du progrès ; Capiton l'homme de la résistance et de la fidélité aux traditions antiques. Le premier se montra républicain ardent et refusa les honneurs du consulat que le Prince lui offrait ; le second flatta le nouveau pouvoir et rechercha ses faveurs. Leurs disciples perpétuèrent les mêmes dissidences et formèrent deux sectes opposées, prenant les uns la dénomination de Proculéiens, les autres celle de Sabiniens ou Cassiens. *

Sous Tibère, la puissance des comices assemblés est tranférée au Sénat, et à compter de cette époque les sénatus-consultes deviennent la source la plus abondante du droit civil.

Régularisant l'innovation émanée d'Auguste, Adrien précise l'autorité que devaient avoir les jurisconsultes autorisés par le Prince à répondre publiquement sur le Droit. Il décide que dans le cas d'unanimité, leurs avis auront force de loi pour le juge ; et qu'en cas de dissentiment, le juge suivrait l'opinion qui lui paraîtrait la plus convenable. Sous ses auspices Salvius Julianus codifie les édits des préteurs et des édiles, en les réunissant dans un seul recueil auquel on donna le nom d'édit perpétuel, *edictum perpetuum*.

L'autorité impériale se consolidait de plus en plus ; l'effervescence politique étant tombée, les esprits reportèrent toute leur énergie sur l'étude de la jurisprudence. Fécondée par le droit honoraire et par le droit des gens, développée par les écrits des jurisconsultes des derniers jours de la république, elle avait surtout grandi sous l'influence du stoïcisme dont la morale fut si élevée et le génie si sévère. La voilà parvenue à un état de splendeur qu'elle ne devait jamais surpasser chez aucun autre peuple. Les Antonins publient leurs constitutions. Gaius,

---

* Nous donnons ici, d'après les interprètes, la série des jurisconsultes qui se sont succédés par une suite non interrompue depuis Auguste jusqu'à Adrien, comme chefs des écoles Sabienne ou Cassienne et Proculéienne.

ANTISTIUS LABEON.	ATEIUS CAPITON.
NERVA (aïeul de l'empereur du même nom).	MASSURIUS SABINUS (d'où les sectateurs prirent le nom de SABINIANI).
PROCULUS (les partisans de cette secte s'appelèrent d'après lui PROCULEIANI).	GAJUS CASSIUS LONGINUS (de là les sectateurs prirent le nom de CASSIANI).
PEGASUS.	CÆLIUS SABINUS.
JUVENTIUS CELSUS.	JAVOLENUS PRISCUS.
NERATIUS PRISCUS.	ÆBURNUS VALENS.
	SALVIUS JULIANUS.

Papinien, Paul, Ulpien, Modestinus écrivent leurs immortels ouvrages (2e et 3e siècles de l'ère chrétienne). La science des jurisconsultes semble ne pas avoir de bornes. Leur logique est puissante, invincible ; leur philosophie, amie de l'équité et de la raison ; leur style toujours admirable par sa clarté, par sa précision, et souvent remarquable par son élégance. Conservateurs du feu sacré à une époque où les lettres latines étaient tombées en décadence, ils font revivre la langue qu'avaient parlée Cicéron, Horace et Virgile. Rome avait conquis l'univers par ses armes ; grâce aux travaux de ses nouveaux jurisconsultes, elle le civilisera par ses lois.

Des siècles de décadence vont succéder à un siècle de gloire. La puissance impériale allant toujours croissant, le peuple romain, deshérité de tous ses droits, se trouva livré à l'arbitraire le plus odieux. Au despotisme des camps devait succéder bientôt le despotisme du palais ; le pouvoir législatif est désormais concentré tout entier dans les mains des princes ; leurs constitutions, leurs décrets, et leurs édits deviennent la seule source du droit civil écrit.

Les mœurs publiques se corrompent de plus en plus ; les lettres et les sciences tombent dans l'oubli. Amour des beaux-arts, énergie morale, esprit de nationalité, tous les sentimens généreux qui formaient la base du caractère romain semblent s'être effacés.

Au commencement du 3e siècle de l'ère chrétienne, Caracalla accorde à tous les sujets de l'empire sans distinction le titre de citoyen romain, titre si envié dans des temps meilleurs, que l'orateur romain avait revendiqué avec tant d'éloquence pour un poète étranger, qu'Auguste refusa à un Gaulois malgré les instances de Livie. — Sous Valérien, les barbares sortis des forêts de la Germanie envahissent quelques provinces de l'empire et deviennent les avant-coureurs de ces invasions encore plus formidables sous lesquelles succomberont bientôt les Gaules et l'Italie tout entière.

Dans le siècle suivant de nouveaux événemens, les uns politiques, les autres religieux, opérèrent de grands changemens dans les mœurs et dans les lois romaines. Constantin fonde sur les bords du Bosphore une cité qui devient le siège du gouvernement impérial. Sous son règne la religion chrétienne jusqu'alors persécutée devient la religion de l'état. Une réaction religieuse s'opère et se fait bientôt sentir dans la législation.

Les travaux exécutés sur le Droit étaient devenus si nombreux et si compliqués que Constantin se crut obligé de désigner par une Constitution le nom des anciens jurisconsultes qui jouiraient en justice d'une autorité particulière, et ceux dont l'autorité pourrait n'être d'aucun poids.

A la mort de cet empereur, le monde romain se divise en Empire d'Orient et Empire d'Occident.

Dans l'Orient, au commencement du 5ᵉ siècle, l'empereur Théodose le Jeune fit rédiger un recueil des édits des empereurs romains dans lequel on inséra aussi quelques rescrits. Ce recueil prenant le nom du prince qui avait ordonné sa confection fut appelé Code Théodosien (*Codex Theodosianus*).

Avant cette codification partielle deux jurisconsultes, Grégorien et Hermogènes, s'étaient dévoués à un semblable travail. Ils donnèrent leur nom à deux codes dont le premier (le code Grégorien) comprenait les constitutions des empereurs depuis Adrien jusqu'à Constantin, et le second (le code Hermogénien) les constitutions de Dioclétien et de Maximien.

Dans l'Occident, l'empereur Valentinien III, imitant l'exemple de Constantin, promulgua une constitution, désignée sous le titre de Loi sur les citations, dans laquelle il imprime l'autorité de loi vivante aux écrits de Papinien, de Paul, de Gaïns, d'Ulpien et de Modestin, ainsi qu'à ceux des jurisconsultes antérieurs dont ceux-ci s'étaient rendus les interprètes. Il priva de cette autorité les notes d'Ulpien et de Paul sur Papinien ainsi que l'avait fait Constantin lui-même. Le même empereur donna encore force de loi au code que Théodose avait fait publier dans l'Orient.

Les successeurs de Valentinien, constamment inquiétés par les invasions des barbares, ne pouvaient opposer qu'une faible résistance. Aussi, vers la fin du 5ᵉ siècle (année 476), Odoacre détrône Augustule et détruit ainsi l'empire d'Occident. La chute de cet empire ne devait pas entraîner l'abrogation absolue des lois romaines dans l'Italie et dans les provinces des Gaules qui venaient d'être définitivement conquises. C'était une politique adoptée par les conquérans de laisser les vaincus se régir par leurs lois nationales. Tel fut d'ailleurs l'ascendant de la civilisation sur la barbarie que le droit des vaincus ne tarda pas à se mêler au droit national des vainqueurs. Ces causes amenèrent la publication des codes romano-barbares. En Italie, Théodoric, roi des ostrogoths, promulgue à Rome (année 500) un édit puisé en entier dans le droit romain et plus particulièrement dans le code Théodosien, les constitutions postérieures et les sentences de Paul. Dans les Gaules, Alaric II, roi des visigoths, fait paraître à Aire (en l'année 506), un extrait des codes Grégorien, Hermogénien et Théodosien, des constitutions postérieures et des écrits de Gaïus, Paul et Papinien. La première de ces compilations prit le nom d'édit de Théodoric (*edictum Theodoricum*); la seconde fut appelée bréviaire d'Alaric (*breviarium Alaricianum*). Ces compilations étaient destinées à servir de lois aux romains qui habitaient les pays conquis.

Enfin, les bourguignons ne tardèrent pas à rédiger dans le même objet une compilation qu'ils puisèrent dans les sources les plus pures de la législation romaine et qui prit le titre de *Papiani liber responsorum* ou *Papiani responsum* (517 à 534).

A une époque contemporaine l'empereur Justinien montait sur le trône d'Orient, qui devait survivre pendant plusieurs siècles encore à la ruine de l'empire d'Occident. La confusion ou plutôt l'inextricable chaos dans lequel les élémens de la jurisprudence se trouvaient placés excita au plus haut degré la sollicitude du nouvel empereur de Constantinople. Une large réforme était depuis long-temps devenue nécessaire. — Il fallait 1° réviser les divers élémens du Droit, dont le nombre était prodigieux, et les mettre en harmonie avec les mœurs et les besoins de l'époque ; 2° codifier ceux de ces élémens qui pourraient encore se trouver en rapport avec ces mœurs et ces besoins. En l'année 527, Justinien confia d'abord à plusieurs jurisconsultes le soin de rassembler en un seul Recueil toutes les constitutions renfermées dans les rescrits codifiés successivement par Grégorius, Hermogènes et Théodose le Jeune. Les commissaires qu'il choisit s'acquittèrent avec tant de zèle de leur mandat que le nouveau Recueil auquel Justinien donna son nom (*Codex Justinianeus*), fut promulgué un an après. Ce travail était à peine terminé que l'empereur conçut l'idée d'extraire tout ce qu'il y avait d'utile et de bon dans les nombreux écrits des jurisconsultes romains, et de faire mettre en ordre ces extraits pour en composer un seul ouvrage. Il confia cette tâche, aussi importante que difficile, à des jurisconsultes dont la capacité lui était depuis long-temps connue et à la tête desquels il plaça le célèbre Tribonien, en les autorisant à altérer les textes originaux, et à les modifier, pour les approprier aux idées nouvelles des romains du Bas-Empire. Cette vaste compilation fut terminée dans l'espace de trois ans. Elle fut publiée par Justinien le 16 décembre 533, sous le nom de *Digeste* ou de *Pandectes*, pour n'avoir force de loi qu'à partir du 30 du même mois.

Les jeunes légistes ne pouvaient espérer d'étudier avec fruit les principes du Droit dans une si vaste collection de décisions émanées de différentes autorités. Pour rendre cette étude plus facile, trois jurisconsultes des plus habiles, Théophile, Dorothée et Tribonien s'occupèrent sous les auspices de Justinien, et d'après le vœu qu'il en avait exprimé, de la rédaction d'un ouvrage élémentaire auquel on donna le nom d'*Institutes*. L'empereur le fit promulguer le 21 novembre 533, mais pour n'être obligatoire comme le Digeste qu'à compter du 30 décembre de la même année.

Après ces travaux législatifs, Justinien publia encore 50 décisions, destinées à faire cesser les antinomies que les rédacteurs du Digeste avaient laissé subsister entre les doctrines de quelques jurisconsultes qui appartenaient à des sectes opposées. Bientôt après il ordonna la révision du code auquel il avait donné son nom, révision qui amena son abrogation et la confection d'un code nouveau publié le 16 novembre 534 sous le nom de *Codex repetitæ prælectionis*. Ainsi du vaste creuset dans lequel furent jetés pêle-mêle tant d'élémens hétérogènes, sortit un corps nouveau plein de force et de vitalité. — Indépendamment des recueils renfermant sa codification, l'empereur Justinien publia encore d'autres constitutions

3

qui furent appelées Novelles (*novellæ*), parce qu'elles étaient les plus récentes (*novissimæ constitutiones*).

Quelle fut la destinée de cette codification soit dans l'*Orient* soit dans l'*Occident*?

Dans l'Orient, elle eut toute l'autorité d'une législation vivante et obligatoire ; mais des causes différentes vinrent bientôt altérer son crédit et hâter sa décadence. Les mœurs des Romains du Bas-Empire étaient, par leur contact avec les mœurs de l'Asie, devenues beaucoup plus grecques que romaines. De là la nécessité de traduire les compilations qui avaient été rédigées en langue latine. Théophile donna le premier l'exemple en publiant une paraphrase grecque des Instituts de Justinien, travail précieux que les légistes consultent encore avec fruit. D'un autre côté, les empereurs qui se succédèrent sur le trône d'Orient furent nécessairement appelés à promulguer diverses constitutions qui s'éloignèrent d'une manière plus ou moins directe du droit de Justinien. Ainsi se fit de nouveau sentir l'impérieux besoin d'une seconde révision de la jurisprudence et d'une nouvelle codification. Dans les dernières années du 9ᵉ siècle, Basile le macédonien donna l'impulsion à cette œuvre devenue indispensable et à laquelle son fils Léon le philosophe mit la dernière main. Le nouveau recueil de lois grecques et romaines que celui-ci fit publier reçut le nom de *Basiliques*. Léon publia en outre d'autres constitutions par lesquelles il dérogeait sous plusieurs rapports à la législation consignée dans les codes de Justinien. Ces constitutions sont désignées sous le nom de *Novellæ Leonis*.

Dans le courant du 10ᵉ siècle, Constantin Porphyrogénète révisa les Basiliques auxquelles il fit quelques additions, et en fit paraître ainsi une deuxième édition.

Tel était, à peu de choses près, l'état du droit romain dans le Bas-Empire au moment où il devint la conquête des soldats de Mahomet II. (Année 1453.)

Sa destinée dans l'Occident fut bien différente. Au moment de la promulgation des compilations auxquelles présida Justinien, les romains qui habitaient l'empire d'Occident tombé sous la domination des barbares, étaient régis par l'édit de Théodoric et le bréviaire d'Alaric. Les triomphes de Bélisaire et de Narsés replacèrent momentanément l'Italie sous les lois des empereurs d'Orient. Justinien profita de ces succès passagers pour y introduire sa législation et dans les écoles et dans les tribunaux ; mais bientôt les nouvelles invasions des barbares lui enlevèrent successivement la plus grande partie de son autorité.

Le moyen âge commence. — L'influence du droit romain devint de plus en plus incertaine pendant ces temps de confusion, mais elle ne s'éteignit jamais d'une manière absolue. Qui croira en effet, surtout en présence des savantes recherches d'un érudit moderne (*), que

---

(*) M. de Savigny, histoire du Droit Romain au moyen âge.

les plus beaux produits du génie de l'homme aient été complettement étrangers à l'élaboration des sociétés modernes et n'aient rien fait pour la conservation des principes civilisateurs qui devaient bientôt se développer avec tant de force ?

Le 11e siècle vit s'ouvrir l'époque de la rénovation. Après une halte de plusieurs siècles, l'esprit humain reprend sa marche. Son repos a grandi ses forces. Le droit romain ne restera pas en dehors de la réaction scientifique qui se prépare. Parmi les restaurateurs de son culte, Irnerius ou Werner s'offre le premier à nos regards. L'histoire nous le montre créant à Bologne, dans le 11e siècle, une école célèbre. De tous les points de l'Europe de nombreux auditeurs accourent pour recueillir ses enseignemens sur la jurisprudence, et rapportent bientôt dans leur patrie des germes précieux d'instruction qu'ils s'empressent de développer.

Dans le 12e siècle, Placentin explique les Pandectes à Montpellier. — Ainsi, communiqué à la France par l'Italie, le mouvement se propage en Angleterre, en Espagne, dans les Pays-Bas, en Allemagne. Partout les esprits sont travaillés d'une ardeur nouvelle pour l'étude.

Les disciples de Werner, en explorant les textes, les accompagnent de quelques explications tantôt grammaticales, tantôt exégétiques, auxquelles ils joignent l'indication des textes afférens. Ces observations reçoivent le nom de *Gloses*, et de là les jurisconsultes qui appartiennent à cette école prennent le nom de *Glossateurs*. Accurse, auteur de la grande glose, occupe parmi eux la place la plus distinguée.

Les Glossateurs embrassent les 12, 13 et 14e siècles. Par un progrès naturel, ils préparent une école nouvelle, celle des *Bartolistes*. Celle-ci emprunta son nom à Bartole, jurisconsulte renommé, qui profitant des élucubrations de ses devanciers, écrivit des traités suivis et fit pénétrer la dialectique dans l'explication des textes. L'école des Bartolistes comprend les 14e et 15e siècles. Elle a préparé à son tour une école plus brillante, celle qu'aucune autre ne devait égaler, l'école du 16e siècle.

D'autres causes avaient d'ailleurs favorisé son avénement.

Nos provinces méridionales avaient déjà adopté le droit romain comme législation vivante ; on les désignait sous le nom de pays de droit écrit. Les provinces du nord restèrent fidèles à leurs vieilles traditions ; on les appela pays de coutume. Mais si celles-ci ne reçurent pas en principe le droit romain comme droit obligatoire, elles lui accordèrent toute l'autorité de la raison écrite. — Le droit canon tombait en discrédit, tandis que le droit civil reprenait ses avantages. — L'Italie avait doté la France de précieux manuscrits jusqu'alors inconnus. — Les Pandectes *Florentines* venaient d'être découvertes et l'invention encore plus récente de l'imprimerie avait rendu tout-à-coup plus rapide le mouvement scientifique en donnant aux travaux de l'esprit humain une activité et une influence incalculables. Enfin on avait vu s'ouvrir de nombreuses écoles où le droit romain était enseigné avec succès par des docteurs habiles , que les cités se disputaient entr'elles , en les comblant d'honneurs et de richesses.

Ces divers événemens ménagèrent les plus brillantes destinées à la science. Elle ne reste plus enchaînée dans l'enveloppe étroite des textes et des commentaires. Elle appelle à son secours la philosophie et la littérature et forte de son alliance avec ces puissans auxiliaires , elle parvient à son plus haut degré de perfection. Parmi les jurisconsultes du 16e siècle , deux surtout se disputent l'honneur de donner leur nom à la nouvelle école. Ce sont Cujas et Doneau : Cujas supérieur à son rival par l'histoire et la philologie ; Doneau supérieur à Cujas par la philosophie et la logique ; tous deux inspirés par le génie des jurisconsultes romains , tous deux dignes des hommages , de l'admiration et de la reconnaissance de la postérité.

Nous en avons déjà fait l'observation. Une ère de décadence suit ordinairement une ère de grandeur. Cette destinée était réservée à l'école du seizième siècle. Comme s'ils avaient été convaincus qu'il était impossible de reculer les bornes de la science et de découvrir un monde nouveau , les jurisconsultes des siècles suivans se bornèrent à enregistrer les succès de leurs prédécesseurs. L'œuvre la plus remarquable des 17e et 18e siècles est sans contredit celle de Pothier qui dans ses *Pandectes* dressa l'imposant inventaire des richesses du droit romain , et par ses travaux sur le droit français posa les fondemens de notre législation actuelle. Il est à regretter que les jurisconsultes de ces deux siècles , arrêtés par les préoccupations dont nous venons de parler , aient sacrifié le plus souvent la science à la pratique.

Notre siècle s'est ouvert sous de plus heureux auspices. L'Allemagne a donné cette fois à la France , l'impulsion qu'elle avait reçue d'elle dans le seizième siècle. — Des sources nouvelles ont été découvertes. L'école de Paris les a explorées avec succès , et de récentes productions attestent que la province ne reste pas étrangère au mouvement qui a fait reprendre des travaux depuis long-temps interrompus.

Le droit romain a perdu parmi nous l'autorité de législation vivante ; mais l'excellence de sa doctrine a survécu et survivra toujours à son abrogation. Le même jour où le code civil était promulgué , les restaurateurs de l'enseignement du droit consacraient la première de ses chaires à l'enseignement du droit romain. Ils avaient compris que ce droit était la législation-mère dont les lois de chaque peuple ne sont qu'une dérivation coordonnée avec les progrès de ses mœurs et la forme particulière de son gouvernement ; qu'il constitue cette législation-modèle que les légistes doivent étudier comme les amis des arts étudient les chefs-d'œuvre de l'antiquité ; enfin , que nos législateurs modernes ont tracé des règles fort incomplètes pour certaines parties du Droit sur lesquelles les romains nous ont laissé des théories savamment approfondies.

De brillans succès obtenus de nos jours sont venus attester la sagesse de cette observation. N'est-ce pas à sa profonde connaissance du droit romain que dans le sein de la première cour du royaume , l'organe si puissant des droits de la société avait emprunté cette dialectique puissante qui donnait à ses réquisitoires tant d'éclat et tant d'autorité ? Les illustres chefs des écoles de Rennes et de Dijon n'ont-ils pas puisé à la même source leurs savantes explications de nos lois civiles? Plus récemment encore, à Nancy , un magistrat formé à l'école des grands maîtres , qu'un mérite éminent vient d'appeler aux plus hautes fonctions judiciaires , n'a-t-il pas prouvé combien sont précieux les trésors que l'histoire et la philosophie du Droit savent découvrir dans l'exploration des monumens de l'ancienne jurisprudence et du droit romain en particulier?

Si son étude promet tant d'avantages à tous les jurisconsultes , elle offre un nouveau degré d'intérêt à ceux qui se proposent d'exercer cette honorable profession dans nos contrées méridonales où tant de monumens nous rappellent à chaque instant le souvenir de Rome , de sa grandeur , de ses institutions ; où le droit romain , loi vivante de nos pères , fut en vigueur jusqu'à la publication de nos codes , et où , par cela même , un grand nombre de contestations doivent encore être décidées d'après ses principes.

Telle a été jusqu'au moment où j'écris cette esquisse rapide, la destinée du droit romain ; telle a été la course longue et brillante qu'il a fournie.

Né sur les bords du Tibre , à côté du berceau d'une cité à laquelle les Dieux avaient promis l'empire du monde, nous l'avons vu appaiser encore enfant les violentes querelles qui divisaient les deux ordres de l'état. Il grandit à l'ombre du tribunal du Préteur , à côté de la chaise curule des Ediles, au sein des controverses animées des jurisconsultes, dans l'*atrium* de Quintius et de Fabius qu'assiégent de nombreux cliens. — Adolescent , il assiste au spectacle des conquêtes des romains et de leurs discordes civiles , et s'unit d'une étroite alliance avec les mœurs et la littérature de la Grèce et de l'Asie. Bientôt il brise les enveloppes symboliques dans lesquelles la politique du Patriciat l'avait long-temps retenu captif, attend des jours plus calmes pour prendre la robe virile, et se développe enfin dans toutes ses proportions sous le règne d'Antonin , de Marc-Aurèle et d'Alexandre-Sévère.

A la Cour des empereurs de Constantinople, il vit s'altérer sa constitution primitive. Devenu chrétien , il perd les principaux caractères de son individualité originale ; il dépose en partie ce qu'il a de romain , mais il revêt en retour des formes plus simples et plus naturelles qui le protégent plus tard contre les coups des barbares , et lui conservent son indépendance tout entière dans sa patrie conquise. — Survivant ainsi à la gloire et à la liberté de son pays , il traverse le moyen âge pour reconquérir aux premiers jours de la renaissance une grande autorité. En France , le plus saint de nos rois le couvre de toute sa protection. Les provinces qui ne se soumettent pas à ses lois s'inclinent devant la sagesse de ses oracles. — Il visite une grande partie des nations de l'Europe, et plusieurs de ces nations l'adoptent. Partout il fait entendre le langage de la raison et de l'équité, et il devient l'objet de l'admiration des plus grands génies de l'humanité, de Pascal, de Leibnitz, de Bossuet!

De grands changemens se sont opérés dans nos mœurs publiques et privées. Un abîme immense sépare la civilisation moderne de la civilisation des siècles qui nous ont précédés, et néanmoins les amis de la science interrogent tous les jours le droit romain et lui demandent de salutaires enseignemens. — Encore debout au milieu des débris des législations de l'antiquité, il est pour nous le plus digne représentant du passé, le livre mystérieux dont chaque page mérite d'être le sujet des plus sérieuses méditations; il est le plus beau de tous les livres après l'Evangile.

Rome peut sans doute s'énorgueillir aussi de sa littérature, de son culte pour les beaux arts, surtout de ses étonnans succès dans les combats qui mirent le monde entier à ses pieds. — Mais sa littérature n'eut pas un caractère exclusivement national; elle l'avait empruntée à la Grèce, de même que dans les premiers jours de sa fondation elle avait reçu ses Dieux de l'Etrurie. — Ses écrivains et ses artistes, ses philosophes comme ses plus illustres capitaines eurent souvent des rivaux; ils rencontrèrent quelquefois des maîtres et des vainqueurs. — Ses jurisconsultes seuls n'ont eu ni des modèles ni des imitateurs; leur science constitue seule une création vraiment nationale, une production vraiment indigène du sol Italique.

Que sont dailleurs devenus les monumens les plus merveilleux de l'activité romaine, ses arènes, ses aqueducs, ses tombeaux, ses voies qui semblaient devoir être éternelles? Le temps a tout détruit, ou du moins tout mutilé; une seule chose a été respectée, c'est le *Droit romain*.

Ainsi s'est réalisée pour Rome la gloire que lui prophétisait le premier de ses poëtes, dans ces vers pleins d'harmonie :

> Excudent alii spirantia molliùs æra ;
> Credo etiam vivos ducent de marmore vultus ;
> Orabunt causas meliùs, surgentia sidera dicent ;
> Tu regere imperio populos, Romane, memento !

INTRODUCTION

A la première Partie d'un Cours de Droit Romain et du premier Livre des Institutes de Justinien.

Plan général du Programme. — Économie des Institutes de Justinien.

Dans nos aperçus sur l'histoire du droit romain, nous avons donné une idée générale des divers recueils composés dans le 6ᵉ siècle de l'ère chrétienne, sous les auspices de l'empereur Justinien. Ces recueils qui constituent la grande codification du droit romain sont, on ne l'a pas oublié, au nombre de trois : 1° les Pandectes ou Digeste dont la publication eut lieu le 16 décembre 533 ; 2° les Institutes promulguées le 21 novembre de la même année ; 3° le code *repetitæ prælectionis* publié le 16 novembre 534.

Les Pandectes ou le Digeste ne sont autre chose qu'une compilation des écrits des jurisconsultes romains et notamment des jurisconsultes qui appartiennent au beau siècle de la jurisprudence, compilation dans laquelle les textes originaux ont été trop souvent altérés ou mutilés. On trouve en tête de chaque fragment du Digeste le nom du jurisconsulte et de celui de ses écrits auquel il a été emprunté.

Dans les Institutes se trouvent classés les élémens du droit romain. Justinien nous apprend dans le *proëmium de Confirmatione Institutionum*, qu'il les fit rédiger, *ut sint totius scientiæ prima elementa.... prima legum cunabula.*

Le Code *repetitæ prælectionis* se compose de la série des constitutions émanées des divers empereurs romains depuis Adrien jusqu'à Justinien. Pour faciliter les recherches historiques, on a placé en tête de chaque constitution le nom de l'empereur dont elle émane et la date de sa promulgation.

Enfin on n'a pas perdu de vue qu'à ces trois recueils il faut joindre les Novelles, c'est-à-dire les constitutions les plus récentes de Justinien, constitutions qu'il publia successivement à partir de l'an 534 époque de la publication du code *repetitæ prælectionis*, jusqu'en l'année 565 époque de sa mort.

Les *Institutes* dont j'expliquerai bientôt le plan et l'étendue doivent faire l'objet principal de nos travaux. Justinien les destina à la jeunesse des écoles pour lui servir d'introduction à l'étude du Digeste et du Code, et préparer ainsi les esprits encore novices à l'intelligence des matières plus difficiles. Toutefois j'emprunterai aux autres parties du droit romain, les textes dont le secours me sera nécessaire pour compléter mes aperçus historiques.

Quelle est l'économie qui a présidé à la rédaction des *Institutes*? Sous quels rapports Tribonien y a-t-il considéré le droit romain?

Le Droit dans l'acception ordinaire de ce mot, a pour sujets les personnes, les choses et les actions; *omne autem jus quo utimur vel ad res, vel ad personas pertinet, vel ad actiones* (*Inst. tit. 2 de jure nat. gent. et civil.* § 12). La doctrine du droit relativement aux personnes, consiste à déterminer leur capacité et les droits divers que leur confèrent la cité et la famille; sa doctrine relativement aux choses consiste à établir entre les biens considérés en eux-mêmes ou par rapport à ceux qui les possèdent les différences résultant de leur nature ou de leur destination, à régler la manière d'en acquérir, d'en conserver ou d'en transmettre la propriété. Enfin relativement aux actions, les lois tracent aux propriétaires d'un droit quelconque la marche à suivre pour le révendiquer et le faire valoir.

Les rédacteurs des Institutes se sont successivement occupés de ce triple objet.

Dans le livre 1er ils ont développé les principes qui régissent l'état des personnes; dans le 2e et 3e liv. et les cinq premiers titres du liv. 4e ils se sont occupés des principes du droit sur les biens; et dans les derniers titres du liv. 4e de la législation sur les actions.

Chacun de ces livres se subdivise en plusieurs titres et chaque titre se compose ordinairement de plusieurs paragraphes.

Dans notre Programme nous diviserons en deux parties toutes les matières traitées dans ces 4 liv. La première partie contiendra le développement des théories relatives *au droit qui régit les personnes*; elle embrassera ainsi tout le premier livre des Institutes. Dans la seconde nous résumerons tous les principes qui se rapportent au droit *qui régit les choses* et par cela même toutes les matières qui se trouvent traitées dans les trois autres livres.

INSTITUTES DE JUSTINIEN.

LIVRE PREMIER.

PREMIÈRE PARTIE DU PROGRAMME.

Division de la première partie du Programme et du Livre 1er des Institutes de Justinien. — Prolégomènes sur le Droit et sur la Jurisprudence. — Histoire des sources du Droit Romain.

LE Livre premier des Institutes a été consacré avec raison à l'exposé de la législation sur les personnes. Justinien nous en donne la raison dans le § 12 du titre 2, *de jure nat., gent. et civil.* — *Parum est jus nosse, si personæ quarum causa constitutum est ignorentur.*

Pour faire comprendre avec plus de facilité l'ensemble des dispositions que ce livre renferme ; il ne sera pas inutile d'exposer ici quelques observations préliminaires.

L'objet du droit civil, par rapport aux personnes, est, nous l'avons déjà dit, de déterminer leur état et leur capacité. C'est en effet à l'état et au rang que l'on occupe dans la société qu'est attaché l'exercice des droits que donnent la cité et la famille. Il importait donc de préciser les accidens qui affectent cet état et entraînent par cela même une privation plus ou moins absolue des droits dont je viens de parler, ou apportent tout au moins des obstacles à leur libre exercice. Par l'énumération de ces accidens ou de ces causes d'incapacité dont les unes dérivent de la nature et d'autres des institutions humaines, le législateur fait nécessairement

4

connaître les personnes qui jouissent de ces mêmes droits ; car toutes les personnes qui ne sont pas rangées dans la cathégorie des incapables, appartiennent par cela même ordinairement à la classe des capables.

Les causes d'incapacité naturelles ou civiles qui produisaient des effets plus ou moins étendus d'après le droit romain, découlent de l'inégalité des conditions entre les habitans de la cité romaine que le législateur a partagés en plusieurs classes; les uns, en effet, sont *libres* et les autres sont *esclaves ;* telle est la première division des personnes, ainsi que nous l'enseigne le *præmium* du tit. 3 du liv. 1er de *jure personarum*. Parmi ceux qui sont libres, les uns sont soumis à la puissance d'un ascendant, tandis que les autres n'y sont pas soumis. Ceux qui sont placés sous la puissance d'un maître ou d'un ascendant relèvent d'autrui, *alieni juris sunt,* pour me servir des expressions consacrées par le texte. Ceux au contraire qui sont affranchis de cette double autorité, jouissent de leur indépendance, *sui juris sunt,* c'est la seconde division des personnes (*ad præmium* du tit. 8, du liv. 1er de *his qui sui vel alieni juris sunt*). Enfin parmi ceux qui sont *sui juris* les uns sont soumis à la puissance d'un tuteur ou assistés d'un curateur, tandis que d'autres ne sont ici en tutelle ni en curatelle. C'est la troisième division des personnes. (*Just. Inst., lib.* 1er, *tit.* 13, *de tutelis,* §. 1er.

Les classifications qui précèdent, considérées sous leur point de vue le plus large, ont l'avantage de faire connaître simultanément les causes de capacité ou d'incapacité relativement à la jouissance des droits que la cité et la famille attribuent à leurs membres. Par exemple, la servitude prive l'esclave de toute espèce de droits, tandis qu'elle attribue au maître d'immenses prérogatives. La puissance paternelle prive encore le fils de famille engagé dans ses liens, tantôt de la propriété, tantôt de l'exercice de plusieurs droits ; mais en retour elle est pour lui la source des droits de famille, et pour l'ascendant investi de la magistrature domestique la source de nombreux privilèges dont j'aurai bientôt occasion de parler.

En résumé PUISSANCE DOMINICALE, PUISSANCE PATERNELLE et PUISSANCE TUTÉLAIRE considérées tour à tour comme la cause et quelquefois seulement comme l'indice d'incapacités plus ou moins étendues, ou le principe d'où dérive la propriété de certains droits civils et des droits de famille, tels sont les points principaux auxquels se rapporte toute l'économie du liv. 1er des Institutes. Je maintiendrai ces divisions en

faisant de ces trois idées fondamentales le sujet de trois
parties bien distinctes (*).

Avant d'entrer dans l'examen de la première subdivision,
c'est-à-dire des théories relatives à la *puissance dominicale*,
il importe de résumer en peu de mots à titre de prolégo-

* Je ne parle ici que de trois sortes de puissance encore en vigueur
du temps de Justinien, puisque les Instituts de ce Prince n'en
mentionnent pas d'autre.

Les romains avaient néanmoins admis d'autres manières de tomber sous la dépendance d'autrui, telles que la *manus* et le *mancipium*.

On entendait par *manus* la puissance que le mari acquérait sur
la personne de sa femme, *nexus maritalis*.

Un mari acquérait sur sa femme cette espèce d'autorité, 1° par
l'usage (usus) ou la possession matrimoniale de la femme pendant
un an. Pour interrompre cette possession, la femme devait s'absen
ter pendant trois nuits du domicile conjugal.

2° Par la *confarréation*, c'est-à-dire la consécration par
des cérémonies religieuses, pendant lesquelles on mangeait, devant
un certain nombre de témoins, des gâteaux de farine de froment.
(*per quoddam genus sacrificii quo uti debent, id est in quo panis
farreus adhibetur, undè confarreatio dicitur.*)

3° Par la *coemption*, ou achat qui sans doute s'opérait par une
mancipation. (*Gaii Instit.*, *commentaire* 1er, §§ 108 *et suivans*. —
Pandectes de Pothier, édition de Bréard de Neuville, tom. 2,
pag. 118 et suiv.)

L'effet de la *manus* était de faire passer l'épouse sous la puissance de son mari, de lui attribuer des droits d'agnation dans la
famille de celui-ci, en lui faisant perdre ceux qu'elle avait dans
sa famille primitive. Par une fiction toute particulière, elle était considérée désormais comme la fille de son mari, comme la sœur
consanguine de ses propres enfans, *in familiam viri transibat*,
dit Gaius, *filiæque locum obtinebat*.

« Dès que, selon l'usage, le fer du javelot a partagé les cheveux de
» la fiancée, dès qu'elle a goûté au gâteau sacré (*confarreatio*),
» ou que l'époux a compté au beau-père le prix de la vierge
» (*coemptio*).... ou l'enlève, elle passe sans toucher des pieds le
» seuil de la porte conjugale, et tombe selon la forte expression
» du Droit, *in manum viri*. Son mari est son maître et son juge. »
(M. Michelet, hist. de la rép. rom., tom. 1er, pag. 139-140.)

Lorsqu'on se demande de combien de manières la puissance dérivant de la *manus* pouvait s'éteindre on éprouve les plus sérieuses
difficultés pour fixer ses idées. — Quelques textes donnent à penser
que la *diffarreatio* et le *repudium* . . . . produisaient cet effet.
N'est-il pas encore vraisemblable que le mari pouvait émanciper sa
femme, de même qu'il pouvait émanciper sa fille ?

Déjà à l'époque où Gaius écrivait ses Instituts, la *manus*, au
moyen de l'*usus*, c'est-à-dire de la possession annale, était en partie abrogée par les lois et en partie tombée en désuétude. (Inst.
c. 1, § 111.) Il paraît que la *confarréation* n'était plus usitée que
parmi quelques personnes revêtues de fonctions religieuses. (*Ibid.*
§ 112). — Elle s'éteignit entièrement avec la *coemptio* dans le

mêmes, quelques notions générales sur les idées particulières des romains, relatives au droit et à la jurisprudence et surtout d'exposer l'histoire des sources du droit romain.

Leurs jurisconsultes considéraient l'homme dans ses rapports avec la divinité, avec ses semblables et avec lui-même. L'ensemble de ces rapports et les devoirs qui en étaient la

cours de la quatrième période de l'histoire du droit romain, c'est-à-dire de celle qui commence au règne d'Alexandre-Sévère et s'étend jusqu'à Justinien. Lorsque Justinien monta sur le trône du Bas-Empire, il n'était plus question de la *manus*. (M. Hugo, histoire du droit romain, t. 1er, pag. 80-97, 353 — t. 2, pag. 155 — 316.)

Les caractères et les effets du *mancipium* nous sont moins connus que les caractères et les effets de la *manus*, car les notions que nous trouvons dans les Institutes de Gaius (c. 1er, § 116 et suiv.), laissent beaucoup à désirer. Résumons toutefois en peu de mots le dernier état de la science à cet égard.

D'après le § 117 du com. 1er (*Ibid.*), les enfans, sans distinction de sexe pouvaient être mancipés à un étranger par les ascendans sous la puissance desquels ils étaient placés. — L'enfant ainsi mancipé par son ascendant tombait dans le *mancipium* de celui qui l'avait acheté. La *mancipatio* n'était pas du reste la seule source du *mancipium*, puisque d'après le même jurisconsulte, il faut y joindre la *noxæ deditio*, l'*auctoratio*, l'*adjudicatio ob æs alienum*. (Com. 3, § 199, Com. 4, § 79.)

En vertu du *mancipium*, l'acheteur avait sous sa dépendance les enfans mancipés qui étaient dès ce moment assimilés à des esclaves ; *ii qui in mancipii causâ sunt..... servorum loco habentur*, disait Gaius ibid, Comm. 1, § 138. — Il acquérait par leur ministère, comme par le ministère de ses propres enfans soumis à sa puissance. (*Ibid.* Com. 2, § 90). — Il pouvait les affranchir *vindictâ, censu et testamento* (c. 1, § 138.), et au moyen de cet affranchissement, qui les rendait *sui juris*, il était considéré comme leur patron et acquérait les priviléges attachés au patronat, les droits de tutelle et de succession. (*Ibid.* § 166).

Le *mancipium* constituait donc un état de dépendance qui avait une grande analogie avec l'état de servitude ; mais il n'était pas cependant la servitude elle-même, car ceux qui tombaient *in mancipio* conservaient leur qualité de personnes libres ; ils éprouvaient seulement la *plus petite diminution de tête*. (Gaius, c. 1er, § 162.)

Du temps de Gaius il n'était plus permis de maltraiter les personnes que l'on avait *in mancipio* ; le *mancipium* lui-même n'avait plus rien de sérieux ni de durable ; il n'existait plus qu'en *fiction*, sauf lorsqu'un ascendant donnait à ce titre un de ses descendans, en réparation du dommage que celui-ci avait causé. (*Ibid.* com. § 141).

Le *mancipium* s'était encore maintenu dans le cours de la 3e période du Droit, depuis Cicéron jusqu'à Alexandre-Sévère, mais il disparut entièrement avec la *manus* dans le cours de la quatrième, circonstance qui explique le silence des Institutes de Justinien à ce sujet. (M. Hugo, hist. du droit rom., Tom. 1er, pag. 80, 100, 102, 149, 253—Tom. 2, pag. 156, 316, 318.

conséquence, étaient révélés par la jurisprudence qui était définie chez eux : la connaissance des choses divines et humaines, la science du juste et de l'injuste. *Jurisprudentia est divinarum atque humanarum rerum notitia, justi atque injusti scientia.* (*Just. Inst. liv.* 1er, *tit.* 1er, *de just. et jure,* §. 1er).

A la Divinité, l'homme doit un culte. Il doit à ses semblables de ne leur porter aucune espèce de préjudice, *neminem lædere* et de rendre à chacun ce qui lui est dû, *jus suum cuique tribuere :* à lui même, il se doit de vivre selon les lois de la morale (*honeste vivere*). En remplissant ces diverses obligations, il exécute les préceptes du Droit (§. 3 *ibid.*). — S'il apprécie parfaitement ces obligations dans toute leur étendue, s'il comprend tout ce qu'elles exigent de lui, s'il a appris à distinguer le juste de l'injuste, il connaît la science du Droit ; car le Droit considéré comme une théorie d'art, est défini par la loi 1re ff. de *Just. et jure, ars æqui et boni.* S'il persévère dans la volonté inébranlable de rendre à chacun ce qui lui est dû, il se conformera aux règles de la justice. *Justitia enim est constans atque perpetua voluntas jus suum cuique tribuendi* (*Inst. ibid., ad præmium*). Enfin si son amour pour la justice le porte à donner à ses semblables d'utiles conseils, s'il cherche à leur inspirer de bons et de généreux sentimens, non seulement par la crainte des châtimens, mais encore par l'espoir des récompenses, alors il pratiquera la vraie Philosophie, il sera investi d'un noble sacerdoce, il se montrera digne du nom de jurisconsulte, ainsi que l'enseigne Ulpien dans la loi 1re ff. *ibid.*

Les romains n'avaient pas toujours eu des idées aussi élevées sur le droit, sur la jurisprudence et sur la sainteté de la mission des jurisconsultes. Pendant long-temps il suffisait pour mériter ce nom d'être versé dans l'interprétation des lois positives. Mais lorsque la philosophie du stoïcisme introduite à Rome eut fait pénétrer dans le Droit le sentiment profond de l'équité naturelle en épurant la législation politique par la morale, le domaine de la science s'élargit, la carrière des jurisconsultes grandit tout à coup. Leur science ne se borna pas à l'exploration des élémens du droit civil rigoureux et formulé ; ils étudièrent le cœur humain, développèrent les règles de la morale, posèrent les bases de l'harmonie universelle, et bientôt le Droit mérita d'être appelé *l'équité constituée, æquitas constituta.*

Après nous avoir donné ces aperçus généraux plus philosophiques que juridiques, les rédacteurs des Institutes ont divisé le Droit, en droit public et droit privé ; *jus publicum* et *privatum.*

Le *droit public* est celui qui détermine les rapports des hommes vivant dans l'état de société, vis-à-vis le pouvoir auquel ils sont tenus d'obéir, *quod ad statum reipublicæ romanæ spectat.* Le droit privé est celui qui règle les rapports des particuliers entre eux, *jus privatum quod ad singulorum utilitatem.*

Le droit privé est l'unique objet des dispositions contenues dans les Instituts de Justinien (à l'exception de quelques titres du 4e livre), et comme ce droit se compose à la fois des préceptes du droit naturel, du droit des gens et du droit civil, le tit. 2 du liv. 1er est consacré en partie à la définition de chacune de ces trois sources.

Tout membre d'une cité quelconque appartient en même temps à la grande classe des êtres animés, au genre humain et à la cité dont il fait partie.

Comme être animé, l'homme est régi par le droit naturel que les jurisconsultes romains ont défini, le droit révélé par la nature à tous les animaux, *jus naturale est quod natura omnia animalia docuit.* * (*Inst. tit.* 2, *de jur. natur. gent. et civil. ad princip*).

Comme appartenant au genre humain, il est régi par le droit des gens, c'est-à-dire, par ces règles d'action qui sont suivies chez tous les peuples civilisés. *Jus gentium est illud quo omnes gentes utuntur* (§ 1, *ibid*). — Comme membre de la cité, il est soumis aux lois propres à cette cité, c'est-à-dire, au droit civil, à celui qui est défini dans le même paragraphe : *jus civile, quasi jus proprium ipsius civitatis.*

Le droit des romains se compose de l'ensemble des principes consacrés par le droit naturel, par le droit des gens et par les lois particulières de la cité romaine ; il se divise d'ailleurs, ainsi que nous l'enseigne l'empereur Justinien, en droit écrit et en droit non écrit : *Constat autem jus nostrum quo utimur aut scripto aut sine scripto.* (*Inst. tit.* 2, *de jure natur. gent. et civil,* § 3). On entend par droit écrit, celui qui a été formulé, dont l'auteur est connu et qui a été promulgué. Le droit non écrit, est celui qui s'est introduit par l'usage et le consentement tacite du peuple.

Examinons séparément et d'une manière historique les

---

* Cette définition du Droit naturel a été l'objet des plus vives critiques. J'en présenterai le résumé dans mes explications orales.

diverses sources * de chacune de ces deux branches du
droit.

DES SOURCES DU DROIT ÉCRIT.

D'après le § 3 précité nous devons rapporter aux sources
du droit écrit : la loi, le plébiscite, le sénatus-consulte,
les constitutions des empereurs, les édits des magistrats et
les réponses des *Prudens*.

I. *De la Loi*, (*Lex*, *populiscitum*). Sous les rois le
peuple romain, (*populus*), divisé d'abord en curies et
depuis Servius Tullius en centuries, fut appelé à délibérer
sur les projets de loi qui lui étaient présentés par le souverain ou par un magistrat de l'ordre des sénateurs. Pendant
la république, les projets de loi furent soumis aux comices
par un magistrat du même ordre. Le peuple fut encore investi du pouvoir législatif dans les premiers jours de l'empire, jusqu'au moment où sous le règne de Tibère, la
puissance des comices eut été transférée au sénat (*Inst*. §
4 et 5, *ibid*).

II. *Des Plébiscites*, (*plebiscitum*). Inconnus pendant la
durée du gouvernement royal, les plébiscites apparaissent
dans les premiers jours de la république. Les plébéiens
(*plebs*) après avoir obtenu des tribuns dont l'unique mission était d'abord de protéger leur ordre contre l'oppression
du patriciat, entrèrent bientôt en possession du droit de
voter sur les projets de résolution que ces tribuns leur présentaient. Ces résolutions prises sans la participation des

* L'histoire des sources du droit romain est devenue avec raison
le sujet des travaux les plus importans de l'école moderne. — Parmi
ceux qui ont été récemment accomplis on remarque principalement les œuvres de MM. Hugo et Mackeldey et l'introduction aux
élémens du Droit, par M. Giraud, professeur de Droit à Aix.
Ces jurisconsultes, adoptant les cadres tracés par Gibbon, ont
divisé l'histoire des sources, en quatre périodes. La première s'étend
depuis la fondation de Rome jusqu'à la promulgation de la Loi des
XII Tables; la seconde depuis la promulgation de la Loi des XII
Tables jusqu'à Cicéron; la troisième, depuis Cicéron jusqu'à
Alexandre-Sévère; la quatrième, depuis Alexandre-Sévère jusqu'à
Justinien. — Nous avions d'abord adopté cette classification; mais
nous avons cru reconnaître que si elle était précieuse pour les
esprits déjà familiarisés avec l'étude du Droit elle offrait des
difficultés pour les jeunes légistes, et que l'enseignement oral
trouverait plus d'avantages dans un simple exposé historique de
chacune de ces sources présenté d'un seul trait, sans morcelle-
ment et sans interruption.

patriciens et des sénateurs prirent le nom de plébiscites (*plebiscita*). En définissant la loi proprement dite et le plébiscite, le jurisconsulte Gaius a le soin de préciser la différence qui existait entre le peuple romain tout entier et les plébéiens seulement, caractérisant par cela même la différence qui séparait les lois des plébiscites. *Lex est*, dit-il, *quod populus jubet et constituit; plebs autem a populo eo distat quod* POPULI *appellatione universi cives significantur, connumeratis etiam patriciis,* PLEBIS *autem appellatione sine patriciis cæteri cives significantur.* (*Gai. inst. comm.* 1ᵉʳ, § 3). On lit dans le même § que les patriciens refusèrent de se soumettre aux décisions prises par les plébéiens, décisions auxquelles ils restaient étrangers. Mais plus tard (*anno* 468 U. C.), une loi spéciale, la loi Hortensia, vint déclarer que les plébiscites seraient obligatoires pour le peuple romain tout entier, et de cette manière les plébiscites eurent la même autorité que les lois proprement dites; *itaque plebiscita eo modo legibus exæquata sunt* (*ibid*).

Les plébiscites devinrent bientôt beaucoup plus fréquens que les lois. Ils survécurent à la République et se prolongèrent jusqu'aux dernières années du premier siècle de l'ère chrétienne.

III. *Des Sénatus-consultes.* On sait que le sénat des romains était le conseil supérieur de la cité; que la haute administration des affaires, la direction des finances et des relations étrangères, faisaient principalement partie de ses attributions.

Sous les rois comme sous les consuls les décisions prises par ce premier corps de l'état, connues sous le nom de sénatus-consultes, n'étaient relatives d'après les attributions dont nous venons de parler, qu'à des questions de droit public. Cependant dans les derniers temps de la république on trouve déjà quelques exemples de sénatus-consultes relatifs au droit privé. Mais sous Tibère, ainsi que nous l'avons déjà fait observer, le pouvoir des comices fut transféré au sénat, *æquum visum est senatum vice populi consuli,..... comitia è campo ad patres translata sunt*, et à compter de cette époque, les sénatus-consultes devinrent l'élément le plus fécond du droit civil. Ils remplacèrent bientôt les lois et les plébiscites, survécurent aux deux premiers siècles de l'ère chrétienne, pour s'éteindre à leur tour dans le cours du 3ᵉ siècle, époque à laquelle l'élément dont nous allons parler constitua la première et pour ainsi dire l'unique source du droit civil (§ 5, *ibid*).

IV. *Des Constitutions des empereurs.* (*Principum pla-*

cita, constitutiones. Sous la république les magistrats avaient déjà exercé le droit de rendre des ordonnances, de publier des édits. Du moment où le gouvernement impérial eut été substitué au gouvernement républicain, sinon par sa forme extérieure du moins par le fait, et que plusieurs magistratures annales furent réunies et remises à vie à la personne de l'empereur, celui-ci se trouva investi comme l'étaient les magistrats qu'il remplaçait, du droit de prendre des mesures d'ordre public et de rendre des ordonnances et des édits. A l'avénement de chaque empereur, le peuple déférait d'ailleurs au nouveau prince, par une loi connue sous le nom de loi *Regia*, toute l'autorité dont il jouissait lui-même; *populus (principi) ei et in eum omne imperium suum et potestatem concedit*. Déjà sous le règne d'Antonin Gaius écrivait en parlant des constitutions impériales : *nec unquam dubitatum est quin id legis vicem obtineat, cum ipse imperator per legem imperium accipiat*. (*Comm.* 1er, § 5). De ce principe encore moins contestable au siècle de Justinien, Tribonien déduisait la conséquence suivante : *quodcunque ergo imperator per epistolam constituit, vel cognoscens decrevit, vel edicto præcepit, legem obtinere constat*. Les ordonnances impériales (*constitutiones, principum placita*), prenaient donc des qualifications différentes selon la forme en laquelle elles étaient rendues ou l'objet auquel elles étaient destinées. En effet, on distingua :

1º Les mandats (*mandata epistolæ*), les rescrits (*rescripta*). Ces actes de l'autorité souveraine étaient ordinairement adressés par le Prince au magistrat qu'il avait investi de ses pouvoirs, quelquefois aux personnes qui avaient formé des demandes particulières ; 2º Les décrets (*decreta*), qui n'étaient autre chose que des décisions émanées de l'empereur sur des contestations dont il s'était constitué l'arbitre, *quod cognoscens decrevit* ; 3º Les édits, *edicta*. On donnait ce nom aux lois promulguées spontanément par l'empereur dans un intérêt général, et obligatoires pour tous les sujets de l'empire.

Ainsi, parmi ces constitutions, il en était qui n'avaient trait qu'à des intérêts privés, et d'autres à des intérêts publics et généraux ; en d'autres termes, quelques-unes de ces constitutions étaient personnelles, d'autres étaient générales. Dans les dernières années du 3e siècle de l'ère chrétienne, le despotisme des empereurs allant toujours croissant, les constitutions impériales formèrent la seule source du droit civil, envahissant ainsi en entier le domaine des lois, des plébiscites et des sénatus-consultes.

V. *Des édits des magistrats, magistratuum edicta*. Nous

5

avons eu occasion de parler dans notre esquisse sommaire sur
l'histoire du droit romain des démembremens qu'avait éprou-
vés la puissance consulaire. Plusieurs magistratures en furent
successivement détachées , et notamment la préture et l'édilité. (*année* 387 *et* 389 *U. C*). On créa successivement ,
nous l'avons déjà dit , deux espèces de préteurs : le préteur
urbain , *prætor urbanus* , et le préteur des étrangers , *prætor peregrinus* , chargés tous deux de l'exercice du pouvoir
judiciaire , le premier à l'égard des membres de la cité , et
le second à l'égard des étrangers qui se trouvaient à Rome
et des citoyens romains qui avaient des contestations avec des
étrangers.

Aux édiles curules fut confiée l'administration de la police
la surveillance des bâtimens et des jeux publics. Ces divers
magistrats dont les fonctions étaient annuelles , avaient le
soin , nous en avons déjà fait l'observation , de publier avant
de prendre possession de leurs charges un édit dans lequel
ils exposaient les principes qu'ils appliqueraient aux cas qui
leur seraient soumis ; précaution fort sage , qui avait pour
résultat de prévenir un grand nombre de contestations : *ut
scirent cives quod jus de quaque re quisque dicturus esset ,
edicta proponebant.* Ces édits constituèrent à côté du droit
civil , un droit nouveau auquel on donna le nom de droit
honoraire, *jus honorarium,* selon Pomponius (*l.* 2, § 10, *ff.
de orig. jur. et prog.*) *quia in honorem prætoris venerat* ,
et selon Tribonien , *quia qui honores gerunt , id est magistratus , auctoritatem huic juri dederunt. (Just. Inst.* § *ib.*)

Le nombre des préteurs augmenta dans une telle proportion après les conquêtes des romains , notamment sous
Auguste , sous Claude , sous Nerva qu'on n'en compta pas
moins de dix-huit (L. 2 , §. 32 , ff. *ibid.*).

Papinien nous a fait connaître l'objet du droit honoraire ,
lorsqu'il a dit qu'il avait été établi tantôt pour expliquer,
tontôt pour suppléer les dispositions du droit civil , quelquefois pour corriger par les tempéramens de l'équité ses dispositions trop rigoureuses , *adjuvandi , corrigendi vel supplendi juris civilis gratiâ* (*L.* 7 , ff. *de Instit. et jure*).
Le droit honoraire exerça sur les progrès du droit romain
une influence éminemment salutaire , puisque dans son
édit , chaque préteur avait égard aux modifications que les
mœurs subissaient, aux besoins de l'époque et aux idées nouvelles qui pénétraient dans la société ; les édits du préteur
peregrinus surtout appelaient dans la jurisprudence romaine
les coutumes des étrangers , leur civilisation et leurs institutions.

Sous le règne d'Adrien , le jurisconsulte Salvius Julianus, plus heureux ou plus persévérant que ne l'avait été Ofilius du temps de Jules-César, codifia les différens édits qui avaient été proposés jusqu'alors, en les réunissant en un seul auquel on donna la qualification d'édit perpétuel, *edictum perpetuum.* A compter de cette codification , les préteurs qui se succédèrent se bornèrent à faire l'application des principes consacrés dans le nouvel édit , jusqu'à l'époque où la jurisprudence prétorienne s'éteignit sous le despotisme impérial qui absorba tous les pouvoirs.

VI. — *Des Réponses des prudens, responsa prudentium.* — Pendant les quatre premiers siècles de la fondation de Rome , le Collége des Pontifes composé exclusivement de patriciens se maintint en possession de l'interpretation des lois et des règles de la procédure. Le plébéien se voyait donc obligé toutes les fois qu'il avait un droit à exercer , de recourir au jurisconsulte patricien qui répondait dans le mystère aux questions qui lui étaient adressées. — Mais dans le courant du 6e siècle, le secret des formules et des actions de la loi est successivement devoilé par Flavius , scribe d'un patricien et par Sextus Ælius Catus (550 *U. C.*). A la même époque Tibérius Coruncanius, plébéien est promu au souverain pontificat et enseigne publiquement les règles de la jurisprudence. Cette conquête si précieuse ouvrit aux plébéiens une carrière nouvelle ; aussitôt les jurisconsultes se multiplient. Toute fois les réponses qu'ils faisaient à leurs cliens n'eurent jusqu'au siècle d'Auguste d'autre autorité que celle qui s'attachait à leur réputation personnelle et à la sagesse de leurs opinions. Aussi ces réponses de même que les conférences auxquelles ils se livraient entre eux dans le temple d'Apollon ou leurs discussions publiques au barreau , *disputationes fori,* étaient classées au nombre des sources du droit coutumier ou non écrit.

Auguste changea cet état de choses ; il accorda à quelques jurisconsultes privilégiés l'autorisation de répondre en son nom aux questions qui leur seraient adressées. Après lui Adrien décida par un rescrit que l'avis des jurisconsultes autorisés par le prince serait obligatoire pour le juge, dans le cas où leurs avis seraient unanimes , sauf au juge à choisir lorsqu'il y aurait dissentiment (*Gai. Inst., Comm.* 1er, §. 7).

Les réponses des jurisconsultes autorisés par le prince , *quibus permissum est jura condere,* dit Gaïus (*ibid.*), durent donc être classées à cette époque parmi les élémens du Droit , quant aux opinions de ceux qui n'avaient pas reçu une semblable autorisation, elles n'eurent jamais rien d'obligataire pour le juge.

Le beau siècle de la jurisprudence romaine arrive. Plusieurs jurisconsultes écrivent sur le Droit des traités dont nous avons déjà fait ressortir l'excellence et la supériorité. — L'empereur Constantin, pour remédier aux abus qui résultaient du nombre prodigieux d'écrits qui avaient surgi de toutes parts, fit un choix des jurisconsultes dont les écrits feraient autorité. — Un siècle après Constantin, Valentinien III publia dans l'Occident une constitution dans le même objet. Il donna force de loi aux doctrines émises dans les œuvres de Papinien, de Paul, de Gaïus et d'Ulpien (à l'exception toutefois des notes de Paul sur Papinien); dans le cas de partage entre les opinions émises, la prépondérance fut accordée à Papinien qui se trouva ainsi placé au premier rang.

La constitution de Valentinien est connue sous le nom de *Loi des citations.*

Telles sont les sources du droit écrit énumerées par Tribonien; passons à celles du droit non écrit.

DES SOURCES DU DROIT NON ÉCRIT.

L'analyse des textes prouve que le droit coutumier ou non écrit se composait chez les romains; 1° des usages anciens (*mores majorum*), notoirement sanctionnés par une pratique générale, auxquels on donnait force de loi : *diuturni mores consensu utentium comprobati legem imitantur*, dit Justinien (*Inst.* § 9, *ibid.*). Le jurisconsulte Julien expliquait ou pour mieux dire justifiait cette autorité des coutumes anciennes et généralement reçues, considérées par cela même comme la manifestation tacite de la volonté du peuple, lorsqu'il écrivait : *quid interest, suffragio populus voluntatem suam declaret an rebus ipsis et factis* (*L.* 43, § 1er, ff. *de leg.*)?

2° Des *décisions judiciaires*, lorsque ces décisions, par leur nombre et leur concordance, avaient obtenu une consistance convenable. Dans le 1er livre de ses questions Callistrate rapportait à ce sujet un rescrit de l'empereur Sévère qui avait donné force de loi à l'autorité de la jurisprudence proprement dite, *rerum perpetuò similiter judicatarum.*

3° Des réponses des prudens, sans aucune distinction avant le siècle d'Auguste et depuis Auguste, des avis émanés des jurisconsultes qui n'avaient pas reçu l'autorisation du prince de répondre publiquement sur le Droit, *jus publice respondendi,*

4° Enfin des conférences ou controverses qui avaient lieu entre les jurisconsultes et des discussions publiques des avocats, *disputationes fori*. On donnait à ces élémens du droit coutumier le nom de *jus receptum, sententiæ receptæ, jus civile*.

Après avoir ainsi donné quelques éclaircissemens sur l'histoire des sources du Droit, entrons dans l'examen de la première subdivision de la première partie de notre Cours et en même temps du premier livre des Instituts de Justinien.

PREMIÈRE SUBDIVISION

De la 1re Partie du Cours et du 1er Livre des Institutes.

DE LA PUISSANCE DOMINICALE OU DE L'ESCLAVAGE.

L'esclavage est inconnu dans les lois comme dans les mœurs du plus grand nombre des nations de l'Europe. Grâces aux doctrines du christianisme et aux progrès de la civilisation, il perd tous les jours de son intensité. Mais l'esclavage formait un des principaux ressorts des sociétés antiques; il se lie à toutes les idées des romains en matière d'économie domestique, politique et civile; c'est un des élémens principaux de leur organisation. Partout on le retrouve exerçant une influence plus ou moins active. Placés dans le commerce, les esclaves constituaient le plus souvent une des portions les plus précieuses du patrimoine de leurs maîtres. Les princes avaient des esclaves comme les particuliers. Le peuple romain en possédait de même que les municipalités. Comment dès-lors espérer de connaître les mœurs, l'histoire et le droit des romains, sans apprécier leurs théories en matière d'esclavage? N'est-il pas d'ailleurs important pour celui qui étudie l'histoire de la civilisation, de rechercher comment s'est introduite parmi les hommes cette triste inégalité, quels effets elle a produits, comment elle s'est affaiblie?

En résumant rapidement les notions renfermées à ce sujet dans les titres III, IV, V, VI, VII et VIII du livre 1er des instituts de Justinien, nous nous occuperons particulièrement; 1° des sources de l'esclavage et de ses effets; 2° des différens modes d'affranchissement ou des diverses con-

ditions des affranchis dans toutes les périodes de la jurisprudence.

§ 1er.

Des sources de l'esclavage et de ses effets.

Défini par les jurisconsultes romains : *constitutio juris
gentium qua quis dominio alieno contra naturam subjicitur*,
l'esclavage dérivait de deux sources bien distinctes, le droit
des gens (secondaire) et le droit civil. Chez les nations de
l'antiquité , la guerre fut l'origine de la servitude. L'homme
avait commencé par devenir la conquête d'un autre homme
plus fort que lui ; ce qui ne se réalisa d'abord que d'individu
à individu , s'étendit plus tard à des masses d'hommes appelées à lutter les unes contre les autres. Aussi les peuples qui
avaient précédé les romains et les romains eux-mêmes plaçaient en première ligne au nombre de leurs esclaves les
ennemis qu'ils faisaient prisonniers de guerre , *servi * fiunt
jure gentium id est ex captivitate*. Ils appliquaient les mêmes principes à ceux de leurs concitoyens qui devenaient à
leur tour prisonniers des ennemis vainqueurs , sans doute
pour apprendre à chaque soldat qu'il combattait non seulement pour son pays mais encore pour sa propre liberté.
(*Just. Inst. de jur. pers.* § 4).

On déclarait encore esclaves d'après le droit des gens les
enfans nés d'une mère esclave , parce que d'après le droit
des gens tous les enfans qui naissent en dehors du mariage ,
suivent la condition de leur mère. (*Gaius , Inst. c.* 1 , §
67 , 80).

A ces sources primitives de l'esclavage les lois particulières des romains vinrent en ajouter beaucoup d'autres. En ne
parlant que de celles mentionnées dans les Institutes , nous
reconnaîtrons qu'aux yeux du droit civil des romains, étaient
esclaves :

1° L'homme libre , majeur de 20 ans, qui par un odieux
trafic consentait à passer pour esclave et se laissait vendre
en cette qualité par un maître simulé pour partager avec
lui le prix de la vente. (*Just. Inst. ibid*).

2° L'affranchi qui était déclaré coupable d'ingratitude

---

* On peut consulter sur l'étymologie de ce mot le § 3, du tit.
3, des Inst. de Just. , *de jure person.*, et l'histoire du droit
romain , de M. Hugo , tom. 1er , note de la page 74.

envers son patron. (*Ibid. liv.* 1ᵉʳ, *tit.* 16, *de capit. demin.*
§ 1ᵉʳ).

3° On considérait encore comme esclaves les citoyens romains frappés de condamnations perpétuelles , puisque par
l'effet de la sentence , même avant qu'elle fut exécutée , ils
n'étaient censés avoir d'autre maître que le châtiment qui
leur était infligé ; *servi pœnæ efficiuntur atrocitate senten-*
tiæ. (*Ibid*).

4° Sous l'empereur Claude un sénatus-consulte particulier
punit de la perte de la liberté les femmes qui entretien-
draient de coupables liaisons avec des esclaves , *denuntianti-*
bus dominis eorum. (*Inst. de Gaius* , *c.* 1 , § 160).

Nous l'avons déjà remarqué , il est des personnes esclaves
dès leur naissance ; ce sont les enfans nés d'une mère
esclave (*ex ancillâ*) : d'autres nées libres tombent plus tard
dans l'état de servitude par une des causes que nous venons
d'énoncer. *Servi aut nascuntur, aut fiunt.* (*Inst. de Just.*
ibid. tit. 3 , § 4).

Après ces notions sommaires sur l'origine de l'esclavage ,
examinons quelle pouvait être la condition des esclaves par
rapport à la société et par rapport à leurs maîtres.

Considérés comme morts dans l'ordre civil , les esclaves
n'ont ni état , ni cité , ni famille. *Nec gentem , nec fami-*
liam , nec caput habent , condition déplorable qui faisait
dire aux jurisconsultes romains : *servitutem mortalitati ferè*
comparamus.

L'esclave n'existe pas pour lui-même mais seulement dans
l'intérêt de son maître. Il constitue une partie intégrante du
patrimoine de celui-ci. De là cette double conséquence que
le maître avait sur lui un droit de vie et de mort et à plus
forte raison celui d'en disposer à titre gratuit et à titre
onéreux , et que l'esclave incapable de posséder un patrimoine était pour son maître un instrument d'acquisition.

Le dernier de ces effets de la servitude ne fut jamais modifié. Les constitutions des empereurs romains qui apportè-
rent de justes restrictions à la puissance paternelle par rapport au droit qu'avaient les ascendans d'acquérir par le ministère de leurs descendans, n'améliorèrent jamais, sous ce
point de vue, la position des esclaves par rapport à leurs
maîtres.

Mais il n'en fut pas ainsi du premier des attributs de la
puissance dominicale. — Si le droit de vie et de mort accordé
au maître sur son esclave se conciliait avec les habitudes
primitives des romains , il cessa d'être en harmonie avec des
mœurs plus policées. L'histoire du droit nous montre succes-

sivement Auguste retirant aux maîtres le droit de forcer leurs esclaves à descendre dans l'arène pour y combattre contre les bêtes féroces ; Adrien condamnant à une rélégation de cinq années, une matrone romaine, qui pour de frivoles motifs avait atrocement sévi contre ses esclaves ; enfin Antonin le Pieux menaçant de la peine de la loi Cornelia les maîtres qui sans une cause légitime seraient devenus les meurtriers de leurs esclaves, et prenant des mesures sévères contre ceux qui les auraient trop cruellement maltraités. Il rendit à ce sujet un rescrit dont Tribonien nous a conservé un fragment dans le § 2, du tit. VIII, *de his qui sui vel alieni juris sunt.*

Quelques présidens de province et notamment Ælien Marcien consultèrent l'empereur pour savoir comment ils devaient accueillir les plaintes de certains esclaves horriblement maltraités par leurs maîtres. Antonin leur répondit par le rescrit suivant dans lequel il sut concilier le respect dû à la propriété avec les droits de l'humanité.

« Il faut, disait ce prince, que les maîtres conservent
» un pouvoir absolu sur la personne de leurs esclaves ; car,
» nul ne doit être privé de sa propriété. Mais il est de l'in-
» térêt des maîtres eux-mêmes qu'on vienne au secours des
» esclaves qui se plaignent d'être trop cruellement mal-
» traités. Connaissez donc des plaintes des esclaves qui pour
» se soustraire aux sévices d'un maître inhumain se seront
» placés sous l'égide inviolable de la statue des dieux ou
» des empereurs, et si vous reconnaissez qu'il ne méritaient
» pas les sévices dont ils ont été les victimes, forcez leur
» maître à les vendre à de bonnes conditions. Que les maî-
» tres sachent bien que je me montrerai encore plus sévère
» à l'égard de ceux qui chercheraient à enfreindre ma
» volonté. »

Le jurisconsulte Gaius qui vivait sous le règne d'Antonin se plaisait à constater les innovations de ce prince ami de l'humanité lorsqu'il écrivait dans ses Institues, *comment.* 1er, § 53 : *sed hoc tempore neque civibus romanis, nec ullis aliis hominibus qui sub imperio populi romani sunt, licet supra modum et sine causâ in servos suos sævire.*

Constantin sanctionna par une de ses constitutions les principes qu'Antonin avait fait prévaloir, *leg. unic. Cod. de emend. servorum*, et Justinien nous apprend à son tour en reproduisant à peu de chose près le texte de Gaius, qu'il donna une entière approbation à une législation si sage. (*Instit. tit.* 8, *de his. qui sui vel alieni juris sunt*, § 2).

Ainsi s'opéra dans la jurisprudence la réforme salutaire qui dépouilla les maîtres du droit de vie et de mort sur la personne de leurs esclaves, du droit de leur faire subir de mauvais traitemens et ne leur conserva qu'un droit de correction.

§ 2.

Des formes et des effets de l'affranchissement.

L'esclavage s'étant introduit à Rome d'après le droit des gens, la manumission ou l'affranchissement qui en fut la conséquence découla de la même source (*Just. Inst. tit.* 5 , *de libertin. ad præm.*). Mais l'affranchissement devant être considéré sous un triple point de vue, d'abord sous le point de vue de l'intérêt de l'esclave qui acquiert sa liberté, de l'intérêt du maître qui la donne et enfin de l'intérêt de la cité qui reçoit dans son sein l'affranchi, il ne faut pas s'étonner que le droit civil des romains ait réglé avec tant de soin les formes de l'affranchissement et déterminé avec tant de précision les divers effets qu'il devait produire. On distingua des modes solennels et des modes non solennels d'affranchissement.

Les modes solennels d'affranchissement avaient lieu *vindictâ, censu, testamento.*

L'affranchissement s'opérait *vindictâ*, en présence du magistrat compétent, avec des paroles et des formes * solennelles (*Ulp. fragm.*, *tit.* 1er, § 7);

Censu, par l'inscription de l'esclave sur les tables du cens avec l'autorisation du maître ;

Testamento, par une disposition de dernière volonté.

Dans tous ces modes, la cité était représentée (*vindictâ et censu*) par la présence du consul ou du censeur et (*testamento*) par le peuple lui-même, tant que le testament s'opéra *calatis comitiis.*

Les modes non solennels s'opéraient *per epistolam, inter amicos et convivio.*

On appelait affranchissement *per epistolam*, celui qui résultait d'une déclaration écrite faite par le maître en présence de cinq témoins ;

Inter amicos, celui qui résultait d'une déclaration verbale faite en présence d'un même nombre des personnes.

---

* Nous ferons connaître ces formes dans nos développemens oraux.

Et enfin *convivio*, celui qui s'opérait par le fait seul que le maître autorisait son esclave à venir s'asseoir à sa table.

Sous Constantin, l'affranchissement dans les Églises fait en présence des évêques et du peuple vint remplacer l'affranchissement qui s'opérait *censu*, l'institution du cens étant tombée dans une désuétude absolue depuis le règne de Décius (année 249 de l'ère chrétienne) *.

Pour apprécier convenablement les effets attachés à ces divers modes d'affranchissement, il faut nécessairement distinguer trois périodes dans la jurisprudence, le droit primitif, la législation d'Auguste et de Tibère et la législation de Justinien.

I. — *Droit primitif.* — L'affranchissement d'un esclave, ainsi que nous l'avons déjà dit, intéressait la société romaine ; aussi fallait-il, pour que l'affranchi devînt citoyen romain, que le peuple fût intervenu dans l'affranchissement, soit par lui-même, soit par le ministère des magistrats. Les affranchissemens qui s'opéraient *vindictâ*, *censu* et *testamento* étaient donc les seuls modes de manumission qui pouvaient procurer à l'affranchi sa liberté et avec la liberté le droit de cité.

Il fallait en outre que le maître qui avait donné la liberté eût le domaine *quiritaire* sur l'esclave affranchi. Lorsque ces deux conditions se trouvaient réunies, l'affranchi devenait libre et en même temps citoyen romain. Que si la liberté n'avait été donnée que par un des modes non solennels d'affranchissement, ou par un maître qui n'aurait eu que le domaine *bonitaire*, l'esclave n'était pas régulièrement affranchi. Le droit civil le considérait toujours comme esclave et en cette qualité attribuait à son maître toutes les acquisitions qu'il pouvait faire (*Gaïus Instit. Comm.* 3., § 56) ; seulement le maître qui avait consenti à donner la liberté à l'esclave ne pouvait pas, au mépris de la faveur qu'il lui avait accordée, le revendiquer et le forcer à rentrer plus tard sous sa puissance. Mû par un sentiment d'équité, le préteur se serait opposé à cette revendication. L'esclave vivait donc *en fait* sous la protection du préteur comme un homme libre, *prætoris auxilio in libertatis formâ* (*serva-*

---

* A côté de ces modes d'affranchissement *explicites*, les romains admirent encore des affranchissemens *tacites*, comme par exemple ceux qui résultaient de l'adoption de l'esclave de la part de son maître (*Instit. tit.* 11, *de adopt.*, § 12.), de son institution dans le testament du maître, sous Justinien. (*Instit. liv.* 1er, *tit.* 6. *Quib. ex caus. manumit.*, § 2. *Liv.* 2, *tit.* 14, *de hæred. instituend. ad præmium.*)

batur).... *prætor cum in libertate tuebatur* (*Gaïus ibid.*) , mais esclave *en droit,* il perdait la liberté avec la vie, *ultimo spiritu vitam et libertatem amittebat* (*fragment. vet. juriscons. de manumission.* — *Ecloga juris civilis pag.* 194 *et suiv.*)

Tel était l'état primitif du droit des romains, qui ne reconnaissaient à proprement parler, qu'une manière d'affranchir, l'affranchissement par un des modes solennels, et qu'une seule liberté , celle qui conférait le titre de citoyen romain ; *à primis urbis Romæ cunabulis una atque simplex libertas competebat,* dit Justinien dans ses *Instit. t. V. de liber.* § 3.

Cette jurisprudence si simple va se compliquer.

II. *De la législation d'Auguste et de Tibère.* — Dans les derniers temps de la république, les guerres sociales , les guerres civiles et principalement les conquêtes sur les nations étrangères avaient fait affluer à Rome une quantité prodigieuse d'esclaves. Les maîtres se montrèrent très-prodigues d'affranchissemens ; ils ne consultèrent , pour donner la liberté, que leurs intérêts personnels, leurs passions politiques. L'intérêt de la cité était compté pour rien : l'histoire raconte qu'en quelques instans Sylla donna la liberté à dix mille esclaves qui avaient été proscrits. — Tous ces affranchis acquéraient cependant la qualité de citoyens romains ; d'où la conséquence que ce beau titre devenait tous les jours le partage d'hommes indignes d'en être revêtus. *Inde civitas contaminabatur pessimâ fece hominum* *.

Les idées de restauration politique dont Auguste se montra animé l'engagèrent à remédier promptement à un abus si grave , en apportant de nombreuses restrictions à la faculté d'affranchir. Un plébiscite connu sous le nom de loi *Ælia-Sentia,* décrété en l'an 757 de la fondation de Rome, vint remplir cet objet.

On remarquait dans ce plébiscite les dispositions suivantes :

1° Les esclaves mineurs de XXX ans ne pouvaient plus acquérir le droit de cité avec la liberté, que lorsqu'ils étaient affranchis *vindicta* et pour une juste cause approuvée par un conseil (*Gai Inst. Comm.* 1er, §§ 18 et 19).

---

* *Heineccii Recitationes in elementa juris civilis* , p. 59. — Dans son Histoire de la république romaine , tom. 2, pag. 135 et suiv. , M. Michelet expose avec une grande lucidité et une verve de style qui lui est familière, comment s'opéra l'extinction des plébéiens , remplacés dans la culture par les esclaves , et dans la cité par les affranchis.

2° Les maîtres mineurs de **XX** ans ne pouvaient affranchir leurs esclaves que de la même manière et pour une juste cause qui devait recevoir encore l'approbation d'un conseil. Des esclaves abusant de l'inexpérience de leurs maîtres avaient trop souvent caressé leurs passions et obtenu à ce prix leur liberté.

On trouve dans le § 5, du tit. 6, liv. 1er des Institutes de Justinien *quib. ex caus. manum. non licet*, l'énumération des justes causes d'affranchissement, et dans le § 20 du *Commentaire 1er des Institutes de Gaius*, l'organisation de ce conseil spécial dont la décision favorable à l'affranchissement ne pouvait plus être rétractée, alors même qu'il aurait été reconnu plus tard que l'affranchissement avait eu lieu sur une fausse cause (*Just. Inst. §. 6, ibid.*).

3° Les débiteurs ne pouvaient plus affranchir valablement au préjudice de leurs créanciers. Les créanciers fraudés par l'affranchissement qui aurait fait passer à l'état de liberté l'esclave sur lesquel reposait leur gage, étaient admis à s'opposer à ce que l'affranchi jouît de la liberté (*Gai. comm.* 1er, § 37). Mais il fallait pour que leur opposition fût reçue le concours de deux conditions; 1° l'intention de frauder de la part du maître auteur de l'affranchissement; 2° l'existence d'un préjudice réel causé aux créanciers par l'affranchissement. *Tunc intelligimus impediri libertatem, cum utroque modo fraudantur creditores, id est et consilio manumittentis et ipsa re, eo quod ejus bona non sunt suffectura creditoribus.* (*Just. Inst.* § 3 *ibid*). — On avait admis toutefois une exception au principe de la non validité de l'affranchissement fait au préjudice des créanciers, en faveur du débiteur qui voulant sauver sa mémoire de l'ignominie attachée au nom de ceux qui mouraient insolvables, affranchissait un de ses esclaves et l'instituait pour son héritier. L'affranchi, devenu héritier de son ancien maître, était tenu d'acquitter en cette qualité toutes ses dettes, et s'il se trouvait dans l'impossibilité de se libérer, c'était sur lui seul et non sur la tête de son patron que retombait, d'après les mœurs des romains, le deshonneur de l'insolvabilité. Fiction ingénieuse qui avait trouvé grâce devant la sage sévérité de la loi *Ælia-Sentia* (§§ 1 et 2 *ibid*)!

4° Les esclaves qui avant d'être affranchis avaient mérité de graves châtimens de la part de leurs maîtres, *qui á dominis pænæ nomine vincti sunt, quibusve stigmata scripta sunt* (*Gai. Inst. comm.* 1er, § 13), furent après leur affranchissement assimilés aux déditices. — On appelait *déditices* ceux qui après avoir combattu contre Rome, vaincus, s'étaient rendus à discrétion. *Vocantur autem* DEDITITII, *qui quondam contra populum romanum armis susceptis pugnaverunt et deinde victi se dediderunt.* (*Gaius , ibid.* § 14).

Les dispositions de la loi *Ælia-Sentia* que nous venons de résumer avaient tout fait pour restreindre les affranchissemens entre-vifs, sans s'occuper de ceux qui pouvaient avoir lieu par acte de dernière volonté. Il était cependant nécessaire de réprimer cet esprit de vanité qui faisait accorder par testament à tant de maîtres la liberté à de nombreux esclaves, souvent dans le seul but de faire suivre leur convoi funèbre d'un long cortége d'affranchis. — Quatre ans après la loi Ælia-Sentia , un second plébiscite qui porta le nom de loi *Fusia-Caninia ,* prévint cet abus en déterminant le nombre des esclaves que chaque maître aurait le droit d'affranchir par testament. Ce nombre est indiqué par le jurisconsulte Ulpien, dans ses fragmens , tit. 1er, § 24.

Sous Tibère, la condition précaire des esclaves qui affranchis par un des modes non solennels , ou par un maître ayant seulement le domaine bonitaire, vivaient *in libertate* grâce à l'intervention du préteur sans cesser d'être esclaves aux yeux du droit civil , fut régularisée. Une loi spéciale publiée en 772 , connue sous le nom de loi *Junia-Norbana ,* vint les assimiler aux latins que Rome envoyait dans ses colonies , c'est-à-dire , aux latins coloniaires. Ils portèrent, à compter de cette loi qui créait un état mitoyen entre la liberté et la servitude, le nom de *latins-Juniens.* On les appela LATINS, dit Gaius , *quia lex eos liberos perinde esse voluit atque si essent cives romani ingenui qui ex urbe Roma in latinas colonias deducti , latini coloniarii esse cœperunt ,* et on les appella JUNIENS , *quia per legem Juniam liberi facti sunt , etiamsi non cives romani.* (*Inst. Com.* 3 , § 56).

Ainsi les affranchis se divisèrent en trois catégories :

Dans la première on classait ceux qui âgés de trente ans avaient reçu la liberté ou par la vindicte, ou par le cens, ou par testament, d'un maître ayant le *jus quiritium.* Ils devenaient de plein droit citoyens romains , *Ulpien. frag. tit.* 1er, *de liber.* § 6.

La deuxième classe comprenait ceux qui étaient affranchis par un mode non solennel ou par un maître qui n'avait pas le *jus quiritium.* Ils devenaient Latins-juniens *(ibid.* § 16)·

Enfin dans la troisième classe on rangeait les esclaves affranchis après avoir mérité de graves châtimens de leurs maîtres ; ils étaient assimilés aux *déditices.*

Les affranchis de la seconde classe étaient sans doute moins favorisés que ceux de la première; mais leur condition était beaucoup plus avantageuse que celle des déditices, puisqu'ils avaient le *jus commercii* et le droit de recevoir par fidéi-commis, et que d'ailleurs ils pouvaient acquérir la qualité de citoyens romains (*Ulp. frag. de Latin.* §. 1er et seq.), tandis que les déditices étaient privés de toutes ces prérogatives.

III. *Du droit de Justinien.* — Sous Justinien, le droit romain éprouve dans toutes ses parties de notables changemens ; ils sont la conséquence inévitable des révolutions politiques et religieuses qui se sont opérées et des modifications que la société a subies. D'un côté, le titre de citoyen romain, encore si envié au siècle d'Auguste, avait été accordé par Caracalla dès le commencement du troisième siècle de l'ère chrétienne à tous les sujets de l'empire (*L.* 17 ff. *de statu hom.*). On avait même déjà vu des étrangers revêtus de la pourpre impériale. D'un autre côté, depuis Constantin, le christianisme devenu la religion de l'état, avait fait pénétrer dans la société des principes féconds d'émancipation et d'égalité.

Toutes les entraves qu'Auguste avait apportées à la faculté d'affranchir, se trouvèrent dès lors en opposition directe avec les idées dominantes des romains du Bas-Empire. Aussi Justinien abroge-t-il les dispositions de la loi *Fusia Caninia* (Inst. tit. 7) et dérogeant à celles de la loi *Ælia-Sentia*, il autorise, après quelques oscillations, les maîtres qui auraient atteint l'âge de puberté, à affranchir leurs esclaves par testament. Il supprime les diverses catégories d'affranchis établies sous Auguste et sous Tibère par les lois *Ælia-Sentia* et *Junia-Norbana*, les place tous sur la même ligne en leur donnant à tous le titre de citoyen romain, sans que l'on dût avoir égard à l'âge du patron, à celui de l'affranchi ou aux modes d'affranchissement (*Just. Inst. quib. caus. manum. non licet* § 3). Il alla encore plus loin dans sa novelle 78, puisqu'il assimila les affranchis aux ingénus en leur donnant le droit de porter l'anneau d'or, (*jus aureorum annullorum*), et le droit de régénération. Justinien crut seulement devoir conserver intacts les droits du patronat.

Ainsi s'expliquent par la différence des époques, les lois si différentes des romains en matière d'affranchissement.

Je ne donnerai pas d'autre extension à cet aperçu sommaire du droit romain touchant les esclaves.

Leur condition tant qu'ils restaient engagés dans les liens

de la servitude, était la même pour tous, tandis qu'il n'en était pas ainsi pour les hommes libres, *in servorum conditione nulla differentia, in liberis autem multæ differentiæ,* disait le jurisconsulte Marcien (*Loi* 5. ff. *de statu hom.*).

Parmi les hommes libres les textes distinguent en effet ceux qui sont libres dès leur naissance et qu'on appelle ingénus, *ingenuus est qui statim ut natus est liber est.* (*Inst. tit.* 4, *de ingen. ad præm.*), et ceux qui ayant été un jour esclaves ont été plus tard gratifiés de la liberté et qu'on appelle affranchis, libertini.

Pour que l'enfant soit classé au nombre des ingénus, il suffit (dans le dernier état du droit), que la mère ait été *libre* au moment de sa conception, ou pendant sa grossesse, ou enfin au moment de ses couches, quelle que soit d'ailleurs la condition du père. (*Just. Inst. tit.* 4, *de ingenuis*). Cette théorie exceptionnelle aux principes du droit commun relatifs à l'état des enfans, reposait sur la faveur accordée par les romains à la liberté.

Une seconde classification plus large que la précédente, distingue encore parmi les hommes libres ceux qui sont affranchis de la puissance paternelle, de ceux qui sont soumis à ses lois. Les premiers ne relèvent pas d'autrui et jouissent de leur indépendance, *sui juris sunt,* pour nous servir des énergiques expressions du texte. Ils prennent le nom de *pères de famille,* patres familiarum sunt, dit Ulpien, (*L.* 4, *ff de his qui sui vel alien. jur. sunt*), quel que soit leur âge et sans examiner d'ailleurs s'ils ont des enfans ou s'ils n'en ont pas (*qui sunt suæ potestatis... sive puberes sive impuberes*). — Le titre de père de famille est toujours indépendant du fait de la paternité, *non enim solum personam ejus sed et jus demonstramus,* écrivait le même jurisconsulte. (*Loi* 195, § 2, ff. *de verbor. significat.*).

Les seconds, c'est-à-dire, ceux qui sont soumis à la puissance paternelle, relèvent d'autrui, *alieni juris sunt;* on les appelle fils de famille, filii familias. Cette nouvelle classification nous amène naturellement à l'examen de la 2e subdivision du premier livre des Institutes, c'est-à-dire, *de la puissance paternelle.*

2ᵉ SUBDIVISION DE LA 1ʳᵉ PARTIE.

DE LA PUISSANCE PATERNELLE.

La puissance paternelle a une autre origine que la puissance dominicale. La première existe d'ailleurs dans l'intérêt du maître exclusivement, tandis que si la seconde attribue au père de nombreux priviléges, et doit être considérée comme onéreuse pour le fils, elle n'est pas sans de grands avantages pour ce dernier, puisqu'elle est la source de tous ses droits de famille.

Quatre titres des Institutes sont spécialement consacrés à l'exposition des principes qui régissent la puissance paternelle, savoir : le titre 9 *de patria potestate*, le titre 10 *de nuptiis*, le titre 11 *de adoptionibus* et le titre 12 *quibus modis jus patriæ potestatis solvitur*. Je classerai les dispositions qu'ils renferment dans quatre chapitres. Dans le chapitre premier j'examinerai l'origine de la puissance paternelle, les personnes qui en jouissent et celles qui sont soumises à la même puissance ; dans le deuxième les divers modes dont la puissance paternelle s'établit ; dans le troisième les effets que produit la puissance paternelle, ou les droits qu'elle atttibue à l'ascendant sur la personne et les biens de ses descendans ; enfin, dans le quatrième, les diverses manières dont la puissance paternelle prend fin.

CHAPITRE PREMIER.

De l'origine de la puissance paternelle.

L'autorité d'un maître sur son esclave est contraire au droit naturel et par suite d'institution humaine ; l'autorité d'un père sur ses enfans a une origine plus ancienne et plus pure : elle prend sa source dans la nature et dans les plus doux sentimens qu'elle inspire. C'est une loi de protection et d'amour aussi ancienne que la première famille. Mais ce n'est pas de cette puissance qui repose tout entière sur la tendresse, que nous allons parler. Toutes nos théories n'auront trait qu'à la puissance paternelle telle qu'elle était organisée par le droit politique et civil des romains ; qu'à cette autocratie domestique qui, chez eux, représente une souveraineté absolue et constitue un régime patriarchal.

Ainsi , en parlant de cette puissance , Gaius disait (*Comm.* 1*er* , § 55) , et après lui Justinien (*Inst.* , *tit.* 9 , *de pat. pot.* , § 2.) *quod jus* (*patriæ potestatis*) *proprium est civium romanorum........ ferè enim nulli alii sunt homines qui talem in liberos potestatem habeant qualem nos habemus.*

Du principe que la puissance paternelle est considérée par les romains comme une institution propre à leur cité , il suit nécessairement. qu'elle ne pouvait appartenir qu'aux membres de cette cité , *solis civibus romanis* , et qu'elle ne pouvait être exercée que sur des personnes de la même qualité. *Neque autem peregrinus civem romanum* , *neque civis peregrinum in potestate habere potest.* (*Ulp. frag.* , *tit.* 10 , § 3.)

Cette puissance n'était dévolue qu'aux ascendans du sexe masculin , *parentibus virilis sexus* , à l'exclusion des femmes qui en furent toujours privées ; *feminæ nunquam liberos habent in potestate.* (*Inst. tit.* 11 § 8 , *de adopt.*). Pour jouir de ce droit , les parens du sexe masculin devaient être *sui juris* ; s'ils étaient *alieni juris* , ils ne pouvaient l'exercer sur d'autres , d'après la maxime : *qui in alterius potestate est , neminem habere potest in sua potestate.* Toujours concentrée dans les mains d'un seul ascendant , elle s'étendait sans distinction de sexe , d'âge ni degrés sur tous ses descendans par les mâles , mais non sur ses descendans par les femmes , parce que l'enfant entre toujours dans la famille de son père et non dans celle de sa mère ; voilà pourquoi on dit de la femme qu'elle est *familiæ suæ caput et finis* (*L.* 197 , *ff. de verb. signif.* , *Instit. tit.* 9 , § 3.). Cette série de générations soumises à l'autorité d'un même ascendant qui était investi du pouvoir domestique, *qui in domo dominium habebat* , constituait à proprement parler la famille romaine. *Jure proprio familiam dicimus plures personas quæ sub unius potestate sunt aut naturâ aut jure subjectæ* , dit le jurisconsulte Paul. *L.* 195 , *ff. ibid.* Tous ceux qui relevaient ainsi du même auteur et qui étaient unis par des personnes du sexe masculin , étaient agnats (*agnati*) , d'abord vis-à-vis de cet auteur , et ensuite les uns vis-à-vis des autres.

Ceux au contraire qui ayant un même ascendant n'étaient unis que par des personnes du sexe féminin prenaient le nom de *cognats ;* le lien d'agnation repose donc sur le lien de puissance , le lien de cognation sur le lien de la nature. La famille *civile* (c'est-à-dire , la famille proprement dite) , n'est autre chose qu'une réunion d'agnats , (*jure communi*

7

familiam dicimus omnium agnatorum, ibid.), et la famille *naturelle* qu'une réunion de cognats.

Les romains avaient tout accordé à la famille civile. A la qualité de membre de cette famille étaient attachés et les droits de tutelle et les droits de succession. Le lien qui unissait les cognats était généralement stérile. Le plus notable de ses effets était de constituer un obstacle au mariage, sous les modifications dont nous aurons occasion de parler dans les développemens qui vont suivre.

Ce n'est pas sans raison que, dans la loi précitée du *Digeste*, le jurisconsulte Paul composait la famille de la réunion de ceux qui sont soumis à un même ascendant par la nature ou par le droit, *naturâ aut jure*.

En effet tous ceux qui lui appartiennent par la nature ne sont pas soumis à sa puissance, et d'autres au contraire qui lui sont étrangers sont placés sous sa dépendance par la volonté des lois. Tous ceux qui lui appartiennent par la nature et qui descendent de lui par le résultat d'une union quelconque, ne sont pas soumis à sa puissance, mais seulement ceux qui sont issus de lui par suite d'une union consacrée par la loi civile, union que les romains désignaient sous le nom de *justes noces* — *in potestate nostra sunt liberi nostri quos ex justis nuptiis procreavimus.* (*Just. Inst., tit. 9 de patr. potest., ad proëm*):

Quelquefois au contraire la loi attribue au citoyen romain l'autorité paternelle sur des personnes qui ne descendent pas de lui et vis-à-vis desquelles un lien civil vient remplacer un lien de sang. Enfin l'enfant simplement naturel, affranchi en naissant de l'autorité domestique, pouvait plus tard y être soumis par suite de certains événemens qui effaçaient le vice de son origine ; de là on distinguait plusieurs manières de former la famille et d'établir la puissance paternelle. Elles étaient au nombre de trois, savoir : les justes noces, l'adoption et la légitimation. L'examen de ces trois sources deviendra l'objet du chapitre suivant.

CHAPITRE DEUXIÈME.

Des différentes manières d'établir la puissance paternelle.

D'après les observations qui précèdent, ce chapitre doit être naturellement divisé en trois sections. Dans la première je traiterai des justes noces ; dans la seconde de l'adoption ; dans la troisième de la légitimation.

SECTION PREMIÈRE.

Des JUSTES NOCES considérées comme première source de la puissance paternelle et de la famille civile.

Les justes noces sont la première source de la famille civile et de la puissance paternelle ; *qui ex te et ex uxore tua nascitur in tua potestate est (Just. Inst. § 3 , ibid.).*

Le jurisconsulte Modestinus définissait le mariage en général : *Nuptiæ viri et mulieris conjunctio , consortium omnis vitæ, divini atque humani juris communicatio. (Loi 1re, ff de rit. nuptiar.).* Justinien le définit d'une manière presque identique dans le § 3 de ses Institutes : *Viri et mulieris conjunctio individuam vitæ consuetudinem continens.* Le mariage est donc une union indissoluble entre l'homme et la femme, un contrat à la fois naturel, religieux et civil. L'association des époux établissant entre eux un état de communauté absolue, (à l'exception des biens qui ne sont pas confondus), est la plus parfaite de toutes les sociétés humaines, par sa nature, par sa durée, par sa fin; par sa nature, puisque le mariage embrasse à la fois le mélange des esprits et le mélange des corps ; par sa durée, car l'union des époux ne doit cesser qu'avec la vie de l'un d'eux; par sa fin, puisque ceux qui s'unissent espèrent trouver dans cette association leur bonheur réciproque.

A quelles conditions était attachée l'aptitude à contracter de justes noces ? Lorsqu'il y avait aptitude, que fallait-il pour la perfection des justes noces? enfin quels effets produisait cette perfection ? Telles sont les questions dont l'examen embrassera toutes les théories du droit développées dans le titre du Digeste *de ritu nuptiarum*, et dans les autres sources de la législation romaine.

§ 1er.

Des conditions constituant l'aptitude à contracter de justes noces.

Ces conditions sont au nombre de trois , 1° la puberté ; 2° la capacité d'exprimer un consentement valable ; 3° le *jus connubii.* Nous n'ajouterons pas comme quatrième condition la qualité de citoyen romain, car les justes noces n'étant autre chose que le mariage romain , il serait superflu de dire que pour s'engager dans ses liens, la qualité de membre de la cité est indispensable.

Nous avons emprunté au jurisconsulte Ulpien la division que nous venons de tracer. — Il écrivait dans le titre 5 de ses Fragmens *de his qui in potest. sunt*, § 1er : *justum matrimonium est, si intra eos qui matrimonium contrahunt, connubium sit et tam masculus pubes quam femina viri potens sit et utrique consentiant si sui juris sint, aut etiam parentes eorum si in potestate sint.* Examinons séparément chacune de ces trois conditions.

I. *De la puberté.* — La propagation des familles étant le but primitif du mariage, on devait nécessairement exiger que pour contracter une union valable, les futurs époux eussent atteint l'âge où l'on est présumé capable de remplir ce but. Lorsqu'il fallut déterminer cet âge, de graves controverses s'élevèrent entre les diverses sectes de jurisconsultes. D'après le témoignage d'Ulpien, les Sabiniens ou Cassiens estimaient qu'il fallait avoir égard à *l'habitus corporis.* Les Proculeiens au contraire, adoptant les théories des naturalistes grecs, précisèrent un âge fixe, l'âge de 14 ans accomplis, et de son côté le jurisconsulte Priscus ouvrant un troisième avis voulait que l'on eût égard à *l'habitus corporis* et au nombre des années. Dans le dernier état de la jurisprudence une règle invariable fut posée. Par une de ses constitutions mentionnée dans le proémium du tit. 22 du liv. 1er des Institutes, *quib. mod. tut. finit.* l'empereur Justinien fixa la puberté à l'âge de 12 ans accomplis pour les filles et de 14 pour les garçons. Toutefois, long-temps avant Justinien, le jurisconsulte Pomponius avait fait remarquer que le mariage contracté par la vierge romaine avant l'âge de douze ans, devenait légitime à compter du moment où elle avait atteint sa puberté dans la maison conjugale, *cum apud virum explesset duodecim annos.* (*L.* 4, ff de ritu nupt.).

II. *De la capacité des futurs époux relative à l'expression d'un consentement.* — Si les stipulations ordinaires doivent être l'expression d'une volonté libre et éclairée, la nécessité du consentement se fait encore mieux sentir pour la validité du mariage qui est de tous les contrats le plus important et le plus solennel, et qui intéresse au plus haut degré non seulement les parties contractantes, mais encore leur famille et la cité. Il suit naturellement de là que pour être habile à contracter mariage, le citoyen romain pubère devait être capable d'exprimer un consentement éclairé et réfléchi. Le jurisconsulte Paul faisait une sage application de cette règle en disant : *Furor contrahi matrimonium non sinit, quia consensu opus est.* (*L.* 16, § 2, ff de ritu nupt.).

De la part de ceux qui sont *sui juris*, c'est-à-dire, affranchis de la puissance paternelle, le droit romain n'exige qu'un consentement personnel pour la validité du mariage; mais il n'en est pas ainsi de ceux qui sont *alieni juris*, c'est-à-dire, engagés dans les liens de cette puissance. Pour être habiles à s'unir en mariage, il fallait qu'ils fussent autorisés par les ascendans sous la puissance desquels ils se trouvaient actuellement, (*Just. Inst. lib.* 1er, *tit.* 10, *de nuptiis*) et de ceux sous la puissance desquels ils pouvaient se trouver un jour. (*L.* 16, ff *de rit. nupt.*) De là Paul déduisait cette juste conséquence que le fils devait obtenir à la fois le consentement de son aïeul et celui de son père. Papinien faisait même remarquer que les militaires eux-mêmes étaient soumis en cela au droit commun, *filius familias miles, matrimonium sine patris voluntate non contrahit.* (Loi 3, ff *de ritu. nuptiar.*).

En parlant de la nécessité de ce consentement, Tribonien (*Just. Inst. tit.* 10, *ad præm.*) la fait dériver du droit naturel, c'est-à-dire, de la déférence que les descendans doivent toujours à leurs ascendans, et du droit civil en même temps. Mais il est facile de comprendre qu'elle ne repose que sur le droit civil; car si le droit naturel était entré pour quelque chose dans les dispositions qui précèdent, pourquoi n'aurait-on pas exigé que le fils eût obtenu le consentement de la mère comme celui du père, le petit-fils le consentement de l'aïeul maternel comme celui de l'aïeul paternel ? Les raisons puisées dans le droit civil (*ratio civilis*), sont donc les seules qui avaient rendu nécessaire la condition dont nous venons de parler. On exigeait d'abord que le fils obtînt le consentement de l'ascendant sous la puissance duquel il se trouvait actuellement placé, puisque les enfans qui naîtront du mariage entreront dans la famille de cet ascendant, dont leur père fait lui-même partie.

On exigeait en outre le consentement des ascendans, sous la puissance desquels le futur époux pouvait tomber un jour, par respect pour cette maxime : que l'on ne peut devenir l'héritier sien de quelqu'un malgré lui, *nemini invito suus hæres adgnasci debet.* Les romains appelaient héritiers siens ceux qui étaient *in potestate et in primo gradu.* Or les enfans qui naissent du mariage d'un petit-fils peuvent, après la mort de ce dernier et celle de leur bisaïeul, passer sous la puissance de leur aïeul, occuper le premier degré dans sa famille et devenir ainsi vis-à-vis de lui héritiers siens.

Il importe de noter au sujet du consentement des ascendans, 1° que si ces ascendans étaient absens ou placés dans l'impossibilité de manifester leur volonté, leurs descendans devaient, avant de contracter mariage, remplir certaines formalités et attendre l'expiration de certains délais, suivant les dispositions du proém. du tit. des Institutes de Justinien, *ibid.*, et des l. 9, §§ 1ᵉʳ et 10, ff. *de rit. nupt.*; 2° Que d'après les dispositions de la loi *Julia* les ascendans qui refusaient, sans motif légitime, de donner leur assentiment au mariage de leurs descendans, ou qui refusaient de les doter, ou qui ne cherchaient pas à les marier convenablement, pouvaient y être contraints par les proconsuls et par les présidens des provinces; (L. 19, ff. *de rit. nupt.*) 3° Que si les descendans *sui juris* n'étaient pas obligés d'obtenir le consentement de leurs ascendans, par exception à cette règle générale, les empereurs Valentinien, Valens et Gratien exigèrent que la fille mineure, quoique émancipée, obtînt le consentement de son père, et si celui-ci était mort, le consentement de sa mère et de ses proches.

III. *Du Connubium.* — Les citoyens romains pubères, capables d'exprimer un consentement valable (ayant, d'ailleurs, s'ils sont soumis à la puissance paternelle, *si alieni juris sint*, le consentement des ascendans sous la puissance desquels ils se trouvent actuellement, et de ceux dont eux ou leurs enfans à naître peuvent relever un jour), ont la capacité *absolue* de contracter le mariage romain ou les justes noces. Mais cette capacité *absolue* ne leur suffit pas, il faut qu'elle se joigne à la capacité *relative* d'épouser la personne avec laquelle ils doivent s'unir ; en d'autres termes, qu'ils aient avec elle le *connubium* qu'Ulpien définit : *uxoris jure ducendæ facultas.* (*Fragm.*, tit. 5, § 5.) Or, les citoyens romains n'avaient pas le *connubium* avec toute espèce de personnes indistinctement ; *non omnes nobis uxores ducere licet*, disait Gaius (Comment. 1ᵉʳ de ses Institutes, § 8.), *nam à quarumdam nuptiis abstinendum est.* Enumérer les obstacles qui s'opposaient au *connubium*, c'est donc faire connaître les empêchemens au mariage romain. Ces obstacles provenaient, 1° de la qualité d'esclave ou d'étranger, 2° de la parenté, 3° de l'alliance, 4° de la décence publique, 5° d'un mariage préexistant, 6° de l'inégalité des conditions, 7° de certaines fonctions.

1° DE LA QUALITÉ D'ESCLAVE OU D'ÉTRANGER CONSIDÉRÉE COMME FORMANT OBSTACLE AU CONNUBIUM.

Ulpien posait à ce sujet dans ses fragmens, *ibid.*, le principe suivant : *Connubium habent cives romani cum civibus romanis....* La qualité d'étranger constituait par cela même un obstacle au *connubium*. Ainsi, Cléopâtre ne pouvait être pour Antoine qu'une concubine; il en était de même de Bérénice à l'égard de Titus. Sans doute les romains pouvaient s'unir par un lien perpétuel avec une femme étrangère, de même qu'une vierge romaine pouvait s'unir à un étranger. Mais cette union aurait été régie par le droit des gens et non par le droit civil. On ne l'aurait pas appelée mariage romain, (*justæ nuptiæ*); on lui aurait donné seulement la qualification de *matrimonium*. Toutefois le même jurisconsulte ajoutait que le *connubium* pouvait être accordé à des femmes latines et étrangères, *Latinis peregrinisve*, et Gaïus nous apprend à ce sujet que les empereurs romains étaient dans l'usage d'en gratifier les femmes de cette condition, en faveur de certains vétérans qui s'unissaient à elles par le mariage, après avoir obtenu leur congé (*Gai.*, *Inst. Comm.* Iᵉʳ, § 57.).

Quant aux esclaves, ils étaient toujours privés du *connubium*. — *Cum servis nullum est connubium*, disait encore Ulpien. Leur union n'était régie que par le droit naturel; on lui donnait la qualification humiliante de *contubernium*.

2° DE LA PARENTÉ CONSIDÉRÉE, ETC., ETC.

Tous les jurisconsultes, et notamment l'omponius, dans la loi 4, ff. § 2 *de grad. et adfin.*, reconnaissent que les romains distinguaient deux espèces de parenté, l'adgnation (*adgnatio*), et la cognation (*cognatio*). L'agnation est la parenté civile, la cognation la parenté purement naturelle. L'agnation est l'*espèce*; la cognation, au contraire, est le *genre*; celle-ci embrasse tous les parens, de quelque manière que la parenté soit formée. La parenté civile n'embrasse que ceux qui sont unis entre eux par des personnes du sexe masculin.

Ainsi considérée, la cognation se forme de trois manières, 1° par un lien du sang indépendant de tout lien civil; 2° par un lien civil indépendant de tout lien du sang; 3° par un lien du sang uni au lien civil. Modestinus nous a donné un exemple de chacune de ces trois espèces de parenté, lorsqu'il a dit : *et quidem* NATURALIS *cognatio per se sine civili cognatione intelligitur, quæ per fæminam descendit, quæ vulgò liberos peperit.* CIVILIS *autem per se, quæ etiam legitima dicitur, sine jure naturali cognatio consistit per adoptionem.* UTROQUE *jure consistit cognatio, quæ justis nuptiis contractis copulatur.* (*L.* 4, § 2, ff. *de grad. et ad finib.*)

Pour calculer les rapports de parenté entre deux personnes, il faut avoir recours aux lignes et aux degrés.

Deux parens descendent toujours d'un auteur commun, mais ils peuvent en descendre l'un par l'autre, ou l'un indépendamment de l'autre.

La série des générations qui descendent d'un auteur commun les unes par les autres, constitue la *ligne directe de parenté*, et la série des parens qui descendent d'un auteur commun, les uns indépendamment des autres, constitue *la ligne collatérale de parenté*.

La ligne directe se subdivise en ligne directe ascendante et descendante, et la ligne collatérale en ligne collatérale égale et inégale.

La proximité de parenté s'établit par le nombre de degrés. Le degré, *gradus*, est la distance qui existe entre deux parens; GRADUS *dicti sunt à similitudine scalarum locorumve proclivium, quos ita ingredimur ut à proximo in proximum, id est, in eum qui ex eo nascitur transeamus.* (*L.* 4, § 5, ff., *de gradibus et ad finibus.*)

Pour connaître le nombre de degrés qui existe entre deux parens on observe les règles suivantes :

Dans la ligne directe, on compte autant de degrés qu'il y a de générations entre les personnes, *quælibet persona generata gradum facit.* Ainsi entre le père et le fils il y a un degré, entre l'aïeul et le petit-fils il y en a deux.

En ligne collatérale, on compte encore autant de degrés qu'il y a de générations depuis l'un des parens, jusques et non compris l'auteur commun, et depuis celui-ci jusqu'à l'autre parent. La somme des générations forme le nombre des degrés; ainsi le frère et la sœur sont au 2e degré, l'oncle et la nièce au 3e degré.

Ces notions élémentaires suffiront pour l'intelligence d'une théorie des plus aisées à l'égard de laquelle il suffit d'ailleurs de consulter le titre VI du livre 3 des Institutes de Justinien, *de gradib. cognat.*, et surtout le titre du Digeste *de grad. et adf.*, et je me hâte d'examiner dans quelle ligne et à quel degré le mariage était prohibé entre parens.

En ligne directe, la parenté est un obstacle au *connubium* entre ascendans et descendans à tous les degrés sans distinction, *inter parentes et liberos cujuscumque gradus in infinitum connubium non est.* (*Ulpien*, § 6, *ibid*). L'obstacle est le même soit qu'il s'agisse d'une parenté purement naturelle, purement civile ou mixte. Il n'est pas jusqu'à celle qui s'est formée pendant la durée de l'esclavage, *servilis cognatio*, qui ne produise les mêmes effets. Gaius et après lui Justinien flétrissent comme infâmes et comme incestueuses d'après le droit des gens et d'après le droit civil, les noces qui auraient été contractées au mépris de semblables prohibitions.

Après avoir reconnu qu'un instinct presque inné et presque universel semble interdire le commerce incestueux des
pères et des enfans à tous les points de la ligne ascendante
et de la ligne descendante, un historien ajoute : « Quant
» aux branches obliques ou collatérales, la nature ne dit
» rien, la raison se tait et la coutume est variée et arbi-
» traire. L'Egypte permettait sans scrupule et sans exception
» les mariages des frères et des sœurs. Un Spartiate pouvait
» épouser la fille de son père, un Athénien la fille de sa
» mère, et Athènes applaudissait au mariage d'un oncle
» avec sa nièce, comme à une union fortunée entre des pa-
» rens qui se chérissaient. » *

Chez les romains dans la ligne collatérale, la parenté
fut un obstacle au *connubium* ; mais cet obstacle n'était pas
aussi étendu que dans la ligne directe (*inter eas quoque
personas quæ ex transverso cognationis gradus conjun-
guntur, est similis observatio sed non tanta*) (§ 2 *ibid*).
Le mariage était défendu entre les parens collatéraux au 2°
degré, c'est-à-dire, entre le frère et la sœur, sans distinction entre les frères et sœurs germains et les frères et
sœurs consanguins ou utérins (*ibid*). — Le même empêchement ne subsistait plus entre ceux qui n'étaient devenus
frères et sœurs que par l'effet de l'adoption, lorsque le lien
civil de fraternité résultant de l'adoption avait été dissous
par l'émancipation.

Le mariage était encore prohibé dans la même ligne entre
les parens au 3° degré, c'est-à-dire, entre l'oncle et la
nièce, la tante et le neveu.

Toutefois le jurisconsulte Gaius nous apprend dans le §
62 du Commentaire 1er de ses Institutes, qu'il fut permis
au frère d'épouser la fille de son frère, d'après une exception
introduite par un sénatus-consulte en faveur de l'empereur
Claude, lorsqu'il voulut épouser Agrippine fille de Germa-
nicus. — Constantin supprima cette exception par une de
ses constitutions insérées au Code Théodosien.

Ainsi défendues au 2° et 3° degrés en ligne collatérale,
les noces sont permises au 4° degré, c'est-à-dire, entre les
enfans de frère et sœur. (§ 4 *ibid.*). **

---

* Gibbon, histoire de la décadence du peuple romain, chap.
XLIV, tom. 11.

** Plusieurs empereurs avaient défendu le mariage entre les cou-
sins germains, mais l'histoire du Droit nous apprend que sous le
règne d'Honorius, dont la constitution forma le dernier état du
Droit, il fut de nouveau permis.

8

Cette dernière règle mérite une observation toute particulière. Les noces sont permises au 4° degré en ligne collatérale et à plus forte raison à des degrés plus éloignés. Mais
si les collatéraux se tiennent respectivement lieu d'ascendans
et de descendans, *si contrahentes inter se parentum liberorum ve locum obtinent*, le mariage est prohibé entre eux,
comme dans la ligne directe, jusqu'à l'infini. Les collatéraux
sont censés se trouver dans cette catégorie, c'est-à-dire,
se tenir respectivement lieu d'ascendans et de descendans
toutes les fois que dans leur ligne respective, l'un se trouve
éloigné d'un seul degré de la souche commune et que l'autre en est éloigné de plusieurs degrés, comme par exemple, le grand-oncle et la petite-nièce, l'arrière grand-oncle
et l'arrière petite-nièce, qui ne pouvaient se marier ensemble en vertu du principe : *cujus filiam uxorem ducere
non licet ejus nec neptem permittitur* ; principe exact lorsque les collatéraux se tiennent respectivement lieu d'ascendans et de descendans, mais faux dans le cas contraire. (§ 7 *ibid.*). En résumé les noces sont prohibées entre parens en ligne directe dans tous les degrés ; en ligne
collatérale toujours défendues au 2° et 3° degrés elles sont
permises au 4° et aux degrés plus reculés, si les collatéraux
ne se tiennent pas respectivement lieu d'ascendans et de
descendans. Dans le cas contraire elles sont défendues dans
tous les degrés jusqu'à l'infini.

3° DE L'ALLIANCE OU DE L'AFFINITÉ.

Après avoir examiné l'empêchement résultant de la parenté, je passe à celui qui dérive de l'alliance, car l'alliance
est aussi un obstacle au mariage entre certaines personnes ;
*affinitatis veneratione à quarundam nuptiis abstinere ne-
cesse est* (§ 6 et 7). L'alliance ou l'affinité (*affinitas*),
est un lien purement civil ou plutôt un rapport qu'un mariage valablement contracté établit entre un des époux et
les parens de l'autre époux, *necessitudo quædam inter
unum conjugem et alterius conjugis cognatos...* ADFINES
sunt viri et uxoris cognati, dit le jurisconsulte Modestinus, (*loi* 4, § 3, ff. *de grad. et adfinib.*), *dicti ab
eo quod duæ cognationes quæ diversæ* (*inter se*) *sunt
per nuptias copulantur*, *et altera ad alterius cognationis
finem accedit.*

Les alliés entr'eux n'ont pas comme les parens, un auteur
commun : il ne peut donc y avoir à proprement parler pour
les alliés ni ligne, ni degré, *gradus autem adfinitati*

nulli sunt (§ 5 *ibidem*). Mais par une sage imitation des lois de la parenté, on est convenu que l'alliance aurait aussi ses lignes et ses degrés de proximité. La doctrine a admis à ce sujet cette règle fondamentale : que *tel qui est parent dans une ligne donnée et à un degré donné de l'un des époux est l'allié de l'autre époux dans la même ligne et au même degré.* — Il suit de là que mon père étant mon parent dans la ligne directe et au premier degré, sa seconde femme sera mon alliée dans la ligne directe et au premier degré, et que mon frère étant mon parent au second degré dans la ligne collatérale, l'épouse de mon frère sera mon alliée au second degré dans la ligne collatérale. Mais à quel degré dans ces deux lignes le mariage est-il prohibé pour cause d'alliance ?

Dans la ligne directe l'empêchement est aussi étendu que celui qui dérive de la parenté ; ainsi le mariage est défendu entre alliés dans tous les degrés jusqu'à l'infini. Je ne puis donc épouser ni la femme de mon fils (*nurum meam*), ni la fille que ma femme avait eue d'un autre que moi avant notre mariage (*privignam*), parce que l'une et l'autre me tiennent lieu de fille, *quia utraque filiæ loco est* (*Justin. Inst. de nuptiis*, § 6). Par la même raison il m'est défendu de me marier avec la seconde femme de mon père, (*cum noverca*), avec la mère de ma femme, (*cum socru*), parce que l'une et l'autre me tiennent lieu de mère, *quia matris loco sunt* (*ibid.*).

La prohibition est la même dans cette ligne pour tous les autres degrés.

Dans la ligne collatérale, jusqu'au règne de Constantin et de Constance, l'alliance n'avait constitué aucun obstacle au *connubium*; mais par une de leurs constitutions, ces empereurs défendirent le mariage entre alliés au deuxième degré, c'est-à-dire entre beau-frères et belles-sœurs. Ils déclarèrent bâtards les enfans qui naîtraient d'une semblable union ; et plus tard Honorius et Théodore assimilèrent aux noces incestueuses, celles qui auraient lieu au mépris de cette défense. (*L.* 2, 4 *cod. Th. de incest. nupt.*)

4° DES EMPÊCHEMENS DÉRIVANT DE L'HONNÊTETÉ PUBLIQUE, *publica honestas.*

Les jurisconsultes romains avaient consacré cette belle maxime, que dans les noces il ne faut pas seulement considérer ce qui est licite, mais encore ce qui est conforme aux règles de la pudeur et de l'honnêteté. Paul disait, en parlant de la prohibition qui s'opposait au mariage du père avec sa fille naturelle : *in contrahendis matrimoniis naturale jus et pudor inspiciendus est.* (*L.* 14 , ff. , *de rit. nupt.*) Après lui Modestinus reproduisait la même règle en des termes équipollens : *semper in conjunctionibus non solum quid liceat considerandum est , sed et quid honestum sit.* (*L.* 42 , *ibid.*) De là cette conséquence que de simples rapports analogues à la parenté ou à l'alliance , suffisaient pour mettre un obstacle au mariage de certaines personnes. Ces empêchemens dérivaient *ex honestate publica* , expressions que nous ne traduisons qu'imparfaitement par celles-ci , *honnêteté publique.* L'honnêteté publique était définie : *memoria proximæ vel pristinæ necessitudinis.* Ainsi , *propter memoriam proximæ necessitudinis* , je ne pourrai me marier avec la fiancée de mon père, quoiqu'elle ne soit pas mon alliée (*L.* 21 , ff. *Ibid.*), *et propter memoriam pristinæ necessitudinis* , il me sera défendu de m'unir avec la fille que ma femme a eue d'un autre que moi , après la dissolution de notre mariage par l'effet du divorce, quoiqu'en réalité , cette fille me soit étrangère. (§ 9 , *Inst. de nuptiis.*)

Les lois 3 et 4 au Code *de nuptiis* , nous présentent d'autres exemples d'empêchemens fondés sur des motifs analogues.

5° DE L'EMPÊCHEMENT DÉRIVANT D'UN MARIAGE PRÉEXISTANT.

Les romains avaient reconnu que la pluralité des femmes était contraire aux intérêts des mœurs et de la famille ; aussi admirent-ils en principe que l'on ne pouvait contracter valablement un second mariage avant la dissolution du premier. (*Just. Inst.*, tit. 10 , *de nuptiis*, §§ 5 et 7, *in fin.*)

6° DE L'INÉGALITÉ DES CONDITIONS CONSIDÉRÉE COMME EMPÊCHEMENT AU MARIAGE.

La loi des XII Tables , nous l'avons déjà fait remarquer , avait été l'œuvre des patriciens. Bien que le principe de l'égalité entre les deux ordres aux yeux du droit civil eût été proclamé , les décemvirs n'en eurent pas moins le soin de tracer entre eux une ligne profonde de démarcation. Pour empêcher qu'elle ne s'effaçât , ils défendirent le mariage entre patriciens et plébéiens. Ils avaient consigné sur une des tables dépositaires de leurs lois ces mots sacramentels : Patribus cum plebe connubium nec ᴇꜱᴛᴏ. Une barrière insurmontable semblait dont s'opposer pour toujours au mélange du sang des deux castes. Mais cette défense était si humiliante pour les plébéiens, elle leur faisait sentir si cruellement leur infériorité, qu'ils demandèrent presque aussitôt son abrogation, ce qui leur fut accordé neuf ans après la publication de la loi des XII Tables, par une loi connue sous le nom de loi *Canuleiâ*. *

Dans les premiers jours du gouvernement impérial, l'inégalité des conditions devint pour la seconde fois, mais par d'autres motifs, un obstacle au *connubium* entre certaines personnes. Les mœurs romaines s'étaient corrompues. La sainteté du mariage avait été dégradée. Auguste voulut lui rendre sa considération première. Sous son règne, la loi *Julia* dont Ulpien nous a conservé un fragment. (*L.* 44, ff. *de rit. nuptiar.*), défendit aux sénateurs et à leurs enfans de s'allier à des femmes affranchies, à des comédiennes, à des prostituées ou à des femmes dont le père et la mère auraient été comédiens. Elle prohiba encore le mariage entre les ingénus et les femmes prostituées ou frappées par des condamnations publiques ; étendues par Constantin, ces prohibitions furent exécutées avec moins de rigueur sous le règne de Justinien.

7° DE CERTAINES FONCTIONS CONSIDÉRÉES, ETC.

L'expression d'un consentement libre est la première des conditions requises pour la validité du mariage. C'est pour protéger cette liberté et empêcher qu'on abusât de certains pouvoirs pour arracher à la femme son consentement, que les lois romaines avaient défendu au tuteur et curateur, d'épouser eux-mêmes, ou de donner en mariage à leurs fils leurs anciennes pupilles, âgées de moins de 26 ans, lorsque le père de la pupille ne l'avait promise ni destinée personnellement à aucun d'eux. (*L.* 66, ff. *de ritu nupt.*).

Des considérations de même nature avaient interdit aux citoyens romains, chargés de fonctions publiques dans une province de se marier avec des femmes domiciliées dans ces provinces ou qui en étaient originaires. (*L.* 38, ff. *ibid.*).

Nous avons ainsi énuméré les divers obstacles au *connubium* chez les romains, sans parler toutefois de ceux qui dans la dernière période de la jurisprudence durent leur origine

---

* Tite-Live atteste encore que le mariage était prohibé entre les ingénus et les affranchis. Liv. 39, 19.

à l'influence du christianisme et qui prohibèrent le mariage par exemple entre le ravisseur et la femme qu'il aurait ravie, entre les juifs et les chrétiens.

En résumant les théories qui précèdent par rapport au *connubium*, on reconnaît facilement que parmi les empêchemens au mariage les uns dérivent du droit naturel ou bien du droit des gens, et que d'autres au contraire émanent du droit civil, c'est-à-dire, des lois particulières aux romains; que certains d'entre eux sont perpétuels et ne peuvent jamais être levés, tandis que certains autres ne sont que temporaires; enfin que l'infraction à quelques uns constitue un inceste ou un adultère, entraînant des peines corporelles et pécuniaires, tandis que l'infraction à quelques autres n'est qu'une violation ordinaire des préceptes du droit civil et n'entraîne avec elle que la nullité du mariage. Mais ils ont tous cela de commun que le mariage qui a été contracté au mépris de l'obstacle qui le constituait n'a pas d'existence aux yeux du droit civil; qu'il n'y a ni noces, ni époux, ni épouse, et que les enfans qui naissent des rapports qui se sont établis ne sont point placés sous la puissance de leur père.

Cependant la bonne foi de ceux qui se seraient unis dans l'ignorance de l'empêchement doit être prise en considération, et le jurisconsulte Gaius nous apprend dans ses Institutes, (*Com.* 1er, § 65 *et suiv.*), comment l'enfant issu d'un tel mariage peut quelquefois être légitimé et placé sous la puissance paternelle par l'effet de la *causæ probatio*.

Que si au contraire il y a absence complète de tout obstacle au *connubium*, et si d'ailleurs les deux contractans avaient la capacité absolue de se marier, quelles sont les conditions qui seront nécessaires pour que le mariage soit parfait?

§ 2.

La perfection du mariage romain était-elle subordonnée à quelques conditions?

Il n'entre pas dans notre plan de parler ici ni des promesses de mariage auxquelles les romains donnaient le nom de *sponsalia* (fiançailles), et que Florentin définissait: *Futurarum nuptiarum promissio et repromissio*, ni des fêtes et des cérémonies sacrées ou profanes dont le mariage romain était accompagné. Laissons aux docteurs qui ont tracé des cadres plus larges le soin de nous entretenir « de la parure

» de la fiancée, du voile jaune qui la couvrait, de la que-
» nouille, du fuseau et du fil qu'elle portait ; de sa marche
» vers la maison nuptiale, des tentures flottantes et des
» feuillages verts qui décoraient sa maison, des clefs qu'on
» lui remettait, enfin des hymnes que l'on chantait au ban-
» quet nuptial » * et bornons-nous à examiner à quels caractères on reconnaissait l'existence du mariage, en d'autres
termes sa perfection.

Fallait-il, pour constituer le mariage, qu'il y eût de la
part de l'époux, *usus, confarreatio, vel coemptio*, ou tout
au moins que la femme eût été introduite dans la maison du
mari ? Ne fallait-il pas que les époux fussent entrés dans la
couche nuptiale ? Enfin, la rédaction d'un écrit quelconque
n'était-elle pas indispensable ? En interrogeant les jurisconsultes et les constitutions des empereurs romains on reconnaît
aisément qu'aucune de ces conditions n'était de l'escence du
mariage, et qu'il était parfait dès que les deux parties contractantes avaient exprimé régulièrement leur consentement
réciproque, pourvu d'ailleurs que ce consentement fût
exempt de violence et de tout autre vice propre à entraîner
sa nullité, et qu'il eût été sanctionné par l'assentiment des
ascendans, suivant les règles que nous avons déjà tracées. En
effet, on est d'accord sur ce point que *l'usus*, la *confarreatio* et la *coemptio* n'étaient pas nécessaires pour qu'il y
eût mariage, mais seulement pour que l'épouse tombât *in
manu mariti* et se trouvât ainsi agrégée à la famille civile de
ce dernier. D'un autre côté Ulpien posait cette maxime : que
le mariage était indépendant de toute cohabitation physique
entre les époux et qu'il consistait tout entier dans l'union
des esprits et dans le rapport des intelligences ; *nuptias
consensus non concubitus facit*. (*L*. 30, ff. *de div. reg.
jur. antiq.*).

Le même jurisconsulte enseignait, dans une espèce assez
remarquable ou un romain avait épousé une femme absente,
que la nouvelle mariée devait porter le deuil de son époux
surpris par la mort non loin des eaux du Tibre. (*L*. 6, ff.
de rit. nupt.). L'empereur Justin écrivait dans une de ses
constitutions : *non dotibus, sed affectu matrimonia con-
trahuntur*. Enfin, interrogé sur le genre de preuve nécessaire pour constater le mariage et la légitimité des enfans,
Probus faisait dans un de ses rescrits la réponse suivante :

---

* *Vid.* Ortolan, explication historique des Institutes de Justinien, tom. 2, pages 360 et 361.

Si vicinis scientibus uxorem liberorum procreandorum causâ domi habuisti et ex eo matrimonio filia suscepta est, quamvis neque nuptiales tabulæ, neque ad natam filiam pertinentes factæ sunt, non ideo minus veritas matrimonii aut susceptæ filiæ suam habet potestatem. (L. 9, Cod. de nupt.).

§ 3.

Des effets de la perfection du mariage romain.

Les principaux effets de la perfection du mariage étaient à l'égard de la femme de lui conférer le titre honorable d'*uxor*, de la rendre l'égale de son mari, de l'associer à son culte, de la faire participer à ses dignités et à ses honneurs; à l'égard du mari, de le rendre propriétaire de la dot et de placer sous sa puissance les enfans qui naissaient de son union. C'est principalement sous ce dernier rapport que les Institutes de Justinien ont considéré le mariage dont elles ne parlent que comme d'une des sources de la puissance paternelle et de la famille civile.

Avant de passer à l'examen de la seconde source de la même puissance, il convient de donner ici quelques notions sur une autre espèce de mariage en usage chez les romains.

A côté des justes noces, mais dans un rang inférieur, les mœurs romaines avaient placé une association domestique connue sous le nom de *concubinatus* (concubinat). Les citoyens romains peu soucieux de leurs races et qui redoutaient les charges du mariage, ou que l'inégalité des conditions empêchaient de donner le titre d'épouse à une femme pour laquelle ils éprouvaient une vive affection, l'introduisaient au foyer domestique, en lui donnant le titre de *concubine*. Les liaisons qui en étaient la suite ne constituaient pas une débauche. Le droit religieux les tolérait et le droit civil les avait assujeties à de nombreuses conditions afin qu'elles ne dégénérassent pas en un commerce criminel qu'auraient flétri la morale et la pudeur publiques. Ainsi un romain ne pouvait avoir qu'une seule concubine à la fois. Il la prenait avec l'intention de la garder toute la vie. Il lui était défendu de la choisir parmi des femmes auxquelles il était uni par un degré de parenté trop rapproché, et Paul atteste dans ses Sentences, *tit.* 20, *de concub.*, qu'il était défendu à un homme marié d'avoir une concubine. Le *concubinat* était donc considéré comme un commerce licite différent des rapports qu'établissait le mariage; *licita consue-*

tudo, causa non matrimonii ; d'autres la qualifiaient de mariage inégal, *inæquale conjugium.* Les deux Antonins, les meilleurs des princes, et les plus vertueux des hommes, trouvèrent les douceurs de l'amour domestique dans cette union privée. La concubine, unique et fidèle compagne d'un citoyen romain était sans doute placée au-dessous de l'épouse légitime. Elle n'était pas comme celle-ci, associée au droit divin et humain de son époux, *socia humanæ et divinæ domus ;* mais elle était au-dessus de l'infâmie de la prostituée. Il était même souvent assez difficile de décider si l'union qui existait entre deux personnes constituait le mariage ou bien seulement le concubinat. Pour distinguer l'épouse de la concubine, il fallait avoir égard selon Papinien et Paul (*L.* 4, ff. *de concub.* , *et L.* 34, ff. *de donat.*), à l'affection, aux procédés et au traitement dont la femme était l'objet, et selon Modestinus à la moralité de la femme, à sa condition et à ses antécédens. (*L.* 24, ff. *de ritu nupt.*).

Les enfans qui naissaient du concubinat prenaient le nom d'enfans naturels (*liberi naturales*), et ne jouissaient d'aucun des avantages attachés à la légitimité. Leur père était certain, mais ils n'étaient pas placés sous sa puissance, car la puissance paternelle, toute de droit civil, ne pouvait résulter que d'un mariage contracté selon les prescriptions rigoureuses de ce droit. Toutefois ils étaient distingués de ceux qui étaient le triste fruit de la débauche et auxquels on donnait à cause de l'incertitude de leur origine le nom de *spurii vel vulgò quæsiti.* Les enfans naturels pouvaient d'ailleurs espérer d'entrer plus tard dans la famille civile de leur père, en passant sous sa puissance au moyen de la légitimation.

Lorsque les mœurs romaines eurent subi l'influence du christianisme, le concubinat tendit vers sa décadence, mais il ne fut aboli que sous le règne de Léon le philosophe.

Le jurisconsulte Ulpien nous a fait remarquer que le lien de puissance, qui est aussi le lien de la famille, civile se forme par la nature et par le droit.

L'examen des règles relatives aux justes noces nous a montré comment ce lien dérivait de la nature ; recherchons maintenant comment il dérivait du droit civil ; c'est dire que nous allons parler de l'adoption.

De l'adoption considérée comme la 2.ᵉ source de la puissance paternelle.

Le jurisconsulte Modestinus avait dit : *Filios familias non solum natura verum etiam et adoptiones faciunt.* (*L.* 1 , ff. *de adopt. et emancip.*) Justinien a écrit à son tour : *Non solum autem naturales liberi , secundum ea quæ diximus , in potestate nostra sunt , verum etiam ii quos adoptamus.* (*Inst. tit.* 11 , *de adoptionibus ad præmium*).

L'adoption est donc une des sources de la puissance paternelle et de la famille civile. Les peuples de l'antiquité considérèrent l'adoption comme une consolation offerte à ceux à qui la nature avait refusé des enfans , ou qui avaient eu la douleur de perdre ceux que la nature leur avait donnés.

Les romains l'associèrent à leurs mœurs, non seulement dans le but de procurer les douceurs de la paternité fictive à ceux qui ne pouvaient goûter les douceurs de la paternité réelle , mais encore de créer une nouvelle source de la puissance paternelle. — Ulpien disait à ce sujet que le descendant qui avait été affranchi de cette puissance ne pouvait rentrer honorablement sous ses lois qu'au moyen de l'adoption ; *qui liberatus est patria potestate , posteà in potestatem honestè reverti non potest nisi adoptione* (*L.* 12 ff. *de adopt. et emancip*). Le romains l'admirent d'ailleurs comme un moyen de conserver les familles, d'en maintenir les traditions et d'empêcher l'extinction des races.

Nous n'examinerons pas ici la question vivement controversée de savoir si l'adoption fut plus ou moins fréquente chez les romains. L'empereur Claude qui appartenait à une des familles les plus anciennes et les plus orgueilleuses de Rome, nous apprend que dans sa maison il n'y eut jamais d'adoption. Quoi qu'il en soit, l'histoire du Droit n'en offre pas moins des exemples très-remarquables d'adoption , et d'illustres familles ne perpétuèrent leur nom et leur race que grâce à cette institution. Elle fut souvent le seul moyen dont les Empereurs se servirent pour se donner des successeurs. Ne sait-on pas que le fils de Paul-Emile entra par l'adoption dans la famille des Scipions ? Que Jules César adopta Octave qui prit plus tard le surnom d'Auguste et qu'Auguste à son tour adopta Tibère ? Justinien lui-même était le fils adoptif de Justin son oncle maternel.

Les romains distinguèrent deux espèces d'adoption, *l'adoption* proprement dite et *l'adrogation* (L. 1ʳᵉ § 1ᵉʳ, *ff. de adop*). L'adoption et l'adrogation étaient soumises sous plusieurs rapports à des règles différentes, tandis que sous d'autres, elles étaient régies par des principes communs. Cette section se divisera donc dès-lors en deux paragraphes : dans le premier nous tracerons les lois particulières à l'adoption et à l'adrogation, et dans le deuxième nous expliquerons les règles qui leur sont communes.

§ 1ᵉʳ.

Des règles particulières à l'adoption et à l'adrogation.

En subdivisant ce paragraphe, nous nous occuperons dans un premier article des règles spéciales à l'adoption, et dans un second de celles qui sont propres à l'adrogation.

ARTICLE 1ᵉʳ.

De L'ADOPTION *proprement dite.*

Examinons les règles qui lui sont propres, 1° par rapport à la qualité des personnes qui peuvent être adoptées, 2° par rapport aux formes de l'adoption, 3° par rapport aux effets qu'elle produit.

I. — *Des personnes qui peuvent être adoptées.* — Dans l'adoption proprement dite c'est une personne *alieni juris*, c'est-à-dire, un fils de famille qui est donné en adoption par son père naturel à un autre père de famille étranger. ADOPTANTUR FILII FAMILIAS (L. 1ʳᵉ ff. *de adopt.*).

Modestinus nous apprend à ce sujet que le fils de famille pouvait être donné en adoption, quel que fût son âge, fût-il encore enfant (*l.* 42 *, ff. ibid.*).

Le même droit pouvait être exercé à l'égard des fils comme des filles, à l'égard des descendans au premier degré, comme à l'égard de descendans d'un degré plus éloigné.

II. — *Des formes de l'adoption des fils de famille.* — L'adoption des fils de famille ne s'opéra pendant long-temps qu'au moyen de l'accomplissement des nombreuses formalités que Gaïus nous a fait connaître dans ses Inst; Institutes, *Comment.* 1ᵉʳ, § 134.

Le père naturel qui voulait donner son fils en adoption, le mancipait une première fois à celui qui voulait adopter. Cette mancipation n'était autre chose qu'une vente fictive, *imaginaria venditio.* Le même jurisconsulte va nous apprendre les formes de cette mancipation. *Est autem* MANCIPATIO, *imaginaria quædam venditio; quod et ipsum jus proprium civium romanorum est : eaque res ita agitur; adhibitis non minus quam quinque testibus, civibus romanis puberibus, et præterea alio ejusdem conditionis, qui libram æneam teneat qui appellatur libripens, is, qui mancipio accipit rem tenens ita dicit :* HUNC EGO HOMINEM EX JURE QUIRITIUM MEUM ESSE AIO, IS QUE MIHI EMPTUS EST HOC ÆRE ÆNEAQUE LIBRA; *deinde ære percutit libram, idque æs dat ei à quo mancipio accipit, quasi pretii loco.* (*Gaï. Inst. com.* 1er, § 119).

Après cette mancipation, l'acheteur fictif de l'enfant qu'il désirait adopter et qu'il tenait ainsi *in mancipio*, l'affranchissait et l'enfant retombait par ce moyen sous la puissance de son père naturel. Après une seconde mancipation et un second affranchissement, le père naturel mancipait l'enfant pour la troisième fois. Alors l'adoptant le revendiquait comme lui appartenant et se le faisait adjuger par le magistrat, en présence et sans contradiction, soit du père naturel à qui l'enfant avait été préalablement remancipé, soit de l'adopté qui devait si non consentir, du moins ne pas contredire.

La revendication faite par l'adoptant et l'adjudication émanée du juge constituaient la *cessio in jure*. — La *cessio in jure* était donc un procès fictif; la mancipation n'était autre chose qu'une vente solennelle.

Laissons encore parler le jurisconsulte Gaius au sujet de la *cessio in jure. In* JURE CESSIO *autem hoc modo fit : apud magistratum populi romani, vel apud prætorem vel apud præsidem provinciæ, is cui res in jure ceditur, rem tenens ita dicit :* HUNC EGO HOMINEM EX JURE QUIRITIUM MEUM ESSE AIO; *deinde, postquam hic vindicaverit, prætor interrogat eum qui cedit, an contra vindicet; quo negante aut tacente, tunc ei qui vindicaverit, eam rem addicit; idque legis actio vocatur; quæ fieri potest in provinciis apud præsides earum* (*Comm.* 2, § 24, *ibid.*).

Les trois mancipations dont nous venons de parler, n'étaient d'ailleurs exigées que lorsqu'il s'agissait de l'adoption d'un fils. A l'égard d'une fille ou d'un petit fils, une seule mancipation suivie de la *cessio in jure* était suffisante.

Ainsi les formalités nécessaires pour parvenir à l'adoption, et qui avaient lieu, à Rome en présence du préteur, et dans les provinces en présence des présidens, consistaient dans la *mancipatio* suivie de la *cessio in jure*. Aulugelle les résumait avec beaucoup de précision dans ses Nuits attiques (ᵛ 19) lorsqu'il disait : *adoptantur autem , cum à parente , in cujus potestate sunt , tertia mancipatione* (lorsqu'il s'agissait d'un fils) , *in jure ceduntur , atque ab eo qui adoptat apud eum apud quem legis actio est , vindicantur.* Suétone (*in August. c.* 64) parlant de l'adoption faite par Auguste de Caius et Lucius, se sert des expressions suivantes : *Caium et Lucium adoptavit domi* PER ASSEM ET LIBRAM EMPTOS A PATRE AGRIPPA.

Sous Justinien la jurisprudence dépose ses formalités nombreuses. Une législation amie de la simplicité prend la place des fictions (*ambages , circuitus*) dont le droit romain était hérissé. — Une constitution spéciale émanée de ce Prince déclara que pour adopter il suffirait désormais d'une déclaration faite par le père devant le magistrat compétent, en présence de l'adoptant et de l'adopté qui devait donner son consentement ou du moins ne pas manifester d'opposition (*Just. Inst. tit.* 12 , *quib. mod. jus patr. pot. solv.* § 8). Aussi Tribonien disait en parlant de l'adoption : *Imperio magistratus adoptamus eos easve qui quæve in potestate parentum sunt* (*ibid. de adopt.* § 1ᵉʳ).

III. — *Des effets de l'adoption.* — Au moyen de l'adoption l'adopté quittait sa famille naturelle pour entrer dans la famille de l'adoptant. A la puissance de son ascendant naturel, à son culte de famille, à ses *sacra*, succédaient la puissance, le culte et les *sacra* du père adoptant. En échange des droits qu'il perdait dans sa famille primitive, l'adopté acquérait donc des droits nouveaux dans sa famille d'adoption, et sa condition, si ces droits nouveaux eussent été irrévocables, n'aurait pas été regrettable pour lui. Mais si plus tard, il venait à être émancipé par son père adoptant, cette émancipation lui faisait perdre tous les droits que l'adoption lui avait conférés, et par suite cette adoption elle-même lui devenait essentiellement préjudiciable. Pour remédier à de tels abus, Justinien décida que dans le cas où un fils de famille serait donné en adoption à une personne étrangère, *extraneæ personæ*, il continuerait à rester sous la puissance et dans la famille de son père naturel en y conservant tous ses droits; (cette adoption dont le seul effet était d'acquérir à l'adopté des droits sur la succession *ab intestat* de l'adoptant, fut appelée *adoption imparfaite*) et que, dans le cas où il serait donné à un de ses ascendans, *conjunctæ personæ*, l'adoption produirait alors ses effets ordinaires ; cette adoption fut appelée *adoption parfaite.* (*Just. inst.* § 2 , *ibid.*).

ARTICLE 2.

De l'adrogation.

L'adrogation, *adrogatio*, était une espèce d'adoption par laquelle on adoptait des personnes *sui juris*, c'est-à-dire, des pères de famille : adrogantur qui sui juris sunt. (*L.* 1re, § 1er, ff. *de adopt.*). Tous ceux qui pouvaient être adoptés ne pouvaient pas également être adrogés. Cette différence qui séparait les deux modes d'adoption, se vérifiait à l'égard des femmes qui ne pouvaient pas être adrogées. (*Gai. Inst. com.* 1er, § 101). Toutefois dans le dernier état de la jurisprudence, lorsque l'adrogation put être faite par un rescrit du prince, cette incapacité cessa pour elles. (*L.* 21 , ff. *de adopt.*).

D'un autre côté, les fils de famille, nous l'avons vu, pouvaient être adoptés à tout âge ; tandis que si nous devons en croire le témoignage d'Ulpien (*fragm. tit. VIII, de adopt.* § 5), l'adrogation des pères de famille impubères était généralement défendue, et si nous suivons la foi de Gaius, (*Inst. comm.* 1er, § 102), elle était quelquefois permise et quelquefois prohibée. Dissidens sur ce point ces deux jurisconsultes sont d'accord pour attester qu'un rescrit adressé par Antonin le Pieux au collége des pontifes, autorisa en principe l'adrogation des impubères sous les conditions suivantes : 1° elle devait être autorisée par le tuteur de l'impubère et par ses proches ;

2° Elle devait avoir lieu *præmissâ causæ cognitione*, c'est-à-dire, après une enquête qui avait pour objet d'examiner les conséquences que devaient avoir l'adrogation *du pupille*, la moralité et la fortune de l'adrogeant ;

3° L'adrogeant était tenu de restituer tous les biens qu'il avait reçus de l'adrogé soit à l'adrogé lui-même, s'il l'émancipait avec juste motif, ou s'il le deshéritait, soit aux personnes à qui ces biens seraient revenus, à défaut d'adrogation, si le pupille venait à mourir avant d'avoir atteint l'âge de puberté ; de garantir cette restitution en fournissant une caution qui s'obligeait envers une personne publique ; enfin, de laisser à l'adrogé le quart de ses propres biens s'il l'émancipait sans juste motif ou s'il le deshéritait. On a donné à ce quart le nom de *quarte Antonine*, du nom du prince qui avait autorisé l'adrogation des impubères.

Indépendamment de ces conditions spécialement introduites en faveur des impubères, l'adrogation de ceux-ci se trouvait d'ailleurs soumise aux formalités prescrites pour l'adrogation en général , formalités dont nous allons parler.

Des formalités de l'adrogation. — Pour la validité de l'adrogation, le droit romain exigeait l'assentiment du peuple romain , le consentement de l'adrogé et celui de l'adrogeant. *Quæ species adoptionis dicitur* ADROGATIO , *quia is , qui adoptat*, ROGATUR, *id est, interrogatur, an velit eum quem adoptaturus sit, justum sibi filium esse; et is, qui adoptatur, rogatur an id fieri patiatur; et populus rogatur an id fieri jubeat.* Il fallait encore que les Pontifes n'eussent aucune objection à faire sur les *sacra et sacrorum detestatio* (Aulu-gelle , nuits attiques Ꝟ. 19. Gaïus , Comm. 1 , § 99).

C'était donc dans l'assemblée du peuple romain que l'adrogation s'opérait (*ibidem*) ; toutefois * dans le cours de la seconde période du Droit, peut-être même dans le cours de la première , trente licteurs sous la présidence du magistrat prononçaient l'adoption au nom de trente Curies, sans que celles-ci en fussent même informées.

L'adrogation n'était pas d'ailleurs admise sans examen ; on recherchait les motifs qui pouvaient déterminer le père adrogeant. S'il avait été tuteur ou curateur de l'impubère ou du mineur de vingt-cinq ans , l'adrogation lui était défendue, afin dit Ulpien, d'empêcher que par l'adrogation , l'adrogeant ne puisse se soustraire à la reddition de son compte. Si celui qui devait être adrogé était un pupille, son tuteur ne pouvait l'adroger , *ne esset in potestate tutorum et finire tutelam et substitutionem a parente factam extinguere*, dit le même jurisconsulte (*l.* 17 , *ff. de adoption.*).

A l'époque à laquelle Gaius et Ulpien écrivaient, l'adrogation s'opérait encore dans les comices , bien que depuis Tibère la puissance des comices eût été transferée au sénat. Dans la suite l'adrogation s'opéra par un rescrit du prince, *Rescripto principis* (*Inst. Just. de adop.*, § 1).

Des effets de l'adrogation. — L'adrogé père de famille avait au moment de son adrogation un patrimoine dans lequel se trouvaient ses esclaves et ses enfans placés sous sa puissance. Il passait avec ce patrimoine, avec ses esclaves

---

* M. Hugo , histoire du droit romain , tom. 1er , pag. 95. — Le même auteur fait remarquer (*Ibid.* , pag. 350), au sujet de l'adoption et de l'adrogation, que dans le cours de la deuxième période de l'histoire du Droit, l'usage s'établit de conférer par acte testamentaire la qualité de fils, qualité que l'on eut soin de faire confirmer par un plébiscite. C'est ainsi qu'Octave fut adopté par Jules-Cesar (*App. de bello civ.*).

et ses enfans, sous la puissance et dans la famille de l'adrogeant. Il n'y avait plus qu'une seule famille dont l'adrogeant
était le chef, qu'un patrimoine dont il devenait le maître.

L'adrogation produisait donc des effets plus étendus que
l'adoption qui ne changeait que le sort d'une seule personne.
L'adrogation intéressait à la fois la religion et l'état puisqu'elle
produisait l'extinction des *sacra*, l'extinction d'une famille
toute entière.

On comprend dès-lors facilement comment le droit des
romains avait exigé pour la validité de l'adrogation, l'assentiment du peuple et le consentement des Pontifes, alors que
pour l'adoption des fils de famille, il n'exigeait que *l'imperium magistratus*.

§ 2.

Des règles communes à l'adrogation et à l'adoption.

L'adoption est une imitation de la nature. *Adoptio, naturam imitatur* (*Just. Inst.* § 4, *ibid.*), et de-là on induit :
1° que dans l'une et l'autre adoption, la personne qui adopte
doit être plus âgée que la personne adoptée ; la différence
dans l'âge devait être au moins de 18 ans ; 2° que l'adoption
ne pouvait être faite *sub conditione* ou *in diem ;* 3° que les
femmes qui n'avaient pas sous leur puissance leurs enfans
naturels ne pouvaient adopter d'aucune manière (*Gai. Inst.
Comm.* 1er § 102). Quelquefois cependant, le Prince leur
accordait cette faveur à titre de consolation, pour remplacer
les enfans qu'elles avaient perdus (*Just. Inst.* § 10, *ibid.*).

Nous trouvons un exemple de cette faveur dans la loi 5,
Cod. de adopt. Une mère qui avait perdu ses enfans légitimes
s'adressa aux empereurs Dioclétien et Maximien en leur
demandant l'autorisation d'adopter l'enfant qu'avait eu son
mari avant le mariage. Ces empereurs lui adressèrent le
rescrit suivant : *Mulierem quidem, quæ nec filios suos habet
in potestate, adrogare non posse certum est. Verum quoniam
in solationem amissorum filiorum tuorum, privignum tuum
cupis vicem legitimæ sobolis obtinere, annuimus votis
tuis secundum ea quæ annotavimus, et cum perinde atque
ex te progenitum, ac vicem naturalis legitimique filii
habere permittimus.*

Si l'adoption est une imitation de la nature, la fiction sur
laquelle elle repose n'est cependant qu'imparfaite, puisque
1° celui qui est dans l'impossibilité d'engendrer par suite
d'une impuissance naturelle jouit néanmoins de la faculté

d'adopter ; 2° Ceux qui n'ont pas des épouses légitimes peuvent exercer la même faculté ; 3° Ceux qui n'ont pas des enfans au premier degré ont le droit d'adopter un étranger en lui donnant le rang et la qualité de petit-fils (*LL.* 30, 37 et 40, *ff. de adopt., Just. Inst.* § 9 *ibid.*).

Il est encore d'autres principes déclarés communs aux deux manières d'adopter ou qui doivent du moins être jugés tels d'après les règles de l'analogie. Ainsi une personne absente ne peut adopter ni adroger comme elle ne peut elle-même être adoptée ou adrogée (L. 24 et 25 ff. *de adopt.*). Comment en l'absence des adoptans ou des adoptés aurait-on pu en effet remplir *les formalités* dont nous avons parlé ? — L'enfant qui a été adopté peut être donné par son père adoptif en adoption à un tiers ; c'était une conséquence de la puissance paternelle conférée par l'adoption.

Lorsqu'un père adoptait quelqu'un à titre de petit-fils comme étant né de son propre fils au premier degré, (*quasi ex filio natum*) le consentement de ce fils était nécessaire pour la validité de l'adoption, afin que celui-ci n'eût pas des héritiers siens malgré lui, *ne ei invito suus hæres adgnascatur.*

Mais dans l'espèce inverse, c'est-à-dire, lorsqu'un aïeul voulait donner en adoption son petit-fils, il n'était pas obligé d'obtenir le consentement du père de celui-ci, car dans ce cas on n'avait pas à redouter l'inconvénient qui pouvait se présenter dans la première espèce.

Ulpien nous enseigne encore que la faculté d'adopter ne devait pas être facilement accordée à ceux qui avaient un ou plusieurs enfans, qu'il ne devait pas être permis à la même personne d'en adopter plusieurs ; enfin qu'il fallait avoir égard à l'âge de celui qui voulait adopter et que dans le cas où il n'aurait pas encore atteint sa 60° année, il y aurait lieu à examiner si celui-ci ne devrait pas plutôt songer à se procurer dans le mariage les douceurs de la paternité réelle et se rendre ainsi utile à l'état, que de s'attacher des enfans étrangers par les liens de l'adoption.

Les deux manières d'adopter avaient en outre cela de commun que l'adopté devenait l'agnat et le cognat de l'adoptant et de tous les membres de la famille civile de celui-ci en restant étranger aux membres de sa famille naturelle. *Qui in adoptionem datur, his quibus adgnascitur et cognatus fit ; quibus vero non adgnascitur, nec cognatus fit, adoptio enim non jus sanguinis sed jus adgnationis affert*, disait le jurisconsulte Paul (L. 23, ff. *de adopt.*) ; et bientôt il ajoutait en consacrant la dernière partie de la proposition qui précède : *his qui extra familiam (patris adoptivi) sunt non adgnascitur.* 10

L'adopté ajoutait à son nom celui du père adoptant. Il divorçait, ainsi que nous l'avons déjà fait observer, avec le culte privé de sa famille naturelle, avec ses *sacra*, pour entrer dans les *sacra* de l'adoptant. Il était associé au rang et aux honneurs de sa famille adoptive en conservant d'ailleurs ceux qui pouvaient lui être personnellement acquis, ce qui faisait dire au jurisconsulte dont nous venons de parler : *per adoptionem dignitas non minuitur, sed augetur.* Tant que subsistait l'adoption, il jouissait des mêmes droits et des mêmes avantages que les enfans qui auraient pu naître du mariage de l'adoptant. *Adoptivi liberi, quamdiu sunt in potestate patris adoptivi, ejusdem juris habentur cujus sunt justis nuptiis quæsiti (Justin. Inst. Lib. II, tit. XIII de exhered. liber. § 4).*

Mais dès que le lien civil formé par l'adoption, avait été brisé par l'émancipation de l'adopté, l'émancipé devenait entièrement étranger à l'adoptant et à sa famille civile. Il ne restait plus aucune trace de l'adoption, sauf toutefois les exceptions contenues dans le § 1er tit. 10, *de nuptiis et le* § 3, *du tit.* 11 *de adopt.* Papinien écrivait à ce sujet : *in omni fere jure finita patris adoptivi potestate, nullum ex pristino retinetur vestigium.* Après Papinien, Justinien a dit : *adoptivi emancipati extraneorum loco incipiunt esse* (*Just. Inst. Lib.* 11, *de succ. ado.* § 2).

Enfin nous ferons remarquer que l'adoptant qui avait émancipé son fils adoptif, était privé plus tard de la faculté de le faire rentrer une seconde fois sous sa puissance au moyen de l'adoption.

SECTION III.

De la LÉGITIMATION *considerée comme la troisième source de la puissance paternelle.*

Les justes noces et l'adoption furent pendant long-temps les deux seules sources de la puissance paternelle.

Les enfans qui n'étaient pas nés légitimes, n'avaient d'autre ressource que l'adoption pour acquérir le droit attaché à la légitimité. Gaius et Ulpien attestent néanmoins que dans le cours de la 3e période de l'histoire du Droit, et dans des cas exceptionnels, les enfans qui étaient en naissant affranchis de la puissance de leurs ascendans, pouvaient plus tard y être soumis. Ainsi l'affranchi latin qui s'était marié, *liberorum quærendorum causâ*, pouvait dès que l'enfant issu du mariage avait atteint l'âge d'un an (*anniculus*), se présenter devant le préteur ou le président, prouver le motif pour lequel il s'était uni à la mère de cet enfant, *causam probare*, et acquérir ainsi le titre de citoyen romain qui lui conférait sur cet enfant la puissance paternelle (*Gai. Inst. Comm.* 1 § 60, *Ulp. frag. tit.* 3, § 3). Gaius nous apprend encore (§ 67 *ibid.*) que le citoyen romain qui aurait épousé par erreur une femme latine ou étrangère, s'il prouvait la cause de son erreur, donnait à son mariage les effets que produisaient les justes noces et acquérait la puissance paternelle sur les enfans issus de son union. Cette seconde exception s'appliquait à des cas analogues développés dans les §§ 68 et suivans *ibidem*.

Ce ne fut que dans le cours de la quatrième période de l'histoire du Droit, sous le règne de Constantin, que la légitimation proprement dite prit naissance. *

D'après une constitution de ce prince, les enfans issus de deux personnes unies entre elles par cette association domestique connue sous le nom de *concubinat* et dont nous avons déjà expliqué les règles, étaient élevés au rang d'enfant légitimes par l'effet du mariage subséquent de leurs père et mère. Cette légitimation fut décorée du nom de légitimation par mariage subséquent, *per subsequens matrimonium*. — Elle dut son origine à l'influence de la morale du Christianisme qui tendit nécessairement à la destruction du concubinat.

Il fallait pour que les enfans naturels fussent légitimés par le mariage subséquent de leur père et mère, 1° que la célébration de leur mariage fût constatée par un acte écrit ou instrument dotal, *dotalibus instrumentis compositis* (*Just. Inst.*, § 13, *de nuptiis*), 2° qu'à l'époque de la conception des enfans, leurs père et mère eussent pu se marier valablement.

D'après le § 13 précité, les enfans d'une concubine ingénue pouvaient seuls être légitimés. Mais ces dispositions furent successivement modifiées par les novelles 12 chap. 4, et XVIII chap. 7 et 8.

Si des idées religieuses donnèrent naissance au premier mode de légitimation, des causes politiques en firent admettre plus tard une nouvelle espèce.

---

* Lorsque nous avons cherché à nous expliquer la cause du retard de l'introduction de la légitimation dans la jurisprudence, nous avons cru la trouver dans la faculté dont jouissait le père naturel de donner à celui-ci la qualité d'enfant légitime au moyen de l'adrogation. — Cette adrogation fut prohibée par l'empereur Justin (*Nov.* 74).

En effet, les empereurs Théodose et Valentinien, frappés des difficultés qu'éprouvaient les municipalités pour se procurer des décurions, c'est-à-dire, des officiers sur lesquels pesait la responsabilité de l'impôt dans les provinces, établirent que le père qui ferait recevoir son enfant naturel dans la classe des décurions, s'il s'agissait d'un enfant mâle, ou qui le donnerait en mariage à un décurion, s'il s'agissait d'une fille, imprimerait par cela seul à ces enfans la qualité d'enfans légitimes et acquerrait sur eux les droits de puissance paternelle, en dédommagement des sacrifices qu'il s'imposait.

Ce mode de légitimer fut désigné sous le nom de légitimation par oblation à la curie, *per oblationem curiæ* (*Just. Inst. de nuptiis*, § 13).

Enfin Justinien créa une troisième manière de légitimer ; elle s'opérait par l'effet du rescrit du prince dans les cas prévus par la novelle 74, chap. 1 et 2. *Si quis non habens filios legitimos, naturales autem tantummodo, ipsos quidem suos facere voluerit, mulierem vero non habeat penitus, aut quæ non sine delicto sit, aut quæ non appareat, habeat autem secundum quandam legem ad matrimonium præpeditam ; sit licentia patri matrem in priore statu relinquenti.... offerre imperatori precem hoc ipsum dicentem quia vult naturales suos filios restituere legitimorum juri, ut sub potestate ejus consistant, et hoc facto exinde filios frui tali solatio.*

Dans sa novelle LXXXIX chap. 10, ce prince parle d'une quatrième espèce de légitimation qui s'opérait à-la-fois en vertu du testament du père et du rescrit du prince ; mais comme elle n'avait pas pour objet de faire passer l'enfant sous la puissance de son père, je me borne à l'indiquer.

La légitimation ne peut s'appliquer qu'aux enfans nés hors des justes noces, et tous ceux qui se trouvent ainsi privés en naissant des avantages attachés à la légitimité ne sont pas aptes à les acquérir plus tard par la légitimation.

Ceux là seulement pouvaient être légitimés qui étaient nés de deux personnes engagées dans une union que les romains appelaient *concubinat*, (espèce de mariage dont nous avons déjà déterminé les caractères) et qui prenaient le nom d'*enfans naturels* (*liberi naturales*).

Il n'en était pas ainsi des autres enfans, nés hors des justes noces et du concubinat ; ils portaient le nom de *spurii vel vulgo quæsiti* : quelquefois ils étaient adultérins ou incestueux selon la nature de l'empêchement qui, à l'époque de leur conception formait un obstacle au mariage de leurs père et mère. Aucun de ces enfans n'était susceptible d'être légitimé (*Nov.* 74, *cap.* 6). Justinien nous en donne une raison éminémment morale dans cette novelle ainsi conçue : *eos qui semel ex odibilibus nobis et propterea prohibitis nuptiis procedunt, neque naturales vocari, neque participanda ulla eis clementia est : sed sit supplicium etiam hoc patrum, ut agnoscat, quia neque quicquam peccatricis concupiscentiæ eorum habebunt filii.*

Les trois modes de légitimation que nous avons énumérés ne produisaient pas tous les mêmes effets.

Les enfans légitimés par *oblation à la curie* et par *rescript du prince* ne succédaient qu'à leur père et n'acquéraient aucun droit de succession sur les biens des autres membres de la famille de celui qui les avait légitimés (*nov.* 89, *cap.* 4 *et* 9.). Ceux au contraire qui avaient été légitimés *par le mariage subséquent* de leurs père et mère, étaient considérés comme s'ils étaient réellement nés légitimes et jouissaient, à compter du jour de leur légitimation, de toutes les prérogatives attachées à la légitimité (*nov.* 89, *chap.* 8).

Mais ces trois manières de légitimer avaient cela de commun qu'elles conféraient toutes au père le droit de puissance paternelle, et que, pour l'efficacité de la légitimation il fallait le consentement exprès ou tacite des enfans légitimés, selon l'âge auquel ils étaient parvenus (*nov.* 89, *cap.* 11).

Après avoir ainsi successivement considéré les justes noces, l'adoption et la légitimation comme les sources de la puissance paternelle, il importe d'examiner quels effets elle produisait.

CHAPITRE III.

Des effets de la puissance paternelle.

Nous avons fait remarquer en exposant les premières notions sur cette matière que selon l'âpreté primitive des mœurs publiques sanctionnées par le droit politique, le nom de père n'avait rien de tendre chez les romains, qu'il ne désigna pendant long-temps qu'une autocratie domestique dont l'affection naturelle formait le seul tempérament, qu'une grande synthèse patriarchale dans laquelle se réflechissait le mâle génie des premiers âges de Rome. — Au père appartenait le droit de vie et de mort sur son fils, le droit de le manciper jusqu'à trois fois, et à plus forte raison celui de profiter de toutes les acquisitions qu'il pourrait faire lui-même. *

Il appartenait aux progrès des mœurs et de la civilisation de restreindre de si terribles prérogatives. Les pères furent réduits à la gravité et à la modération d'un juge. Ils perdirent même plus tard le droit de juger, ne conservant que celui de se porter accusateurs. Papinien nous apprend que Trajan obligea un père à émanciper un fils qu'il traitait trop cruellement. Adrien rélégua dans une île un père jaloux qui avait donné la mort à son fils, amant incestueux de sa belle-mère. Le jurisconsulte Marcien proclamait à ce sujet cette consolante maxime : *patria potestas in pietate debet, non in atrocitate consistere.* Enfin Constantin soumit au châtiment des parricides les pères inhumains qui deviendraient les meurtriers de leurs enfans.

Indépendamment du droit de vie et de mort , la loi des XII Tables avait , nous l'avons dit, accordé au père le droit de manciper son fils jusqu'à trois fois. Gaius Com. 1er § 132) et Ulpien (frag. tit. X § 1) nous ont conservé le fragment de cette loi ainsi conçu ; « Si pater filium ter venundurit , filius a patre liber esto. »

Toute fois les aliénations qui avaient lieu en vertu de ces dispositions législatives n'étaient jamais réelles. Les empe-

---

* En parlant de la puissance attachée à la magistrature domestique, M. Michelet, dans son histoire de la république romaine, t. 1er, p. 115, s'exprime ainsi : « Le père de famille , ce *nomen* , » cette personne quiritaire, identifiée avec la terre et la lance , siège » seul au foyer domestique. Autour , femmes , fils , enfans , » cliens, esclaves ont les yeux fixés sur lui. Lui seul a les *sacra* » *privata* , auxquels il communique la force des *sacra publica.* » Que le père dise sur l'un d'eux : *sacer esto*, il mourra. Le père » a l'autel et la lance , il parle au nom des dieux et au nom de » la force. Comme les dieux , il s'explique par signes , par sym- » bole. Le signe de sa tête a une vertu terrible; il met tout en » mouvement. » Ailleurs le même écrivain ajoute · « Le père peut » vendre son fils jusqu'à trois fois , il peut le mettre à mort ; le » fils a beau grandir dans la cité , il reste dans la famille. Tribun, » consul, dictateur , il pourra être toujours arraché par son père » de la chaire Curule ou de la tribune aux harangues , ramené » dans la maison et mis à mort auprès des lares paternels. Le consul » Spurius Cassius fut , dit-on , jugé et exécuté ainsi ; vers la fin » même de la république , un sénateur , complice de Catilina, fut » poursuivi et mis à mort par son père..... »

L'histoire Romaine nous montre encore , mais dans des temps plus éloignés, l'exemple si mémorable de Lucius Brutus qui interrogea lui-même ses deux enfans, les condamna et les fit mettre à mort , non en sa qualité de magistrat, mais en sa qualité de père. (Plutarque, vie de V. Publicola.)

reurs Dioclétien Maximien et après eux Constantin nous ont appris que les ascendans qui pouvaient pendant long-temps exercer le droit de vie et de mort sur la personne de leurs descendans, ne pouvaient cependant les réduire à l'état de servitude. Cependant ce dernier empereur permettait l'aliénation des enfans au sortir du sein de leurs mères, mais dans le cas d'une absolue nécessité.

En règle générale, l'ascendant n'avait donc que la faculté d'aliéner ses enfans à titre de *mancipium*, de les placer ainsi en condition et dans un état analogue à l'état de servitude, entre les mains d'un étranger.

Déjà au temps de Gaius, le *mancipium* dont nous avons déjà expliqué les caractères, n'avait lui-même rien que de fictif. L'ascendant ne recourait sans doute plus à ce moyen que lorsqu'il voulait émanciper un de ses descendans ou le donner en adoption, à l'exception toutefois de la *noxæ deditio* qui pouvait donner lieu à un *mancipium* durable. — Sous Justinien la *noxæ deditio* (l'abandon du fils faite par le père en réparation du dommage que le fils avait causé) était déjà tombée elle-même en désuétude.

Enfin le droit accordé au père d'acquérir par le ministère de ses descendans, subit lui-même de nombreuses restrictions par l'introduction des pécules, qui sous Auguste et sous Constantin vinrent accorder aux enfans le droit de posséder un patrimoine personnel distinct de celui de leurs ascendans.

CHAPITRE IV.

DES DIFFÉRENTES MANIÈRES DONT LA PUISSANCE PATERNELLE PREND FIN

Jusqu'ici nous avons vu comment s'établit la puissance paternelle et les redoutables priviléges qu'elle conférait à l'ascendant qui en était investi. Il ne nous reste donc plus, pour épuiser cette matière, qu'à examiner les diverses causes qui entraînent l'extinction de la même puissance.

L'esclave n'avait d'autre espoir d'être libéré de la servitude que par l'affranchissement; il n'en était pas ainsi du fils de famille que divers évènemens indépendans de la volonté de l'ascendant pouvaient dégager des liens de l'autorité domestique.

Quelquefois cette autorité est entièrement dissoute; dans certains cas, elle ne fait que passer d'une tête sur une autre; enfin il peut arriver que sans être ni dissoute ni transportée d'une tête sur une autre, elle reste seulement en suspens.

Telle est la triple division que nous allons suivre pour l'exploration des textes classés dans le *tit. XII. Justin. Instit. Quib. mod. jus. patr. pot. solv.*

I. — *Des causes qui entraînent la* DISSOLUTION *de la puissance paternelle.* — La puissance paternelle est dissoute, tantôt par des événemens indépendans de la volonté du descendant et de l'ascendant, tantôt par l'effet de cette volonté réciproque manifestée par des actes solennels.

Elle est dissoute indépendamment de la volonté du descendant et de l'ascendant, par la mort naturelle de l'un ou de l'autre. Toutefois après la mort de l'ascendant, tous ses descendans soumis à son autorité n'en sont pas libérés indistinctement, c'est-à-dire, qu'ils ne deviennent pas tous *sui juris*, car il faut faire à cet égard une distinction formellement consacrée par le *præmium* du titre 12 précité.

La puissance paternelle étant considérée comme une institution civile des romains, il s'ensuit naturellement qu'elle devait être encore dissoute par tous les accidens qui faisaient perdre la qualité de citoyen romain.

A Rome, l'état d'un citoyen, (*persona*), se composait de la réunion de plusieurs droits : droit de liberté, droit de cité, droit de famille. La privation de chacun de ces droits apportait un changement dans sa condition ; elle l'affectait en la diminuant, *caput diminuebat*; et de là on appelait ces divers changemens DIMINUTION DE TÊTE, *capitis diminutio*; — *est autem capitis diminutio*, STATUS MUTATIO (*Just. Inst. lib.* 1, *tit.* 16, *de cap. dimin. ad prœæm.*). — L'état de chaque membre de la cité, se composant ainsi de trois élémens, on dut admettre naturellement trois changemens d'état ou trois diminutions de tête plus ou moins graves, selon que l'élément perdu étaient plus ou moins précieux. — *Capitis diminutionis species sunt tres; maxima, media aut minima*, dit Justinien (*Inst. tit. XVI de capit. dimin. ad prœm.*), d'après Ulpien, (*Ulp. frag. tit. XI, de tut.* § 11).

Un citoyen romain subit la plus grande diminution de tête (*maximam*), lorsqu'il perd en même temps et le droit de liberté et le droit de cité ; (*maxima capitis diminutio est per quam et civitas et libertas amittitur* (Ulpien *ibidem* § 11); ce qui se realise au moyen de tous les événemens que nous avons vu entraîner la servitude, soit d'après le droit des gens, soit d'après le droit civil. Ulpien en donne pour exemple la femme qui devient esclave, aux termes du sénatus-consulte Claudien (Ulp. frag. *ibid.* § 11) et Justinien, ceux qui sont condamnés à extraire des métaux ou à étre exposés aux bêtes feroces (*ibid.* § 1er).

La perte de la liberté entraîne nécessairement la perte du droit de cité, ce qui n'est pas réciproque ; car si on ne peut être citoyen romain sans être personne libre, on peut être personne libre sans être citoyen romain.

La perte du droit de cité qui laisse subsister le droit de liberté constitue la moyenne diminution de tête ; *media capitis diminutio dicitur per quam, sola civitate amissa, libertas retinetur*. Cette peine était attachée encore du temps d'Ulpien à l'interdiction de l'eau et du feu (*ibid.* § 12) ; plus tard elle fut le résultat de la déportation qui succéda à une interdiction de cette nature (*Just. Inst. ibid.* § 2).

Le changement qui s'opère dans les droits de famille, les droits de liberté et de cité restant intacts, constituait la plus petite (*minimam*) diminution de tête. — *Minima capitis diminutio est, cum civitas et libertas retinetur, sed status hominis commutatur*. Ainsi le fils de famille qui était émancipé, ou donné en adoption (sous Justinien *conjunctæ personæ*), ou adrogé, ou livré à titre de *mancipium*, enfin la femme qui tombait *in manu mariti*, subissaient la plus petite diminution de tête (*Gai. Comm.* 1, § 162 — *Ulp. frag. ibid.* § 13. — *Just. Inst. ibid.* § 3).

Quant à la perte des dignités politiques, elle ne changeait en rien l'état proprement dit du citoyen romain. Aussi Tribonien disait-il : *ideo à senatu motos capite non minui constat* (*ibid.* § 5).

En faisant l'application des principes qui précèdent à la puissance paternelle, il faut en déduire naturellement :

1° Que la plus grande ou la moyenne diminution de tête de la part du père ou du fils de famille, entraînaient l'extinction de cette puissance qui est, nous l'avons vu, tout entière du droit civil des romains, puisque l'une ou l'autre de ces diminutions faisaient perdre le droit de cité.* *Si patri vel filio aqua et igni interdictum sit, patria potestas tollitur, quia peregrinus fit cui aqua et igni interdictum est ; neque autem peregrinus civem romanum, neque civis romanus peregrinum in potestate habere potest* (*Ulp. frag. tit. X, qui in pot. vel mancip. sunt* § 3). Celui qui les a subies

---

* On peut expliquer autrement la diminution de tête, et dire qu'elle frappe moins la personne qui en est l'objet que la corporation dont elle faisait primitivement partie. Ainsi un homme libre devient esclave, le nombre des hommes est diminué d'une *tête*. Lorsqu'un citoyen perd les droits de cité, c'est la *cité* qui subit cette perte, etc. Voyez la dissertation de M. Ducaurroy, insérée dans la Thémis, t. 3, pag. 171.

n'existe plus que dans l'ordre naturel ; il est considéré comme mort dans l'ordre civil; ce qui faisait dire à Ulpien : *intereunt homines maxima, aut media capitis diminutione, aut morte.* — (*L.* 63 *ff. pro socio*).

Ainsi en parlant des coupables condamnés à creuser des mines ou à être exposés aux bêtes féroces, Justinien disait qu'ils perdaient la puissance paternelle (§ 3 , *ibid.*).

Ainsi encore en parlant de la condamnation du père de famille à la peine de la déportation, Justinien ajoute : *quasi eo mortuo liberi in potestate ejus desinunt esse, ibid.* § 1er. Cicéron exilé par Clodius perdit tous ses droits sur la personne de son fils et de sa fille , jusqu'à ce qu'il eut été réintegré par les suffrages du peuple.

Il n'en est pas de même de la condamnation à la rélégation dans une île qui, laissant intacts et le droit de liberté et le droit de cité , ne changeait en rien l'état civil du condamné. Ovide frappé par Auguste d'une semblable condamnation disait (Tristes, liv. 5 , éleg. 2), en parlant des effets de sa disgrâce :

Nec vitam , nec opes, nec jus mihi civis ademit ;
Nil , nisi me patriis jussit abesse focis.

Quant à la plus petite diminution de tête, elle était le plus souvent moins la cause que le résultat de l'extinction de la puissance paternelle.

Ni le mariage des fils de famille , ni le service militaire , ni les dignités auxquelles ils étaient élevés , ni leur âge avancé, ne pouvaient les affranchir des liens de la puissance paternelle (*Inst.*, § 4 *ibid.*). Consuls ou tribuns, dictateurs ou généraux d'armée , tous inclinaient également leur tête devant le sceptre domestique. — Dans l'ancien droit une seule exception fut introduite en faveur des *flamines* , (prêtres de Jupiter) et des vierges romaines qui devenaient Vestales (*Inst. de Gaius C. I.* § 130).

L'empereur Justinien voulut d'abord qu'une seule dignité, celle de *patrice* , (conseiller intime du prince) rendît l'enfant *sui juris*. Plus tard il attribua le même effet à toutes les fonctions qui exemptaient des charges de la *curie*, avec cette précision importante que l'enfant qui devenait *sui juris* par des motifs aussi honorables , conservait néanmoins tous ses droits dans la famille de son père. (Nov. 81, ch. 1 et 2).

La puissance paternelle était quelquefois dissoute , je l'ai déjà fait observer, par le résultat de la volonté du père et de l'enfant, mais il ne suffisait pas que cette volonté fût certaine;

il fallait encore qu'elle se manifestât par des actes solennels , c'est dire par l'émancipation. C'est en ce sens que les empereurs Dioclétien et Maximien disaient : *non nudo consensu , patriâ liberi potestate , sed actu solemni , vel casu liberantur* (*Loi* 3 , *Cod.* , *de emancip.*).

L'ÉMANCIPATION est un acte par lequel un père de famille se démet de sa puissance sur un de ses descendans pour le rendre *sui juris*.

Les législateurs romains admirent successivement trois espèces d'émancipation. La plus ancienne de toutes s'opérait par des ventes fictives ou mancipations du fils de famille , suivies de son affranchissement qui émanait tantôt du père , tantôt du tiers qui était devenu l'acquéreur simulé de l'enfant.

Le nombre des mancipations dont nous avons exposé la forme en parlant de l'adoption, variait selon le sexe ou le degré des descendans. Une seule suffisait pour les filles et les petits-enfans , tandis qu'il en fallait trois pour les enfans mâles au premier degré ; *filius quidem ter mancipatus sui juris fit , cæteri vero liberi sive masculini sexûs , sive feminini , unâ mancipatione exeunt de parentum potestate.* (Gaius , *ibid.* § 132).

Voici , d'après le même paragraphe , comment s'opérait l'émancipation :

Le père émancipateur mancipait son enfant à un étranger , dans la forme que nous avons fait connaître , après quoi l'étranger affranchissait l'enfant , qui retombait sous la puissance de son père. Une seconde et une troisième mancipation de la part du père étaient suivies d'un second et d'un troisième affranchissement de la part de l'étranger ; après le troisième affranchissement l'enfant était émancipé.

Celui qui affranchissait l'enfant acquérait sur lui les droits attribués au maître sur la personne de l'esclave qu'il a affranchi , *eadem jura præstantur , quæ tribuuntur patrono in bonis liberti.* Il importait donc à l'ascendant de ne pas laisser prononcer le dernier affranchissement par l'étranger , et de stipuler de lui par traité, qu'après la troisième vente il lui remanciperait l'enfant, afin qu'il pût lui-même l'affranchir. Ce traité était désigné sous le nom de *contracta fiducia* , et de là on disait que l'émancipation dans laquelle il intervenait , était faite *contractâ fiduciâ*.

Il ne faut pas oublier que les trois mancipations suivies d'autant d'affranchissemens n'avaient lieu que lorsqu'il s'agissait d'un enfant mâle au 1ᵉʳ degré. Une seule mancipation , suivie d'un seul affranchissement , était suffisante, d'après ce que j'ai déjà dit, pour l'émancipation d'une fille ou d'un petit-fils.

Les jurisconsultes donnèrent à ce mode d'émancipation le nom d'émancipation ancienne, (*emancipatio vetus*), parce qu'elle fut mise la première en usage.

En l'année 503 de l'ère chrétienne, l'empereur Anastase introduisit une nouvelle espèce d'émancipation moins compliquée que la précédente, puisqu'elle consistait dans *l'insinuation* du rescrit souverain qui l'avait prononcée. On l'appela *émancipation Anastasienne*, du nom du prince qui l'avait établie. (L. 5 , au Code *de emancip.*).

Bientôt après, Justinien novateur plus hardi et réformateur plus radical, abrogea toutes les formalités de l'émancipation ancienne en établissant une troisième manière d'émanciper. Elle s'opérait par la seule déclaration faite par l'ascendant, en présence du juge ou du magistrat compétent qu'il émancipait l'enfant soumis à sa puissance.

Avant de passer à une nouvelle série de principes, il importe de remarquer, 1° que si, en thèse et sauf quelques exceptions (la loi 32, ff. de adopt. loi 5 , ff. à *si à parente quis*) les ascendans ne pouvaient pas être obligés à émanciper leurs descendans (§ 10, *Inst. ibid.*), réciproquement la loi exigeait pour la validité de l'émancipation, le consentement des enfans pubères, ou tout au moins la non contradiction des impubères (Sentences de Paul, tit. 25 , § 5) ; 2° que le bénéfice de l'émancipation était tout personnel à l'enfant émancipé, et que l'ascendant, en affranchissant un de ses descendans, pouvait retenir les autres sous sa puissance (§ 7 , *Inst. ibid.*) ; 3° que, d'après la législation de Justinien, l'émancipation avait toujours lieu *contractâ fiduciâ*, sans qu'il fût besoin d'une convention particulière (*Inst.* § 6 , *ibid.*) ; 4° que les enfans nés d'un fils de famille émancipé, après son émancipation, mais conçus antérieurement, faisaient partie de la famille de leur aïeul, parce qu'il est de principe que l'état des enfans relativement à la famille paternelle, se détermine d'après l'époque de leur conception.) *Inst.* § 9, *ibid.*).

Des causes qui TRANSPORTENT *la puissance paternelle d'une tête sur une autre.* — Dans tous les cas que je viens de parcourir, la puissance paternelle est entièrement dissoute. Quelquefois elle n'est que transportée d'une tête sur une autre, ce qui arrive, comme nous l'avons déjà vu, par l'effet de l'adoption parfaite, lorsqu'un fils de famille est donné en adoption par son père naturel à un de ses ascendans (*Inst.* § 8, *ibid.*) — Il en est de même lorsqu'après la mort de l'aïeul, le petit-fils passe de la puissance de celui-ci sous la puissance de son père.

Des causes qui tiennent en suspens *la puissance paternelle.* — Enfin l'autorité d'un ascendant peut n'être ni dissoute ni transférée, mais seulement *rester en suspens.*

On sait que les prisonniers de guerre sont esclaves, d'après le droit des gens, et que les esclaves sont privés de toute participation aux droits civils. Il faudrait donc reconnaître, en appliquant les principes rigoureux de la législation, que la captivité de l'ascendant, retenu prisonnier chez l'ennemi, devrait être une des causes d'extinction de la puissance paternelle. Mais on jugea plus convenable de conserver provisoirement aux prisonniers de guerre tous leurs droits dans la cité et dans la famille, c'est-à-dire, de laisser ces mêmes droits en suspens, jusques à leur retour dans leur patrie ou jusques à l'époque de leur mort en état d'esclavage. Dans le premier cas, c'est-à-dire, si le père de famille a le bonheur de rentrer au sein de la cité, ou au sein d'un peuple allié ou ami du peuple romain, par la fiction toute bienfaisante du *postliminium* dont le § 5 du même titre explique l'étymologie, il est censé n'avoir jamais quitté sa patrie ; postliminium *fingit eum qui captus est in civitate semper fuisse.* Il recouvre tous les droits qu'il avait auparavant, et par suite la puissance paternelle n'aura jamais été dissoute. Dans le second cas, au contraire, il y aura eu dissolution de la même puissance dès l'instant où le père de famille a été fait prisonnier.

On comprend facilement que la captivité du fils de famille laissait également en suspens la puissance paternelle.

Nous ferons remarquer en terminant ces matières que pour jouir des droits du *postliminium,* le citoyen romain doit rentrer dans sa patrie avec l'intention de ne plus la quitter. Aussi selon l'exemple mémorable proposé par le jurisconsulte Pomponius (*Loi* 5, *ff. de capt. et post.*), Attilius Regulus que les Carthaginois envoyèrent à Rome ne profita pas du bénéfice du droit de retour, parce que, dit le jurisconsulte, *juraverat Carthaginem reversurum, et non habuerat animum Romæ remanendi.*

5° **SUBDIVISION DE LA 1ʳᵉ PARTIE**

ET DU 1ᵉʳ LIVRE DES INSTITUTES.

DE LA PUISSANCE TUTÉLAIRE.

On n'a pas perdu de vue les trois divisions principales introduites entre les personnes et mentionnées dans les premiers titres des Institutes de Justinien; 1° les unes sont libres et les autres sont esclaves ; 2° parmi les personnes libres , les unes sont soumises à la puissance paternelle, d'autres en sont affranchies. 3° Enfin, parmi les personnes affranchies de la puis͏ sance paternelle, les unes sont en tutelle ou en curatelle tandis que d'autres *neutro jure tenentur,* pour nous servir des expressions consacrées dans le *præmium* du titre XIII , de *tutelis.* Nous avons examiné jusqu'ici les deux premières divisions, en traitant successivement des règles relatives à la puissance dominicale et à la puissance paternelle ; nous devons donc pour compléter le plan que nous avons tracé , nous occuper ici de la troisième division , c'est-à-dire, de la puissance tutélaire.

Pour embrasser à cet égard toutes les phases de la jurisprudence , nous aurions dû sans doute parler simultanément de la tutelle des impubères et de la tutelle à laquelle les femmes étaient soumises chez les romains pendant toute leur vie. Mais cette seconde espèce de tutelle n'existant plus au temps de Justinien , et les Institutes de ce prince n'en faisant pas mention, nous nous bornerons à parler de la tutelle des impubères , sauf à présenter dans nos explications orales , quelques documens historiques propres à donner une idée exacte de la tutelle perpetuelle des femmes. *

---

* Nous avons cependant cru convenable de donner ici une analyse sommaire des points principaux qui deviendront la base de ces développemens.

Plusieurs jurisconsultes se sont occupés de la tutelle perpétuelle des femmes, notamment Heineccius dans ses *Antiquités romaines*, tome 4 de ses œuvres , pages 141 et suivantes; Pothier dans ses Pandectes (édition de Breard de Neuville , tom. 10 , pag. 278 et suivantes), M. Hugo , dans son histoire du droit romain , tome 2 , pages 354 et suiv. Les jurisconsultes de l'Allemagne les plus distingués ont consacré à cette branche du Droit antérieur à Justinien , des traités spéciaux. Les notions qui vont suivre seront moins le résumé des élucubrations de ces savans, qu'un aperçu des règles

Afin de traiter avec ordre la tutelle ordinaire des impubères dont les rédacteurs des Institutes se sont occupés depuis
le titre XIII, jusques et y compris le titre XXVI et dernier

tracées dans les §§ 190 et suivans du commentaire 1er des Institutes
de Gaïus et du titre 11 des fragmens d'Ulpien, *de Tutelis*.

C'est une vérité constatée par tous les enseignemens de l'histoire,
que les sociétés modernes ont fait à la femme une condition plus
avantageuse que celle dont elle ouissait dans les sociétés antiques.
Parmi les causes qui ont produit cette amélioration, il est juste d'attribuer la part la plus large aux doctrines du christianisme qui, proclamant l'égalité des sexes, retira la femme de l'état d'infériorité
dans laquelle elle avait été si long-temps placée.

Soit que les législateurs des temps passés eussent exagéré la fragilité de l'esprit des femmes, soit qu'ils eussent été influencés par des
idées politiques ou par d'autres tendances, il est constant qu'ils trai-
tèrent la femme avec une défaveur marquée. Ainsi selon le témoignage de Cicéron et de Dion Chrysostôme, à Athènes une femme
n'avait pas le droit d'actionner quelqu'un en justice ou d'y compa-
raître sans son tuteur, et dans toutes les affaires qu'elle traitait le
concours de ce tuteur lui était indispensable. Au dire de Montesquieu,
chez les premiers Germains les femmes auraient été placées aussi sous
une tutelle perpétuelle (*Charles Verger*, de la tutelle des impubères et de la tutelle des femmes en droit romain ; Paris 1833,
p. 18 et s.) Les législateurs romains admirent des principes analogues, en soumettant les femmes à la tutelle pendant toute leur vie.
S'il faut en croire Ulpien (fragmens, tit. 11, § 1) Cicéron (pro
Murenâ, 12) Gaius (Inst. , comm. 1, § 190), cette tutelle n'aurait
été établie qu'en considération de la fragilité du sexe et de son inexpérience présumée des affaires civiles, *propter sexûs fragilitatem
et rerum forensium ignorantiam*. Toutefois, l'ensemble de l'économie du droit romain en matière d'hérédité *ab intestat*, principalement un texte de Gaius (§ 192 *ibid.*) ne permettent pas de dou-
ter que des motifs d'intérêt politique, c'est-à-dire le besoin de
conserver les biens dans les familles, en empêchant les femmes de
faire des aliénations considérables sans le consentement de leurs
agnats les plus proches qui étaient constitués leurs tuteurs, n'aient
favorisé, peut-être même déterminé l'établissement de cette tutelle
perpétuelle.

Quoi qu'il en soit, cette tutelle était comme la tutelle des pupilles,
ou testamentaire, ou légitime, ou dative.

Le mari pouvait nommer par son testament un tuteur à sa femme
qui était tombée *in manu*. Le beau-père jouissait du même droit
à l'égard de sa bru qui était tombée aussi *in manu mariti* (Gai.
Inst, comm. 1, § 148.). Les uns et les autres pouvaient, dans
leur testament, désigner nominativement le tuteur dont ils avaient
fait choix, comme aussi, il leur était permis de laisser ce choix à
la femme elle-même. L'option accordée était tantôt pleine (*plena*),
tantôt étroite et limitée (*angusta*), selon que la femme avait la
faculté d'opter une seule fois, ou de réitérer plus souvent son
option.—Les tuteurs désignés nominativement par testament prenaient le nom de tuteurs datifs (*tutores dativi*), et ceux que la
femme choisissait en vertu de l'option qui lui était déférée,
celui de tuteurs optifs (*tutores optivi*).

du livre 1er des Institutes, je développerai successivement et dans six chapitres distincts, 1° l'origine de la tutelle, ses principaux caractères, la condition et la qualité des personnes soumises à la tutelle, 2° les diverses espèces de tutelle

À défaut de tuteur testamentaire, la tutelle était déférée à l'agnat le plus proche du côté de la femme, à celui qui, en cette qualité, était son héritier présomptif, et se trouvait par cela même intéressé à la conservation de sa fortune. Cependant, la tutelle légitime appartenait de préférence à l'ascendant émancipateur sur la personne de la fille qu'il avait émancipée ; à l'étranger, à qui la femme avait été livrée à titre de *mancipium*, et qui l'avait plus tard affranchie.

Les tutelles des agnats étaient connues sous le nom de tutelles *légitimes* ; celles de l'ascendant émancipateur sous le nom de tutelle *fiduciaire*. La tutelle légitime faisait partie du patrimoine du tuteur ; celui-ci pouvait en céder *in jure*, l'exercice à un étranger qui prenait le titre de *cessicius tutor* ; l'exercice seul de la tutelle passait dans les mains du cessionnaire, car la tutelle proprement dite continuait toujours à résider sur la tête du tuteur cédant. Ce principe entraînait des conséquences que Gaius énumère dans le § 170 (*ibid.*)

La tutelle légitime des agnats, supprimée sous le règne de Claude par une loi connue sous le nom de loi *Claudia*, aurait été plus tard rétablie par l'empereur Constantin.

En l'absence de la tutelle testamentaire et de la tutelle légitime, la loi *Attilia*, qui date du 6e siècle de la fondation de Rome (année 557), avait chargé le préteur procédant avec la majorité des tribuns du peuple, de nommer le tuteur qui devait gérer la tutelle perpétuelle des femmes, ainsi que l'attestent Gaius dans ses Institutes et Ulpien dans ses fragmens (*ibid.*, § 18). Ce dernier jurisconsulte énumère d'ailleurs dans les §§ 20 et suivans (*ibid.*) les divers cas dans lesquels il y avait lieu à nommer un tuteur Attilien à la femme.

Lorsqu'on examine les effets attachés à la tutelle perpétuelle des femmes, ou plutôt les règles de l'administration de leurs tuteurs, on est amené à établir de nombreuses différences entre cette tutelle et la tutelle ordinaire des impubères. — Le tuteur des impubères administre le plus souvent par lui-même les affaires de celui-ci, et dans le cas où son pupille a traité personnellement, il est appelé à donner son assentiment à ces traités pour les valider. Il n'en est pas de même en matière de tutelle perpétuelle : le tuteur se bornait à donner, comme pour la forme, son approbation aux actes émanés de la femme. Ulpien traçait nettement cette différence lorsqu'il a dit (§ 25 *ibid.*) : *pupillorum pupillarumque tutores et negocia gerunt et auctoritatem interponunt ; mulierem autem tutores, auctoritatem dumtaxat interponunt* (Gaius *ibid.*, § 190). Cette approbation n'était d'ailleurs nécessaire qu'à l'égard des actes les plus importans, et notamment parmi ceux qui ont été déterminés par les mêmes jurisconsultes (Ulpien *ibid.*, § 27. ; Gaius comm. 1, § 192 et comm. 2, § 118), à l'égard du testament et de l'aliénation des choses *mancipi* qui, nous le verrons plus tard, étaient généralement considérées comme précieuses. — Quelquefois même le tuteur pouvait être amené malgré lui à donner son autorisation aux actes souscrits par la femme. (Gaius *ibid.* § 190.) De ce principe le même jurisconsulte faisait dériver la conséquence

en usage chez les romains , 3° les causes d'incapacité de la
tutelle , 4° les obligations imposées par les lois aux tuteurs ,
5° les différentes manières dont la tutelle prend fin, 6° enfin ,
les dispositions spéciales à la curatelle.

CHAPITRE 1er

*De l'origine de la tutelle , de ses principaux caractères et
des personnes placées en tutelle.*

La tutelle considérée comme une institution destinée à donner un protecteur à celui que la faiblesse de son âge met dans

---

suivante (*ibid.* § 191) : *Undè cum tutore nullum ex tutelâ judicium mulieri datur.*

La tutelle perpétuelle des femmes s'éteignait de plusieurs manières.
1° par la mort naturelle du tuteur et par celle de la femme, avec cette
précision que la mort du tuteur était moins une cause d'extinction de
la tutelle que la cessation des fonctions qu'il gérait personnellement.

2° Par la plus grande et la moyenne diminution de tête de l'un et
de l'autre, et par la plus petite diminution de tête à l'égard de la
femme et du tuteur légitime.

3° Sous Auguste, les lois Julia et Pappia prononcèrent la cessation
de la tutelle perpétuelle en faveur de la femme née libre *(ingenua)*
qui avait mis au monde trois enfans , et en faveur de la femme affranchie *(libertina)* qui en avait eu quatre. (Ulp. frag. , tit. 29 , § 3.)

Quant à la destinée qui fut réservée dans l'histoire générale du droit
romain à la tutelle dont nous venons de parler , nous emprunterons
les observations suivantes à M. Charles Verger, *de la tutelle des impubères et des femmes ,* p. 93 et 94.

Après avoir résumé rapidement les principes particuliers à cette tutelle, ce jurisconsulte ajoute :

« Peu à peu des femmes illustrées soit par des actions d'éclat , soit
» par le rang qu'elles occupaient, obtinrent de gérer elles-mêmes leur
» fortune. Les Vestales furent les premières à jouir de ce bienfait.
» Auguste et non pas Numa, comme quelques auteurs le prétendent
» en s'appuyant sur un texte altéré de Plutarque, rendit hommage
» au caractère sacré de leurs fonctions et à la pureté de leur vie, en
» dérogeant pour elles à la partialité du droit ancien. (Dio. Cas.
» lib. LVI, 10). Sous son règne, Octavie et Livie reçurent du sénat
» la même dispense (ibid. lib. LV , 2). — Il est impossible au mi-
» lieu des vicissitudes nombreuses de la législation romaine, depuis
» la chute de la république, jusqu'au milieu du sixième siècle de l'ère
» chrétienne , de préciser quelle a été la destinée de la tutelle des
» femmes. Le règne d'Antonin nous en laisse des traces, témoin Pu-
» dentilla , femme d'Apulée qui avait acheté un bien de campagne
» *tutore auctore* (Apulei Apol. II , p. 327). Il en est de même de
» celui d'Alexandre Sévère, le Périclès de la jurisprudence. Ulpien ,
» contemporain de cet empereur, traite de la tutelle des femmes dans
» ses ouvrages. Enfin Constantin (l. 2., c. Theod., *de tutel. creand.*)
» et Léon virent cette institution céder à l'influence de la religion
» chrétienne qui proclamait l'égalité du genre humain. Au temps de
» Justinien , la tutelle des femmes n'était plus qu'un monument his-
» torique. »

l'impossibililé de défendre par lui-même ses intérêts, découle évidemment du droit naturel, parce que selon la juste observation du jurisconsulte Gaius, *id naturali rationi conveniens est, ut is qui perfectæ ætatis non sit, alterius tutelâ regatur* (Comm. 1ᵉʳ, § 189). — Aussi la tutelle est-elle du droit des gens. *Impuberes quidem in tutela esse omnium civitatium jure contingit*, ajoute le même jurisconsulte, *nec ferè ulla civitas est, in quâ non liceat parentibus liberis suis impuberibus testamento tutorem dare* (*Ibidem*).

Mais ce n'est pas de la tutelle considérée comme une institution du droit naturel ou du droit des gens que nous allons nous occuper. Appelés à traiter du droit civil des romains, nous parlerons exclusivement de la tutelle, telle que ce droit civil l'avait faite.

Le premier caractère de la tutelle des romains, c'est qu'elle constitue une charge publique, *tutelam placuit munus publicum esse*, dit l'empereur Justinien dans le titre XXV, *de excusat. tutor. vel cur.* Elle était une charge publique, non pas en ce sens que le tuteur fût chargé de gérer des intérêts publics, car on ne lui confiait que la défense d'un intérêt particulier, c'est-à-dire de l'intérêt d'un pupille, mais en ce sens que tous les membres de la cité étaient obligés malgré eux de remplir les fonctions de tuteur, lorsqu'ils ne se trouvaient dans aucun des cas d'excuse prévus par les lois. *Munus propriè est, quod necessariè obimus lege, more, imperiove ejus qui jubendi habet potestatem* (*L.* 214, *ff. de verb. signif. L.* 239, § 3, ff. *ibid.*).

Puisque la tutelle était une charge publique, elle ne pouvait, d'après le droit commun des romains, être déférée qu'à des mâles. Aussi le jurisconsulte Gaius, disait-il à ce sujet: *tutela plerumque virile officium est.* (*L.* 16, *ff. de tutel. ad præm.*).

On déduisait encore avec raison de ce principe, que la tutelle était une charge toute personnelle et qu'après la mort, la plus grande ou la moyenne diminution de tête de celui qui en était chargé, elle ne passait point sur la tête de ses héritiers; *et sciendum est nullam tutelam hæreditario jure ad alium transire : sed ad liberos virilis sexus perfectæ ætatis descendunt* LEGITIMÆ, *cæteræ, non descendunt* (*ibid.*). La tutelle était d'ailleurs une charge gratuite en ce sens que le tuteur ne pouvait retirer aucun émolument de sa gestion.

Lorsqu'on rapproche la puissance tutélaire de la puissance paternelle, on remarque entr'elles des différences sensibles. La puissance paternelle, on le sait, établie principalement en faveur de l'ascendant, 'ne laissait d'abord au fils de famille soumis à ses lois aucune propriété particulière. L'ascendant n'exerce pas les droits de son descendant. Il en est propriétaire. La puissance tutélaire, au contraire, existe, si non *exclusivement* pour tous les cas, du moins toujours *principalement* dans l'intérêt de l'impubère. Le tuteur n'est pas propriétaire des droits du pupille; c'est l'*exercice* seul de ces droits qui lui est confié.

Quelles sont les personnes qui sont soumises à la puissance tutélaire ? En procédant par élimination, nous reconnaîtrons facilement qu'elle ne pouvait d'abord s'appliquer aux esclaves qui sont, nous l'avons vu, considérés comme morts dans l'ordre civil. Parmi les personnes libres, les fils de famille ne pouvaient être également soumis à la tutelle. Engagés dans les liens de l'autorité domestique, incapables d'ailleurs, en principe, de posséder un patrimoine distinct de celui de leurs ascendans, ils n'ont d'autre protecteur ou plutôt d'autre maître que cet ascendant lui-même. Les pères de famille, c'est-à-dire ceux qui étant *sui juris*, n'ont pas encore atteint l'âge de puberté, sont donc seuls soumis à la tutelle. Seuls ils sont pupilles; PUPILLUS EST, disait le jurisconsulte Pomponius, *qui cum impubes est, desiit in patris potestate esse, aut morte aut emancipatione.* (Loi 239, ad præm., ff., de verb. signif.)

Le jurisconsulte Servius caractérisait donc assez nettement la tutelle, lorsque dans sa définition, que Tribonien nous a conservée, il écrivait : TUTELA *est vis ac potestas in capite libero, ad tuendum eum, qui propter ætatem se defendere nequit jure civili data ac permissa.* (Inst., tit. XIII, de tut., § 1er.)

CHAPITRE II.

Des diverses espèces de tutelle en usage chez les Romains.

Nous n'examinerons pas ici avec Gaius (*Inst. comm.* 1er, § 188.) les dissentimens qui s'élévèrent parmi les jurisconsultes romains, au sujet de la classification des diverses espèces de tutelles. Nous ne suivrons pas non plus la distinction faite par Ulpien dans ses fragmens, *tit XI, de tut.*, § 3, entre les tuteurs légitimes, ceux qui ont été institués par des senatus-consultes, ceux enfin que les mœurs des romains avaient établis. En nous attachant à l'économie des Institutes de Justinien, nous distinguerons principalement trois espèces de tutelles : la tutelle testamentaire, la tutelle légitime et la tutelle déférée par le magistrat.

Les deux premières espèces de tutelle prennent leur source dans la loi des Douze Tables; la troisième fut régularisée par des plébiscites dans le cours de la 2e et de la 3e périodes du droit romain , notamment par la loi Attilia , à laquelle elle emprunta son nom. En reprenant les termes de la définition de la tutelle , d'après le jurisconsulte Servius, nous dirons qu'à la *tutela permissa* se rapportait la tutelle testamentaire , et la tutelle déférée par le magistrat; à la *tutela data* se rapportait la tutelle légitime.

Examinons séparément chacune de ces trois espèces de tutelle.

Section 1re.

De la tutelle testamentaire.

Parmi les diverses espèces de tutelle , la tutelle testamentaire occupe le premier rang; elle est probablement aussi ancienne que la famille romaine. Nous en trouvons des exemples antérieurs à la loi des Douze Tables; car d'après les historiens, Ancus Martius aurait donné pour tuteur à ses enfans Tarquinius Priscus. — La loi des Douze Tables l'autorisa d'une manière formelle, en disant : UTI LEGASSIT (PATER FAMILIAS) SUPER PECUNIA TUTELAVE SUÆ REI, ITA JUS ESTO (*Ulpien , tit. XI, ibid.,* § 14.)

Puisque la loi constituait le père de famille dictant ses dispositions dernières, arbitre de son patrimoine, dont ses descendans faisaient partie, il avait , par cela même, le pouvoir de leur nommer un tuteur par testament, lorsque ceux-ci n'auraient pas atteint, à l'époque de sa mort, l'âge de puberté. Pour la validité du choix du tuteur, il fallait que ce tuteur fût donné à l'un des descendans du testateur placé sous sa puissance, et ne devant pas tomber après sa mort en puissance d'un autre. — Le droit du testateur était le même vis-à-vis de tous ses descendans, sans distinction de sexe ou de degré; il pouvait l'exercer à l'égard des enfans déjà nés, comme à l'égard des posthumes, pourvu que ceux-ci eussent dû naître sous sa puissance immédiate, s'il avait survécu, et qu'ils ne rompissent pas son testament. Scœvola résumait exactement toutes ces théories en disant : *Nemo potest tutorem dare cuiquam , nisi ei quem in suis heredibus cum moriturus habuit , habiturusve esset , si vixisset.* L'ascendant jouissait de la même faculté à l'égard de ses enfans naturels et légitimes, comme à l'égard de ses enfans adoptifs. Ainsi, Jules César, par son testament, donna pour tuteur à Octave Décius Brutus. (*Inst.* , *tit. XIII*, § 3).

Enfin, il était encore permis au testateur d'en user vis-à-
vis de ses descendaus malgré eux, alors même qu'il les aurait exhérédés ou émancipés. Néanmoins dans le cas d'émancipation, le tuteur désigné par l'ascendant devait être confirmé par une sentence du magistrat sans examen préalable.
(*Inst.* , § 5 , *ibid.*).

Des principes qui précèdent il faut conclure, que le droit
de nommer un tuteur par testament est un privilége attaché
à la puissance paternelle ; et de là il suit que la mère ne
pouvait l'exercer à défaut du père ou de tout autre ascendant. Cependant, si elle avait institué son fils pour héritier,
le choix du tuteur qu'elle aurait fait serait valable, pourvu
qu'il fût sanctionné par le magistrat , après une enquête ou
un examen propre à faire apprécier le mérite de ce choix. —
. Le jurisconsulte Modestinus faisait remarquer à cet égard que
le tuteur, dans ce cas , était plutôt donné *in rem quam in*
personam.

Après avoir ainsi déterminé les personnes qui ont la capacité de donner et de recevoir des tuteurs testamentaires , il
me reste à dire par quels actes , par quelles clauses et sous
quelles modifications ces tuteurs peuvent être nommés , et
enfin quelles personnes peuvent être chargées de ces fonctions.

1° Généralement le tuteur testamentaire est choisi dans le
testament de l'ascendant ; il peut toutefois être valablement
nommé dans un *codicile* , confirmé par un testament (L. 3 ,
ff. *de testamen. tutelâ*).

2° Les clauses ou les formules dont le testateur devait se
servir pour faire choix d'un tuteur sont rappelées dans le §
149 du comm. 1 , des Inst. de Gaius ; et de son côté, l'empereur Justinien nous fait connaître dans le § 5 , du titre 14
de ses Inst., *qui testamento tutores dari possunt* , le sens et
l'étendue des diverses expressions que le testament pouvait
renfermer à cet égard.

3° Le tuteur est donné principalement à la *personne* du pupille et secondairement à *ses biens*. Il suit de là que le testateur ne peut nommer le tuteur pour un objet déterminé, tel
qu'un fonds de terre, par exemple, ni pour un motif particulier, tel que la gestion d'une affaire spéciale, ni même
pour la généralité des biens, distraction faite de certains
d'entr'eux. Cette règle, formellement consacrée par les dispositions du § 4 du titre précité des Inst. et des lois 12ᵉ, 13ᵉ et
14ᵉ au ff. *de testament. tutelâ*, ne souffre que deux exceptions ; elles sont consignées dans la loi 15ᵉ ibid. et dans la loi

9° *de tutoribus vel curat. datis.* Au reste, le testateur a la faculté de nommer le tuteur ou jusqu'à un terme fixe, ou à partir d'un temps déterminé, ou bien sous condition. Le tuteur testamentaire peut enfin être nommé avant l'institution d'héritier (*Inst. ibid.*, § 3).

Pour l'intelligence de ce dernier principe, il importe de savoir que dans l'ancien droit, les clauses du testament qui précédaient la clause d'institution d'héritier étaient nulles par une application rigoureuse de la maxime : *testamenta vim ex heredis institutione accipiunt.* Les Proculéiens estimaient que ce principe ne faisait pas obstacle à ce que la nomination du tuteur pût être faite avant l'institution d'héritier ; *quod nihil ex hereditate erogatur tutoris datione.* Mais les Sabiniens, ceux que Gaius appelait *nostri præceptores*, se montraient plus rigides, et annulaient dans ce cas une pareille nomination (*Gai., Inst., comm.* 2, § 229 et 231).

L'empereur Justinien dérogea à la sévérité de ces théories, comme nous aurons occasion de nous en convaincre, en expliquant les titres des legs ; aussi a-t-il écrit dans le § 3, du titre XIV *qui testam. tut. dari poss.* : *ante hæredis institutionem posse dari tutorem non dubitatur.*

4° Quelles sont les personnes qui peuvent être appelées par testament aux fonctions de tuteur ?

Le titre précité des Instituts est spécialement destiné à nous les indiquer. En principe, peuvent être nommés tuteurs testamentaires tous ceux qui, capables d'ailleurs de remplir les charges publiques, ont la faction passive du testament (*factionem testamenti passivam*), c'est-à-dire, le droit de recevoir par testament de la part du testateur, en exceptant toutefois les Latins-Juniens, qui, jouissant de ce dernier droit, ne pouvaient pas cependant être nommés tuteurs testamentaires (Fragmens d'Ulpien, tit. 11 *de tutelis*, § 16). Les fils de famille qui étaient capables des charges publiques, pouvaient être nommés tuteurs comme les pères de famille. (*Inst. ibid. ad præm.*).

Le tuteur testamentaire est celui qui inspire avec raison le plus de confiance et offre en même temps le plus de garanties ; voilà pourquoi le père a la faculté de déférer ces fonctions à un furieux ou à un mineur de 25 ans. Mais le premier ne commencera à gérer la tutelle qu'après avoir recouvré l'usage de sa raison, et le second qu'après avoir atteint l'âge de 25 ans accomplis (Inst. § 2, ibid.). Le testateur peut également nommer pour tuteur à ses enfans l'esclave d'autrui, pour le temps où l'esclave sera libre, *cùm liber erit.* Il peut aussi nommer son propre esclave, parce que sa nomination en-

traîne de plein droit son affranchissement (Inst. § 1, ibid.);
mais il ne pourrait pas le nommer tuteur *cùm liber erit*,
(ibid.)

Pendant long-temps les personnes incertaines , c'est-à-dire
celles, *quas animo incerta opinione subjiciebat testator*, ne
pouvaient ni être instituées héritières, ni être gratifiées d'un
legs. Cette jurisprudence fut modifiée dans le cours de la
quatrième période de l'Histoire du Droit , ainsi que Tribonien l'atteste, Inst. , § 25 et suiv. du tit. 20 du liv. 2 des
Inst., *de legat.* Mais la pureté des anciens principes fut toujours conservée quant à la nomination du tuteur testamentaire. Justinien a le soin d'en donner cette raison dans le §
21 du tit. XX , livre 2, des Inst. *de Legat.* , où il a dit :
*Tutor, nec per nostram constitutionem incertus dari debet ,
quia certo judicio debet quis pro tutelâ suæ posteritati
cavere.*

SECTION 2.

De la tutelle légitime.

On appelle *tuteurs légitimes* ceux qui sont saisis de ces
fonctions en vertu d'un texte de loi; LEGITIMI *tutores sunt qui
ex lege aliqua descendunt*, disait le jurisconsulte Ulpien
dans ses fragmens, titre precité, § 3. Nul ne désigne le tuteur
légitime si ce n'est la loi et cette loi est celle des XII Tables;
*legitimos tutores nemo dat, sed lex XII Tabularum fecit
tutores (L. 5 , ff. de legit. tut*). Voilà pourquoi la tutelle
légitime est celle que Justinien , empruntant le langage de
Servius, appelle *tutela jure civili data.*

La loi des XII Tables n'avait fait tutoure que les *agnats*
et à leur défaut les *gentiles* de l'impubère. Plus tard on
admit d'autres espèces de tutelle légitime que les rédacteurs
des Institutes rappelent au nombre de trois ; 1° la tutelle
légitime des patrons ; 2° la tutelle légitime des ascendans
émancipateurs ; 3° la tutelle fiduciaire. Nous nous occuperons
en peu de mots de ces trois espèces de tutelle , après avoir
examiné la tutelle légitime des agnats et des gentiles.

I. DE LA TUTELLE LÉGITIME DES AGNATS ET DES GENTILES. —
La tutelle légitime des agnats était aux yeux des jurisconsultes
romains , la tutelle légitime par excellence, *per eminentiam
(Ulpien frag. ibid.* § 3). Nous avons déjà eu l'occasion de
tracer la différence qui existait aux yeux du droit romain
entre les parens unis entre eux par des personnes du sexe
masculin et ceux qui n'étaient unis entre eux que par des

personnes du sexe feminin. Les premiers, membres de la famille civile prenaient le nom d'agnats. *Sunt* ADGNATI, *cognati per virilis sexus cognationem conjuncti, quasi à patre cognati*, dit Justinien, en reproduisant les expressions dont se servent tous les jurisconsultes. Ainsi deux frères consanguins ou germains, le frère et le fils de son frère, c'est-à-dire, le neveu et l'oncle paternel sont agnats entre eux. La femme elle-même peut être aussi au nombre des agnats ; par exemple, le neveu et la tante paternelle. — Les membres de la famille naturelle prennent le nom de cognats. COGNATI *sunt, qui per feminini sexus personas cognatione junguntur. Non sunt agnati sed alias naturali jure cognati.* Ainsi la mère et le fils, les frères et sœurs utérins, le neveu et l'oncle maternel sont cognats entre eux.

Si les *agnats* sont les membres de la famille civile, les *gentiles* étaient les membres de la race. Cicéron définissait ceux-ci : *qui eodem nomine sunt inter se, ab ingenuis oriundi, quorum majorum nemo servitutem subiit et qui capite non sunt minuti.*

En réglant dans la loi des XII Tables l'ordre des successions ab intestat, les décemvirs les déférèrent à défaut d'héritiers siens aux agnats du défunt, et à défaut d'agnats, c'est-à-dire des membres de sa famille civile, aux gentiles c'est-à-dire aux membres de sa race.

Par une juste réciprocité les auteurs de cette loi crurent devoir, en l'absence de tout tuteur testamentaire, déférer la tutelle des impubères à ses agnats et à défaut d'agnats à ses gentiles qui étaient comme nous venons de le voir ses héritiers présomptifs. SI SUUS HÆRES NEC SIT, PROXIMUS ADGNATUS TUTELAM FAMILIAMQUE HABETO. SI ADGNATUS NEC ESCIT, GENTILES FAMILIAM HABEANT.

Les Décemvirs pensaient donc qu'il était convenable de faire supporter les charges de la famille à ceux qui avaient l'espoir de recueillir les avantages qu'elle conférait. Il y eut dès-lors connexité entre l'hérédité ab intestat et la tutelle légitime ; de là cet adage : *ubi est emolumentum successionis, ibi plerumque et onus tutelæ esse debet.*

La manière dont cet adage est formulé annonce évidemment que la règle admettait des exceptions ; elles avaient lieu dans tous les cas où la femme était au nombre des agnats, car bien qu'elle fût habile à succéder en cette qualité, son sexe, nous l'avons dit, la rendait incapable de gérer la tutelle.

Si l'esprit de la loi des XII Tables était de placer le fardeau de la tutelle d'un impubère sur la tête de son héritier présomptif, il faut reconnaître que ce système était sous plus d'un rapport très-favorable au tuteur. La tutelle était dans ce cas plutôt un droit qu'un devoir, et constituait plutôt un avantage qu'un fardeau. Ulpien faisait ressortir cette vérité lorqu'il écrivait: *hoc summâ providentiâ, ut qui sperarent suscessionem, iidem tuerentur bona, ne dilapidarentur.*

Le droit de *gentilité* était un des priviléges du patriciat : lorsque nous traiterons des successions ab intestat, nous dirons comment, en subissant la destinée attachée au patriciat ; il tomba peu à peu en désuétude, pour s'éteindre presqu'entièrement dans les premiers siècles de l'ère chrétienne. On ne doit pas dès-lors s'étonner que les Instituts de Justinien gardent à ce sujet le silence le plus absolu.

Le droit *d'agnation* survécut pendant bien long-temps au droit de *gentilité* ; il fut, il est vrai, sensiblement altéré d'abord par le droit prétorien, ensuite par les constitutions impériales. Cependant en ce qui concerne la tutelle légitime, il s'était maintenu dans sa force primitive jusqu'au règne de l'empereur Anastase, qui par une de ses constitutions appela le frère émancipé à la tutelle légitime de ses frères ou sœurs ou descendans d'eux, sans que, sous le prétexte de son émancipation qui lui avait fait perdre le droit d'agnation, il pût se soustraire à cette charge (*L. IV. Cod. de leg. tut.*). Lorsque l'empereur Justinien fit procéder à la grande codification du droit romain, l'agnation subsistait encore comme on le voit par l'ensemble de tous les textes du tit. XV, Liv. 1er des Inst. *de legit. adgn. tut.* Mais les idées de rénovation qui dominèrent son siècle le déterminèrent bientôt à supprimer ce droit avec ses antiques priviléges. Dans sa Novelle CXVIII, promulguée en l'an 540 de l'ère chrétienne (chap. 4 et 5), les cognats furent placés sur la même ligne que les agnats et appelés simultanément à recueillir éventuellement la succession et en même temps à gérer la tutelle.

En ne parlant ici avec Justinien, que de la tutelle légitime des agnats, telle qu'elle existait encore à l'époque de la promulgation de ses Instituts, nous poserons les principes suivans qui sont le résumé du titre XV precité *de legitim. adgn. tut.* et du titre XVI *de capit. demin.*

1° Les agnats ne sont appelés à la tutelle légitime qu'en l'absence de toute tutelle testamentaire, c'est-à-dire, lorsque le père de famille est mort intestat quant à cette tutelle; ce qui se réalise non-seulement lorsqu'il n'a pas fait de testament, ou lorsque son testament est nul, mais encore lorsque par son testament il n'a pas nommé de tuteur à ses enfans, ou enfin lorsque le tuteur désigné dans le testament est mort à la survivance du testateur (*Just. Inst. tit. XV prec. § 2*).

13

2° Les agnats ne sont appelés à la tutelle comme à l'hérédité qu'en raison de la proximité de degré de parenté qui les unit à l'impubère ; s'il se trouve plusieurs agnats, le plus proche exclura donc celui qui sera plus éloigné, et s'il y en a plusieurs au même degré, ils obtiendront tous la tutelle simultanément (*Just. Inst., tit. XVI, ibid.* § 7).

3° Si la plus grande ou la moyenne diminution de tête sont nécessaires pour détruire le droit de cognation, il n'en est pas de même du droit d'agnation qui est dissout, même par la plus petite diminution de tête. La plus petite diminution de tête était donc un moyen suffisant pour enlever tout droit à la tutelle légitime. Ce n'est que sous ce point de vue que les rédacteurs des Institutes ont traité à l'occasion de la tutelle légitime, de trois espèces de diminution de tête dont nous avons eu déjà occasion de parler.

II. — De la tutelle légitime des patrons. — La tutelle, déférée aux patrons sur la personne de leurs affranchis impubères, est de même que la tutelle des agnats, appelée *légitime* par excellence, *per eminentiam* (Ulp., frag., tit. 11, § 2). Elle n'est point à la vérité fondée comme la première sur une disposition formelle de la loi des Douze Tables, mais induite par analogie des motifs qui avaient fait consacrer par cette même loi la tutelle des agnats. La qualité d'héritier légitime qui avait motivé la vocation des agnats à la tutèle, se trouvant d'après un texte spécial, applicable aux patrons vis-à-vis de leurs affranchis, les jurisconsultes introduisirent dans la législation la tutelle légitime des patrons par une *interprétation* rationnelle de la loi précitée (Inst., tit. 17, *de legit. patronorum tutela*).

III. — De la tutelle légitime des ascendans. — De même que le patron est tuteur légitime de l'esclave impubère qu'il affranchit, l'ascendant est aussi tuteur légitime des descendans impubères qu'il émancipe. C'est donc à l'exemple de la tutelle légitime des patrons, déjà fondée sur l'interprétation et non sur le texte de la loi des Douze Tables, qu'a été introduite à son tour la tutelle de l'ascendant émancipateur (Inst. tit. 18, *de legitima parentum tutelá*).

IV. — De la tutelle fiduciaire. — Nous venons de voir que l'ascendant est tuteur légitime de ses descendans impubères émancipés. Si cet ascendant tuteur légitime vient à mourir laissant à sa survivance des enfans mâles majeurs de 25 ans, ceux-ci sont appelés à la tutelle *fiduciaire* de leurs frères ou sœurs émancipés, qui n'ont pas encore atteint l'âge de puberté (Inst. tit. 19, *de fiduciariá tutela*).

SECTION 3.

DE LA TUTELLE DÉFÉRÉE PAR LES MAGISTRATS , OU DU TUTEUR
ATILIEN. *

Un impubère ne doit jamais rester sans tuteur , car la conservation de ses intérêts est d'ordre public, *interest reipublicæ*
ne suâ re quis malè utatur (*Just. , Inst., tit. VIII , § 2.*)
Il avait donc nécessairement fallu , en l'absence de la tutelle
testamentaire, et à défaut de tout membre de la famille civile
ou de la race , c'est-à-dire des *Agnats* ou des *Gentiles*, du
moins capables d'exercer ces fonctions , que le magistrat nommât un tuteur. L'histoire nous apprend que cette troisième
espèce de tutelle fut déterminée avec une grande précision par
deux plébiscites, dont le premier est connu sous le nom de loi
Attilia, le second sous le nom de Loi *Julia* et *Titia*. La loi
Attilia appartient à la deuxième période de l'histoire du droit,
car on la fait généralement remonter à l'année 557 de la fondation de Rome ; elle chargea à Rome le préteur Urbain, assisté de la majorité des tribuns du peuple , c'est-à-dire de six
d'entr'eux , depuis que leur nombre avait été fixé à dix ,
de nommer le tuteur aux impubères dans les cas que nous
avons déjà déterminés ; de là on appela ce tuteur , Tuteur
Attilien (Ulp. , Frag. , tit. XI , § 18. — *Inst. tit. 20 ,
de Attiliano tut.*)

La seconde loi appartient à la troisième période; elle fut
promulguée en l'année 723. Ses dispositions qui ne s'appliquaient qu'aux provinces, déférèrent aux présidens de ces
provinces le droit de nommer des tuteurs. Ces deux lois ne
tardèrent pas à éprouver de sensibles modifications. En effet ,
sous l'empereur Claude , les consuls acquirent le pouvoir de
nommer les tuteurs , après examen préalable , *ex inquisitione*.
Antonin le Pieux attribua dans la suite ce droit aux préteurs.
(Inst. , ibid. , § 3.) Enfin et immédiatement avant le règne
de Justinien , les tuteurs étaient nommés , à Rome par le
préfet de la ville ou par le préteur , agissant chacun selon
leur juridiction respective , et dans les provinces par leur

---

* Cette tutelle est assez communément désignée sous le nom de
tutelle *dative*. Nous emploierons quelque fois nous-mêmes cette
dénomination. Cependant les jurisconsultes donnaient spécialement
le nom de *tuteurs datifs* aux tuteurs testamentaires. (*Gaius* , *C.* 1 ,
§ 154. — *Ulpien* , *frag.* 11 , § 14.)

— 100 —

président, moyennant une enquête préable*, ou par les magistrats municipaux sur l'ordre des présidens, *jussu præsidum*, dans les cas où les facultés pécuniaires du pupille n'étaient pas considérables. (Inst. ibid., § 4.)

D'après la législation de Justinien, en matière de tutelle dative, les tuteurs étaient nommés, dans le cas où la fortune du pupille ne s'élevait pas au-dessus d'un capital de 500 solides, par les défenseurs de chaque cité ou par tous autres fonctionnaires publics, qui devaient se conformer aux dispositions mentionnées dans le § 5 des Inst., ibid. Si la fortune du pupille dépassait la somme ci-dessus fixée, les tuteurs continuaient à être nommés à Rome par le préteur, et dans les provinces par les présidens.

Nous venons de faire connaître les diverses magistratures qui furent investies successivement de la nomination des tuteurs; car à Rome il ne fallait rien moins qu'une délégation directe et explicite de la loi pour que le magistrat eût cette prérogative, d'après la maxime : *tutoris datio neque imperii est, neque jurisdictionis, sed ei soli competit cui* NOMINATIM *hoc dedit vel lex, vel senatus-consultum, vel princeps.* Examinons maintenant avec le *prœmium* et les §§ 1 et 2 du tit. précité des Institutes de *Attiliano tutore*, les divers cas dans lesquels le magistrat était appelé à faire un choix.

Le magistrat est appelé à nommer un tuteur, nous l'avons déjà dit, en l'absence de la tutelle testamentaire et de la tutelle légitime, *si cui* NULLUS *omnino tutor fuerat.*

Lorsque l'ascendant avait nommé un tuteur testamentaire, il y avait néanmoins lieu à la nomination d'un tuteur Atilien ou datif, dans les hypothèses suivantes :

1° Si le tuteur testamentaire avait été nommé pour n'entrer en fonctions qu'à compter d'une certaine époque ou sous une condition suspensive, le magistrat nommait un tuteur jusqu'à l'échéance de cette époque ou jusqu'à l'accomplissement de la condition. C'est, en effet, une règle invariable dans le droit romain, que les tuteurs légitimes ne peuvent jamais entrer en possession de la tutelle, tant qu'il est permis d'espérer que le tuteur désigné par l'ascendant gérera un jour ses fonc-

* *Vinnius* résume de la manière suivante, d'après un fragment de Modestinus, les points sur lesquels devaient porter l'enquête du magistrat :

« *Discimus ex Modestino quatuor potissimum in rebus, eam*
» *consistere, inquiratur, tutor creandus, sit ne vitæ frugi, et*
» *honestis moribus; sit ne locuples; num se ingerere voluerit ut*
» *crearetur; denique nùm pecuniâ datâ tutelam ambierit.* »

tions : *quandiu tutela testamentaria speratur , legitima tutela cessat.*

2° Il y a encore lieu à la tutelle dont nous parlons , même lorsque la nomination du tuteur testamentaire est pure et simple , tant qu'il n'y a pas eu adition de l'hérédité de la part de l'héritier institué ; c'est là une conséquence de ce principe qu'à l'adition de l'hérédité est subordonné le sort de toutes les clauses accessoires du testament , d'après l'adage : *testamenta vim ex hæredis institutione accipiunt.*

3° Lorsque le tuteur testamentaire était retenu prisonnier chez l'ennemi , le magistrat désignait un tuteur , sauf à celui-ci à cesser ses fonctions dès que celui qui avait été nommé par l'ascendant était rentré dans sa patrie et jouissait du bénéfice du *postliminium.*

4° Enfin , lorsque le tuteur testamentaire s'était fait excuser , ou lorsqu'il avait été destitué de la tutelle , le magistrat était encore chargé de procéder à l'élection d'un tuteur.

Avant de passer à un nouvel ordre d'idées , il convient d'établir un rapprochement entre les trois espèces de tutelle que nous venons d'examiner. Ce rapprochement donne le résultats suivants :

1° La volonté du père de famille manifestée dans des actes de dernière volonté , la volonté de la loi et l'autorité du magistrat auquel une loi formelle a conféré le droit de nommer les tuteurs , sont les trois pouvoirs constitutifs de la tutelle. Il y a cette différence entre eux que le choix de l'ascendant est *facultatif*, tandis que celui du magistrat est toujours *forcé* en ce sens , que dans le cas où il y a lieu à la nomination du tuteur Atilien ou datif , le magistrat ne saurait s'empêcher de procéder à cette nomination. Quant à la tutelle instituée par la disposition de la loi , c'est-à-dire , la tutelle légitime , l'une est basée sur la lettre de la loi des XII Tables , c'est la tutelle légitime des agnats et des gentiles ; une autre repose sur l'interpretation de cette loi , c'est la tutelle légitime des patrons. Une troisième enfin n'a été admise que par une déduction de cette interprétation ; c'est la tutelle des ascendans émancipateurs.

2° La tutelle testamentaire est privilégiée à cause de l'autorité dont elle émane ; elle admet des modifications et des conditions que ne comportent pas les autres tutelles ; elle peut être déférée à des individus qui ne pourraient être ni tuteurs légitimes ni tuteurs Attiliens. Elle dispense le tuteur de l'obligation de fournir une caution , faveur qui est refusée aux tuteurs légitimes et aux tuteurs nommés par le magistrat sans enquête préalable.

3° Le tuteur testamentaire peut n'être investi de ses fonctions que pour un temps limité. Le tuteur légitime au contraire est institué de plein droit jusqu'à la cessation de la tutelle. Quant au tuteur Atilien, il est tantôt tuteur provisoire, ce qui se réalise, lorsqu'il y a nomination d'un tuteur testamentaire dont l'entrée en fonctions est suspendue; quelquefois il est tuteur définitif, ce qui se vérifie lorsqu'il est nommé en l'absence de tout tuteur testamentaire et de tout tuteur légitime.

CHAPITRE III.

Des causes d'incapacité de la tutelle.

Toutes personnes ne sont pas capables de remplir les fonctions de tuteur. Pour reconnaître les incapables, il suffira de poser ici quelques idées principales.

La tutelle, nous l'avons déjà vu, est considérée comme une charge publique, et de là il suit que l'on doit déclarer incapables de la remplir :

1° Tous ceux qui n'ont pas le droit de cité;

2° Les femmes, d'après le texte formel de la loi 18, ff de *tutelis.* — Toutefois il était reconnu qu'elles pouvaient obtenir et solliciter du Prince la tutelle de leurs enfans. — Dans la dernière période de l'histoire du Droit, l'empereur Justinien attribua, par sa Novelle 118, chapitre 5, à la mère et à l'aïeule, par préférence à tous les collatéraux, la tutelle de leurs enfans ou petits-enfans, dans l'ordre où elles étaient appelées à recueillir la succession de ces derniers, mais à la charge par elles de renoncer à tout convol à de secondes noces et au bénéfice du sénatus-consulte Velléien.

La tutelle est instituée pour la défense des impubères ; *appellantur* TUTORES, *quasi tuitores atque defensores* (Inst., tit. 13, §. 2.); d'où il faut conclure que ceux qui se trouvent dans l'incapacité d'accorder aux intérêts d'autrui une protection efficace, tels que les mineurs de 25 ans et les furieux, ne sauraient être tuteurs (sauf toutefois ce qui a été dit au chapitre de la tutelle testamentaire). Ne serait-il pas en effet inconvenant de confier la défense des intérêts d'autrui à celui qui ne peut défendre ses propres intérêts (Inst., tit. 25, *de excusat. tut. vel. curat.*, §. 13.)?

Les militaires en activité de service ne pouvaient également être tuteurs, parce qu'il importait à l'état qu'ils ne fussent pas distraits de leur service (Inst., tit. 25, *de excusat., tut. vel. curat,* §. 14).

Enfin d'après la Novelle 72. (cap. 1.), de Justinien, les creanciers et les débiteurs des pupilles furent frappé de la même incapacité, à cause de la défiance naturelle qu'ils auraient inspirée.

CHAPITRE IV.

Des obligations du tuteur.

La loi impose au tuteur légalement investi de la tutelle de nombreuses obligations; elles se rapportent, 1° à son entrée en fonctions; 2° à la durée de son administration; 3° à l'époque où finit la tutelle.

SECTION. 1re.

Des obligations du tuteur à son entrée en fonctions.

Ces obligations sont de deux sortes : elles ont pour objet ou l'inventaire que le tuteur est tenu de faire dresser préalablement à tout acte de gestion, ou la caution par laquelle il s'oblige de conserver intacte la substance du pupille, *rem pupilli salvam fore.*

§ 1.

De l'inventaire.

D'après la législation des Pandectes à laquelle le Code n'a pas dérogé, le tuteur est tenu, immédiatément après qu'il a eu connaissance de sa nomination, de faire dresser, en présence de personnes publiques, un inventaire de tous les effets mobiliers appartenant à son pupille. Cette obligation est tellement rigoureuse que le tuteur qui a négligé de s'y conformer, est frappé par cela même d'une présomption de dol, à moins qu'il ne justifie d'un empêchement légitime. Dans tous les cas, le défaut d'inventaire rend le tuteur responsable envers le pupille des dommages-intérêts que ce dernier peut prétendre, et dont la quotité est réglée en justice sur la foi du serment déféré d'office par le juge. Le but de l'inventaire est d'empêcher que la fortune du pupille ne soit dilapidée par le tuteur : il doit donc nécessairement précéder tous les actes de gestion, à moins que ces actes n'aient pu souffrir le moindre retard. (Loi 7. ff. *administ. et pericul. tut.*).

§ 2.

De la caution à fournir par le tuteur.

L'obligation de dresser un inventaire est commune à tous les tuteurs indistinctement, testamentaires, légitimes et datifs; il n'en est pas de même de l'obligation de *fournir caution.* [*] Je dois dès lors examiner quels tuteurs y sont soumis, quelle est la nature du cautionnement à fournir, et quels sont les effets de ce cautionnement, soit par rapport à ceux qui le contractent, soit par rapport aux magistrats qui sont chargés de l'exiger.

1° *Des tuteurs soumis à l'obligation de fournir caution.* — Le bail de caution est comme la faction d'un inventaire une mesure préventive dans l'intérêt du pupille; elle a été introduite par les préteurs pour empêcher qu'en cas d'insolvabilité du tuteur, les droits du pupille ne fussent entièrement sacrifiés ou du moins partiellement détruits, *ne.... pupillorum pupillarumve.... negotia à tutoribus consumantur vel diminuantur, curat prætor ut et tutores, ... eo nomine satisdent.* (*Inst., tit.* XXIV *de satisdat. ad præmium.* — *Gaius. Com.* 1, §. 199.).

En règle générale, les tuteurs légitimes (à l'exception des ascendans et des patrons qui pouvaient en être dispensés par le préteur) et les tuteurs datifs, nommés sans enquête, *sine inquisitione,* sont soumis à cette obligation; elle n'atteint ni les tuteurs testamentaires, ni les tuteurs datifs, nommés après une enquête, parce que si la fidélité des premiers est suffisamment garantie par le choix de l'ascendant, celle des seconds ressort du fait même de l'enquête. (Inst. ad prœm. *Ibid.*).

Il peut arriver cependant, s'il y a plusieurs tuteurs testamentaires, que celui d'entr'eux qui voudra conserver la gestion de la tutelle soit obligé à donner une caution. Un tuteur n'a pas sans doute le droit de demander à son co-tuteur

---

* Je ne puis m'empêcher d'exprimer ici le regret si vivement senti par les jurisconsultes modernes, de ne pas trouver dans nos lois la même garantie en faveur des pupilles. Cette omission, expose un grand nombre d'entr'eux à une ruine infaillible, lorsque leur tuteur est insolvable. Il est vrai que dans notre Droit le pupille trouve dans l'institution du subrogé-tuteur un principe de protection qui n'existait pas chez les Romains : mais cette protection est bien moins efficace que la garantie résultant du cautionnement.

de fournir caution; mais il peut, en lui offrant cette caution, lui donner le choix ou de l'accepter, et de renoncer à la gestion tutélaire, ou d'en offrir une de son côté pour obtenir exclusivement la même gestion (Inst. ibid. §. 1ᵉʳ.).

Si aucun des tuteurs n'offre de fournir caution, la gestion appartient à celui que le testateur aura désigné. S'il n'y a pas eu de tuteur gérant désigné par le testateur, ou si celui qui a été désigné refuse la gestion, elle sera dévolue à celui que la majorité des co-tuteurs aura choisi à cet effet ; et dans le cas où les co-tuteurs ne tomberaient point d'accord sur ce choix, il sera fait par le magistrat. Les lois avaient admis dans le concours de plusieurs tuteurs ce moyen de concentrer dans les mains d'un seul toute l'administration de la tutelle : indivise entre tous elle eût été infailliblement une source de confusion et de désordre (Inst. §. 1 , ibid.).

Les tuteurs qui ne gèrent point, prennent le nom de *tuteurs honoraires ;* et ceux qui sont chargés de la gestion celui de *tuteurs onéraires.* Les tuteurs honoraires ne sont pas néanmoins dégagés de toute responsabilité, puisque, après avoir discuté les biens des tuteurs onéraires, le pupille a contre les premiers une action subsidiaire (L. IIIᵉ, §. 2, dig. *de adminis. tut. vel. cur.* — Inst. liv. 3ᵉ, tit. 20, §. 20, *de inutilibus stipulationibus.*). — Cette responsabilité n'a rien d'injuste, car bien qu'ils n'aient pas administré, ils ont du surveiller l'administration des tuteurs onéraires et se reprocher, dans les cas ou ceux-ci auraient malversé, de ne pas les avoir dénoncés comme suspects.

2° La caution à fournir en matière de tutelle consiste dans l'engagement contracté par un ou plusieurs fidéjusseurs, et résultant d'une stipulation solennelle, de répondre personnellement, dans l'intérêt du pupille, de toutes les obligations qu'impose la tutelle au tuteur qui entre en fonctions, (*cautio fidejussoria per sollemnem stipulationem quâ promittunt rem pupilli salvam fore*). — Si le tuteur se refuse à fournir ce genre de cautionnement, il devient passible de la *caution réelle,* ce qui entraîne la saisie à son préjudice d'un gage nécessaire pour assurer les droits du pupille (Inst. t. 24, §. 3).

3° *Effets du cautionnement en matière du tutelle.* — Entre le tuteur et ses cautions ou fidéjusseurs, le cautionnement produit les mêmes effets généraux qu'entre le débiteur ordinaire et les cautions qui s'obligent pour lui. Vis-à-vis du pupille, les fidéjusseurs sont tenus de le garantir de toutes les pertes qu'il aura éprouvées par le fait ou la négligence du tuteur, et après la fin de la tutelle, il peut exercer contr'eux

14

l'action dérivant de la stipulation par laquelle ils se sont liés, action désignée en droit sous le nom de *actio ex stipulatu*.

Indépendamment de l'action contre les fidéjusseurs, l'empereur Trajan accorda encore aux pupilles une action subsidiaire contre les magistrats inférieurs chargés d'exiger caution de la part des tuteurs, et qui avaient négligé de remplir ce devoir ou qui ne l'avaient qu'imparfaitement rempli en acceptant des cautions insuffisantes.

Antonin déclara que cette action subsidiaire s'étendrait jusqu'aux héritiers des magistrats responsables (Inst., §. 2 et 4. ibid.). — Constantin vint augmenter encore la somme de ces garanties, en grevant les biens du tuteur d'une hypothèque tacite au profit de leurs pupilles. — Enfin Justinien soumit les tuteurs à la prestation d'un serment par lequel ils s'obligeaient à gérer fidèlement les fonctions de la tutelle.

SECTION 2.

Des obligations du tuteur pendant son administration.

C'est un principe consigné dans plusieurs textes que le tuteur est donné principalement, à la *personne du pupille*, et par voie de conséquence seulement *à ses biens* qu'il doit toujours administrer en bon père de famille ; *tutor* PERSONÆ *non* CAUSÆ *datur* (Inst., tit. 14, *qui testamento tutores dari possunt*, §. 4).

Quelle interprétation doit-on donner à ces expressions : le tuteur est donné à *la personne* ?

Il faut les entendre en ce sens que le tuteur est moins donné à la personne *physique* ou *morale* du pupille, qu'à la *personne civile*.

Sans doute le tuteur est obligé de faire décerner des alimens au pupille et de pourvoir à son entretien ; sans doute il doit aussi surveiller avec soin son éducation *morale* comme son éducation *physique*. Mais il se borne ordinairement à exécuter pour cet objet les décisions du préteur qui était chargé de déterminer le montant des dépenses annuelles du pupille, et de fixer le lieu dans lequel il devrait résider et recevoir son éducation. Ces principes sont consacrés par l'ensemble des dispositions du tit. du *Digeste, Ubi pupillus educari vel morari debeat.*

La mission spéciale du tuteur est donc de représenter le pupille dans tous les actes ordinaires de la vie civile, ou de compléter la personne civile de ce pupille, lorsque celui-ci agit personnellement.

Pour mieux apprécier les fonctions que le tuteur est appelé à remplir, il faut distinguer avec le §. 10 du tit. 20 du liv. 3, les diverses périodes dans lesquelles le pupille se trouve par rapport à son âge. Est-il âgé de moins de sept ans? il ne peut manifester aucune volonté ; il est presque assimilé par la loi au furieux, *non multùm à furioso distat*, par cela même il est incapable de tous les actes de la vie civile. Pendant la durée de cette première période, son tuteur le représente et agit nécessairement pour lui et en son nom. Il ne saurait entrer dans notre plan d'énumérer ici en détail les actes divers qu'un tuteur peut être appelé à faire dans l'intérêt de son pupille ; le tit. 7 du Liv. XXVI du *Digeste* renferme à cet égard un ensemble de décisions qui doivent servir de règle pour tous les cas qui n'ont pas été formelment prévus. Qu'il nous soit seulement permis de faire remarquer que dans tous les actes de son administration, le tuteur est, selon le jurisconsulte Paul, *quantum ad providentiam pupillarem domini loco* (loi. 27. ff. ibid.) et que selon le jurisconsulte Marcellus, tout son mandat se résume à ne pas laisser son pupille sans défense (loi 30 ibid.). *

Le pupille est-il au contraire âgé de plus de sept ans? il est alors doué de quelque discernement, il peut traiter personnellement, mais le consentement qu'il exprime est encore *défectueux*, et doit recevoir sa *confirmation* ou plutôt son *complément* par l'approbation du tuteur. De là l'étymologie de ces mots AUCTORITAS *tutoris* ; *auctoritas*, du mot latin AUGERE qui signifie *augmenter*. En effet l'autorisation du tuteur augmente la force des actes faits par le pupille, en leur attribuant une validité qu'ils n'auraient pas sans cela.

Dans quels actes et en quelles formes l'approbation du tuteur doit-elle intervenir ?

La tutelle étant instituée principalement dans l'intérêt du pupille et pour l'empêcher de rendre sa condition plus onéreuse, il s'ensuit que l'approbation du tuteur n'est pas nécessaire, toutes les fois que le pupille fait sa condition meilleure, *namque placuit meliorem quidem suam conditionem licere ei facere, etiam sine tutoris auctoritate, deteriorem*

---

* Il ne faut pas induire de là que le tuteur ait le droit de faire toute espèce d'actes sans distinction au nom de son pupille. — Ainsi il ne pouvait le représenter pour faire acte d'adition d'une hérédité. — 2° D'après la législation de Sévère, les tuteurs ne pouvaient aliéner sans formalités les *prædia rustica*, *vel suburbana* de leurs pupilles. (L. 1, ff. *De rebus eorum qui, etc.*) — 3° L'approbation qu'ils auraient donnée au testament fait par ceux-ci ne lui aurait donné aucune consistance légale.

verò, non aliter quam cum tutoris auctoritate (ad prœmium tit. 21. Inst. *de tut. auct.*).

Ce principe est cependant soumis à des exceptions consignées dans le §. 1 , ibidem, qui nous apprend, que le pupille ne peut, sans le consentement de son tuteur; ni faire acte d'adition d'hérédité, ni demander la possession des biens, ni accepter une hérédité fidéi-commissaire, alors même que cette hérédité lui serait avantageuse, *quamvis lucrosa sit.* ⁎

Quant aux actes qui pourraient être préjudiciables au pupille et rendre sa condition plus mauvaise , ils ne sont obligatoires pour lui qu'autant qu'ils ont été approuvés par le tuteur. Ainsi, le pupille peut , d'après le §. 9 du tit. 20 du Liv. 3 des Inst. précité, obliger les autres vis-à-vis de lui, sans avoir besoin du consentement de son tuteur, tandis qu'il n'est obligé lui-même vis-à-vis des autres qu'avec ce consentement.

L'autorisation du tuteur, *tutoris auctoritas* , consiste donc dans l'*approbation* qu'il donne aux actes souscrits par son pupille; son approbation doit être donnée immédiatement et sans trait de temps par le tuteur présent ; elle ne pourrait être valablement donnée ni par lettre, ni par l'intermédiaire d'un messager (Inst. , tit. 21 , §. 2 , *de auctorit. tutorum*). Il faut remarquer encore avec le même paragraphe que le tuteur est le maître d'accorder ou de refuser son approbation, selon qu'il le juge convenable aux intérêts du pupille. Enfin, son approbation , lorsqu'il croit devoir l'accorder , doit toujours être pure et simple , alors même que le traité souscrit par le pupille serait soumis à quelque condition (L. 8 , ff. , *de tut. auctoritate*).

⁎ Sur quoi ces exceptions sont-elles fondées ? — Les uns les expliquent en disant que l'adition d'hérédité étant un de ces actes que l'on appelait chez les Romains *actus legitimus* , elle ne pouvait jamais avoir lieu sans le consentement du tuteur. D'autres (et de ce nombre est M. *Ducaurroy* qui a reproduit la doctrine de Cujas) estiment que le pupille peut bien faire tous les actes qui n'exigent pas *magnum animi judicium* , mais qu'il en est autrement de ceux qui comme l'adition d'hérédité, supposent un discernement , un développement , une maturité d'intelligence que n'admet point l'âge du pupille.

Ne pourrait-on pas les expliquer encore d'une manière tout aussi rationnelle par cette simple observation, qu'une hérédité lucrative ou riche en apparence peut être grevée de dettes ou de charges cachées, et qu'alors il y aurait toujours danger de laisser au pupille *seul* le droit de l'accepter, puisque cette acceptation doit le soumettre au paiement de toutes les charges héréditaires ?

Des obligations du tuteur après la fin de la tutelle.

Le tuteur est tenu, à l'expiration de la tutelle, de rendre compte de sa gestion (Inst. tit. 20 ; *de attiliano tutore*, §. 7). Cette reddition de compte a lieu sur *l'action directe* de tutelle (*actione directâ tutelæ*), que le pupille peut intenter contre lui. Le tuteur doit indemniser le pupille de toutes les pertes qu'il lui a fait éprouver *in omittendo vel in faciendo*, c'est-à-dire, par son dol, sa faute ou même son défaut de soins, parce qu'il est tenu d'apporter à la conservation des intérêts du pupille le même soin qu'à la conservation de ses intérêts personnels (L. 1, ff. *de tutelæ et rationibus distrahendis*). De son côté, le pupille est passible de *l'action contraire* de tutelle (*actio contraria tutelæ*), par laquelle le tuteur a droit de répéter de lui toutes les avances qu'il a faites dans son intérêt, *id quod in rem pupilli impendit* (L. 1, ff. , *de contraria et utili actione tutelæ*).

CHAPITRE V.

Des diverses manières dont la tutelle prend fin.

La tutelle finit ou de plein droit, ou par le ministère du juge ; *ipso jure, vel officio judicis*. J'examinerai séparément les diverses causes d'extinction qui rentrent dans l'une ou dans l'autre de ces deux divisions.

Des diverses manières dont la tutelle finit de plein droit.

Les causes de cette nature, qui mettent fin à la tutelle, proviennent ou du chef du pupille ou du chef du tuteur.

De la part du pupille ce sont ;

1° La puberté, qui avant Justinien se déterminait ou par le nombre des années ou par *l'habitus corporis*, et qui sous le regne de ce prince fût fixée à 12 ans pour les femmes et à 14 ans pour les garçons (Inst. tit. 22 , *quibus modis tutela finitur* ad prœmium);

2° La mort naturelle (Inst. §. 3 , ibid.).

3° Un changement d'état ou diminution de tête quelconque (§. 1 , ibid.).

De la part du tuteur ce sont ;

1° La mort naturelle (§. 3 , ibid.).

2° La plus grande et la moyenne diminution de tête seulement à l'égard de tous les tuteurs en général , tandis que pour les tuteurs légitimes en particulier, la plus petite diminution suffisait , avant la Novelle de Justinien , pour les priver de la tutelle (Inst. , §. 4 , ibid.).

3° L'expiration (à l'égard des tuteurs testamentaires seulement) du terme, ou l'accomplissement de la condition résolutoire , lorsque le tuteur avait été nommé sous l'une de ces deux modifications (§. 2 et 5 , ibid.).

La captivité du pupille ou du tuteur devenus prisonniers chez l'ennemi , peut être regardée comme une cause de cessation provisoire de la tutelle , sans préjudice néanmoins des effets du droit de *postliminium* que j'ai déjà fait connaître (§. 1 , ibid.).

On doit remarquer que lorsque la tutelle prend fin du chef du tuteur, il y a moins extinction proprement dite de la tutelle que cessation des pouvoirs du tuteur gérant , puisque dans tous les cas il faut nommer un nouveau tuteur jusqu'à ce que la tutelle cesse du chef du pupille.

SECTION II.

Des diverses manières dont la tutelle finit par le ministère du juge.

La tutelle prend fin , par l'effet de l'intervention du juge , soit parce que le juge admet l'excuse proposée par le tuteur , soit parce qu'il prononce sa destitution. (§. 6 , ibid.).

§. 1.

Des excuses de la tutelle.

La tutelle, nous l'avons déjà vu , est considérée comme une charge publique , *tutelam placuit publicum munus esse.* (Inst. *de excusationibus, tut., vel. cur.* ad prœ.). De là il suit que ceux-là seulement peuvent se dispenser d'être tuteurs qui font valoir une excuse consacrée par la loi. Les excuses peuvent être divisées en plusieurs classes. La première classe se compose des excuses fondées sur la nécessité de proportionner les charges aux facultés de chaque personne. Dans la seconde classe sont comprises celles qui ont été introduites pour favoriser la population ; dans la troisième, celles qui ont été admises comme récompenses de services publics ; dans la quatrième , celles qui sont fondées sur les inconvéniens qui pourraient résulter pour le tuteur des soupçons auxquels il se trouverait exposé.

Reprenons cette classification :

1° Il est nécessaire de proportionner les charges aux facultés de chaque personne ; et de là , ceux qui sont déjà chargés de trois tutelles ou curatelles qu'ils n'ont point recherchées , sont dispensés d'en accepter une quatrième , conformément aux dispositions du §. 5 , du tit. 25 précité. L'état de pauvreté ou de maladie (§. 6 et 7 , ibid.) ; l'impérité des affaires et l'âge de 70 ans révolus sont encore de justes motifs d'exemption (§. 8 et 13 , ibid.).

2° Pour favoriser la population, les législateurs romains accordèrent l'exemption de la tutelle aux pères d'une nombreuse famille. Le nombre des enfans auquel s'attachait cette immunité, était à Rome de 3 , en Italie de 4 , et dans les provinces de 5 (ad prœ. ibid.). Pour former ce nombre , on ne comptait que les enfans légitimes actuellement existans , émancipés ou non émancipés. Les enfans adoptés comptaient pour leur père naturel et non pour leur père adoptif. Ceux qui étaient morts ne comptaient pas, sauf deux exceptions. La première était établie en l'honneur des enfans qui avaient péri dans les combats pour la défense de leur patrie , parce que, selon la belle pensée du jurisconsulte romain, *qui pro republicâ ceciderunt, in perpetuum per gloriam vivere intelliguntur.* La seconde avait lieu, lorsque les enfans étaient morts à la survivance d'une postérité légitime ; les petits-enfans comptaient dans ce cas en faveur de leur aïeul paternel , mais seulement en représentation de leur père prédécédé (Inst. ad prœ. ibid.).

3° Sont dispensés de la tutelle à titre de récompense de services publics :

Les vétérans qui , parvenus au terme de leur service , ont obtenu honorablement leur congé ;

Ceux qui sont absens , dans l'intérêt de l'état, en observant toutefois les précisions consignées dans le §. 2 , ibid. ;

Ceux qui remplissent des fonctions publiques et qui sont investis d'une autorité quelconque , *qui potestatem aliquam habent* (§. 3 , ibid.) ;

Ceux qui sont chargés de l'administration des biens appartenant au fisc (§. 1 , ibid.) ;

A Rome les grammairiens , les rhéteurs , les médecins et tous ceux qui exercent des professions libérales dans le sein même de leur patrie , *qui in patriâ suâ et intrà numerum has artes exercent* (§. 15 , ibid.).

4° Pour soustraire les tuteurs aux inconvéniens résultans
des soupçons qui auraient pu s'élever contr'eux, la loi a dis-
pensé de la tutelle ceux qui auraient avec le pupille un
procès , dans lequel il s'agirait de la plus grande partie des
biens de ce dernier (§. 4 , ibid.) , et ceux qui auraient eu des
inimitiés capitales avec le père du pupille , à moins qu'une
réconciliation ne soit intervenue (§. 11 , ibid.).

Il est encore d'autres excuses fondées sur quelques motifs
particuliers; elles sont énumérées dans les §. 9 et 12 , ibid.

Dans quel délai et dans quelles formes ces excuses doivent-
elles être proposées pour être accueilles par le magistrat ?

Il faut remarquer d'abord que le tuteur qui peut faire
valoir , avant d'entrer en fonctions , telle excuse pour se dispenser d'accepter la tutelle , ne peut pas s'en servir également
pour déposer une tutelle *qu'il a déjà acceptée* (§. 3 , ibid.);
et que dans certains cas , les tuteurs sont censés avoir renoncé
à faire valoir les excuses introduites en leur faveur (§. 9 ,
ibid.).

Ils sont encore non-recevables à les proposer , lorsqu'ils ne
se sont pas pourvus à cet effet dans le délai fixé par le §. 16
du même titre. Les dispositions du même paragraphe nous font
aussi connaître la forme en laquelle le tuteur doit agir pour
faire admettre l'excuse qu'il invoque. Il n'est pas obligé de se
pourvoir par appel contre la décision qui l'a nommé , sauf à
appeler de la sentence qui aurait mal à propos rejeté son
excuse. — Pour être accueillie , l'excuse doit porter sur toute
l'administration tutélaire , en ce sens , que le magistrat ne
dispenserait pas le tuteur qui ne demanderait à être excusé
que pour une partie de la gestion , *datus autem tutor ad
universum patrimonium datus esse creditur* (§. 17 , ibid.).
Il faut enfin remarquer que la loi était si rigoureuse à l'égard
de la sincérité des excuses, que le tuteur qui aurait surpris la
religion du magistrat , en se faisant excuser à l'aide de faux
motifs , n'en continuerait pas moins à être chargé du fardeau
de la tutelle ; *si quis autem falsis allegationibus excusa-
tionem tutelæ meruit , non est liberatus onere tutelæ* (Inst.
§. 20 et dernier , ibid.).

§. 2.

De la destitution de la tutelle.

Les notions que nous avons exposées sur les obligations
des tuteurs , avant d'entrer en fonctions , ont donné une juste
idée des garanties successivement introduites dans l'intérêt

des pupilles. Ces garanties furent les fruits de l'expérience ; elles se développèrent à mesure que tous les dangers dont pouvaient être environnés les pupilles, s'étaient manifestés. Il n'en fut pas ainsi de la garantie dont nous allons parler, c'est-à-dire, de l'accusation contre les tuteurs pour cause de suspicion. Elle remonte à la loi de XII tables ; ainsi que l'enseigne Justinien dans le prœmium du tit. 26, *de suspecti tutoris.*

Les magistrats compétens pour connaître de cette accusation (*suspecti crimen*), étaient : à Rome, le préteur, et dans les provinces, leurs présidens respectifs, et le légat du proconsul.

Les causes pour lesquelles pouvait être intentée l'action en suspicion, étaient d'abord l'administration frauduleuse du tuteur. Le tuteur est censé administrer frauduleusement, lorsqu'il ne gère pas fidèlement son mandat, bien que d'ailleurs il soit solvable ; *suspectus est qui non ex fide tutelam gerit, licet solvendo sit* ; ce qui est conforme au principe conservateur : *melius est intacta jura servare, quam vulneratâ causâ remedium quærere* (Inst. §. 5, ibid.). Quelquefois même le tuteur est suspect avant d'entrer en fonctions ; par exemple, s'il se refuse à remplir une des obligations principales que la loi lui impose, c'est-à-dire à donner caution (ibid.).

Au reste, on conçoit facilement que le tuteur, dont la gestion serait reconnue frauduleuse, devrait être destitué de la tutelle, alors même qu'il offrirait de donner caution. Telle est la disposition du §. 12 et dernier du titre 26 précité. Le même texte nous enseigne qu'il faut ranger parmi les causes de suspicion l'immoralité du tuteur, tandis que la tutelle doit être maintenue sans difficulté à celui qui est dans l'état de pauvreté, si, d'ailleurs, ses mœurs sont pures et irréprochables, et s'il gère, avec la fidélité et le zèle convenables, la charge qui lui a été déférée.

Le refus que ferait le tuteur de se présenter devant le magistrat, pour faire décerner des alimens au pupille, doit être considéré comme un troisième motif de suspicion, de nature à entraîner la destitution de la tutelle (§. 9, ibid.). Dans ce cas, le pupille est provisoirement envoyé en possession des biens du tuteur qui se refuse à venir devant le magistrat, et on lui donne un curateur qui doit se conformer aux dipositions du même paragraphe.

Tout tuteur, en général, testamentaire, légitime ou datif, est soumis à l'action en suspicion. Le *patron* lui-même, tuteur légitime de son affranchi, n'est point excepté de cette disposi-

15

tion; seulement, par égard pour sa réputation, au lieu de l'exclure de la tutelle on peut se borner à lui adjoindre un curateur.

L'action en suspicion était publique en ce sens qu'elle pouvait être intentée par toute personne indistinctement. Un rescrit des empereurs Sévère et Antonin avait admis les femmes elles-mêmes à l'exercer, pourvu toutefois qu'elles fussent unies à la personne du pupille par les liens du sang, ou qu'elles fussent guidées par une affection sincère et dégagée de tous motifs propres à blesser la pudeur et la réserve naturelle à leur sexe (§. 3, ibid.). Les impubères eux-mêmes n'étaient cependant pas recevables à intenter contre leur tuteur l'accusation de suspicion (§. 4, ibid.).

L'effet de la demande en destitution que l'accusation renfermait implicitement était d'enlever provisoirement au tuteur l'administration de la tutelle (§. 7, ibid.), tandis que la destitution privait définitivement de cette administration le tuteur reconnu suspect par le juge.

La destitution était quelquefois pure et simple ; quelquefois au contraire elle emportait infamie, ce qui avait lieu si le tuteur était exclu de la tutelle pour cause de dol ou de fraude, ou de faute grave qui était assimilée au dol (§. 6, ibid.). Enfin, elle avait lieu avec renvoi devant le préfet de la ville pour l'application d'une peine extraordinaire dans les trois cas suivants dont la gravité méritait des dispositions toutes particulières ; 1° si le tuteur destitué était un affranchi, convaincu de fraude dans la gestion de la tutelle des enfans ou des petits-enfans de son patron (§. 11, ibid.) ; 2° si le tuteur avait été destitué pour avoir faussement affirmé que l'état pécuniaire de son pupille ne permettait pas de lui décerner des alimens (§. 10, ibid.) ; 3° enfin, s'il s'agissait d'un tuteur qui eût acquis la tutelle à prix d'argent.

Je dois remarquer en terminant que, si le tuteur vient à mourir pendant le procès qui lui a été intenté pour cause de suspicion, l'accusation est éteinte de plein droit (§. 8, ibid).

CHAPITRE VI ET DERNIER.

Des règles spéciales à la curatelle.

La CURATELLE (cura, curatio) est comme la tutelle, un pouvoir destiné à protéger des incapables. Son institution est fort ancienne dans l'histoire du droit romain, car on en retrouve des traces jusque dans la loi des Douze Tables.

Les Décemvirs avaient, en effet, placé sous la curatelle

des *agnats*, et en défaut des *gentiles*, les prodigues, qui ayant succédé *ab intestat* à leurs ascendans, avaient été privés de l'administration de leurs biens à cause de leur prodigalité. *Lex Duodecim Tabularum furiosum, itemque prodigum cui bonis interdictum est*, *in curatione jubet esse adgnatorum*, disait Ulpien dans ses fragmens, tit. XII, *de Curat.*, § 2. Godefroy rétablit, d'après Cicéron, le fragment de la loi des Douze Tables, de la manière suivante : SI FURIOSUS AUT PRODIGUS EXISTAT, AST EI CUSTOS NEC ESCIT, ADGNATORUM, GENTILIUMQUE IN EO PECUNIAVE EJUS POTESTAS ESTO.

Sous l'influence du droit prétorien, la curatelle ne tarda pas à prendre de l'extension. Les préteurs nommèrent des curateurs aux affranchis déclarés prodigues, et aux ingénus qui, après avoir hérité de leurs ascendans par testament, dissipaient en de folles dépenses le patrimoine qu'ils en avaient reçu. Ulpien nous a conservé la belle formule d'interdiction que le préteur employait lorsqu'il retirait aux prodigues l'administration de leurs biens : QUONIAM BONA PATERNA AVITAQUE NEQUITIA TUA DISPERDIS, LIBEROSQUE TUOS AD EGESTATEM PERDUCIS : OB EAM REM TIBI EA RE COMMERCIOQUE INTERDICO.

On n'avait pas d'abord songé à donner des curateurs à cause de la faiblesse de l'âge ; les pubères n'étaient pas divisés en plusieurs classes. Dès que les individus du sexe masculin (car nous savons que les femmes étaient soumises à la tutelle pendant toute leur vie), avaient atteint la puberté, affranchis de la puissance tutélaire, ils obtenaient le libre exercice de leurs droits. Mais l'expérience ne tarda pas à prouver qu'il était facile d'abuser de leur faiblesse. Aussi en l'an 528 de la fondation de Rome, un plébiscite connu sous le nom de loi *Plætoria* (d'autres disent *Lætoria*), prononça un jugement infamant contre ceux qui profiteraient de l'inexpérience des jeunes romains récemment parvenus à l'âge de puberté. Il permit d'ailleurs aux mineurs de vingt-cinq ans de demander qu'on leur nommât un curateur, lorsque cette demande serait appuyée sur un motif grave (*propter lasciviam et dementiam*), disent les fragmens de ce plébiscite. Les préteurs se montrèrent encore plus favorables, en promettant aux mineurs de XXV ans la rescision des conventions dans lesquelles leurs intérêts auraient été lésés. Enfin, dans le cours de la troisième période, l'empereur Marc-Aurèle autorisa, par une de ses Constitutions, tous les pubères mineurs de XXV ans, à demander un curateur, en n'invoquant à l'appui de leur demande d'autre cause que leur minorité. A compter de cette époque on distingua donc les pubères majeurs des mineurs de

vingt-cinq ans. Ulpien qui écrivait un demi-siècle environ
après le règne de Marc-Aurèle, faisait allusion à cette nouvelle espèce de curatelle, déférée par le préteur, en disant :
*Præterea, dat (prætor) curatorem ei etiam qui nuper pubes
factus, idoneè negotia sua tueri non potest.*

Les pubères mineurs de XXV ans n'étaient pas d'ailleurs
obligés de réclamer la nomination de ce curateur; c'est un
principe consacré par plusieurs jurisconsultes et notamment
par Papinien (l. 13, § 2, ff. *de tut. et curat. dat.*), et Modestinus (l. 2, ff. *qui pet. tut. vel curat.*), qu'on ne donnait
pas des curateurs aux mineurs contre leur volonté, que les
magistrats ne les accordaient qu'à ceux qui réclamaient cette
assistance, *minoribus desiderantibus.* Il n'en est pas ainsi en
matière de tutelle; car il est de principe constant que les impubères reçoivent un tuteur *malgré eux.* Mais dès que le curateur était nommé, les mineurs ne pouvaient s'affranchir de
la curatelle que lorsqu'ils avaient atteint l'âge de XXV ans
accomplis, à moins qu'avant cet âge ils n'eussent obtenu du
Prince *veniam ætatis*, des dispenses d'âge. Les mineurs
étaient naturellement intéressés à demander la nomination
de ce curateur, car traitant avec son assistance, ils offraient
aux tiers beaucoup plus de garanties et de sûretés; quelquefois cependant, comme l'a fait observer M. Hugo, ils pouvaient se trouver sans intérêt pour former une semblable demande.

La règle que les mineurs ne recevaient point de curateurs
malgré eux souffrait exception: 1° à l'égard des procès (*Inst.*
§ 2 *de curat.*) ce qui justifie l'adage : *curator ad certam
causam dari potest*, adage proscrit en matière de tutelle;
2° à l'égard des payemens qui devaient être faits aux mineurs;
3° pour les comptes que leur tuteur avait à leur rendre (*L.* 7,
§ 2, *ff. de minori.*)

Ce n'était pas d'ailleurs toujours après la cessation de la
tutelle, qu'un curateur pouvait être donné; les pupilles eux-
mêmes, c'est-à-dire, ceux qui étaient en tutelle, recevaient
un curateur, dans tous les cas prévus et déterminés par le
§ 5 *du tit. XXIII, de* Curat. On y voit que la décision
relative à quelques-uns de ces cas repose sur la maxime du
droit romain : *tutorem habenti tutor dari non potest.*

D'autres fragmens émanés des jurisconsultes et ramenés
en partie dans le § 4 *ibid.*, attestent que l'on donnait encore
des curateurs aux muets, aux sourds, aux personnes frappées
de démence, à celles qui étaient travaillées d'une maladie
incurable et généralement à celles qui étaient incapables de
bien administrer par elles-mêmes leurs affaires, *quæ rebus
suis superesse non possunt.*

D'après les observations qui précèdent on voit que les romains distinguaient deux espèces de curatelle, les curateurs *légitimes* et les curateurs *honoraires*. *Curatores* LÉGITIMI *sunt qui ex lege XII Tabularum descendunt*, disait Ulpien dans ses fragmens, *aut* HONORARII, *id est qui à prætore constituuntur*. (*Tit XII, de cur.* § 1er). Le droit romain n'admit pas de curatelle analogue à la tutelle testamentaire, ni à la tutelle légitime des patrons émancipateurs, ni analogue enfin à la tutelle fiduciaire. Lorsqu'il n'y avait pas d'agnats, ou lorsque l'agnat était inhabile à l'administration, les curateurs étaient nommés par les magistrats; toutefois si la curatelle testamentaire n'était pas reçue en droit, le curateur nommé par l'ascendant aurait été cependant confirmé par le magistrat (*Just. Inst. ibid.* § 1er).

Justinien nous apprend d'ailleurs que les magistrats qui nommaient les curateurs étaient les mêmes qui procédaient à l'élection des tuteurs.

Quelles fonctions les curateurs avaient-ils à remplir ?

Pour résoudre cette question, il faut nécessairement distinguer parmi les causes qui ont donné lieu à la curatelle. S'agit-il de la curatelle à laquelle pouvaient se soumettre depuis la loi *Plætoria* et plus généralement depuis la constitution de Marc-Aurèle les pubères mineurs de XXV ans ? Les fonctions des curateurs sont bien moins étendues que celles des tuteurs. — Placés par le développement de leur âge dans une condition plus avantageuse que celle des pupilles, les adultes sont jugés capables de conduire leur personne. Ils peuvent se marier, consentir à une adrogation, seulement ils n'ont pas encore, bien qu'ils aient acquis la puberté, toute la capacité nécessaire pour administrer eux-mêmes leurs affaires, *licet puberes sint, adhuc tamen ejus ætatis sunt ut sua negotia tueri non possint* (*Instit. de curat. ad præm.*).

Le mandat du curateur consiste dès-lors dans la prestation de son assistance aux actes souscrits par le pubère mineur de XXV ans, ou bien encore le curateur représente ce pubère comme une espèce de procureur lorsqu'il est personnellement empêché d'agir. Il n'en est pas ainsi du tuteur qui est chargé de protéger principalement la personne et accessoirement les biens de ses pupilles. De là cet adage, *tutor* PERSONÆ, *curator* REI *datur*.

S'agit-il au contraire, d'une autre curatelle, par exemple, de celle des furieux, des individus frappés de démence ? Le curateur est nécessairement investi d'un mandat plus large, car il est obligé de gérer par lui-même les affaires de ceux qui sont placés sous sa surveillance ; puisque ceux-ci sont placés sous le poids d'une incapacité absolue. Le curateur agit et administre personnellement.

Pour ce qui est des sourds et des muets, qui reçoivent, comme nous l'avons dit, un curateur, il faut avoir égard à la nature de leur infirmité pour connaître les actes qu'ils sont capables ou incapables de souscrire eux-mêmes.

Dans tous les cas où le curateur est donné à une personne en proie à une maladie physique ou morale, il ne doit d'ailleurs rien négliger pour améliorer son sort et favoriser sa guérison. Le jurisconsulte Julien écrivait à ce sujet : *consilio et opera curatoris tueri debent non solum patrimonium, sed et corpus et salus furiosi L. 7, ff. de curat. fur.*

Mais quelle que soit la cause qui ait donné lieu à la curatelle, les curateurs ont cela de commun avec les tuteurs qu'ils sont comme eux ; 1° obligés de fournir une caution (*satisdationem*) avant d'entrer en fonctions ; 2° soumis à l'action pour cause de suspicion ; 3° enfin que la curatelle étant comme la tutelle une charge publique (*munus publicum*), les excuses dont les tuteurs pouvaient se prévaloir étaient également applicables aux curateurs. (*Inst. tit. XXIV, XXV et XXVI.*)

La curatelle finit d'ailleurs avec les causes qui lui ont donné naissance. Ainsi elle s'éteint pour les pubères dès qu'ils ont atteint l'âge de XXV ans accomplis ou par les dispenses d'âge qu'ils pouvaient obtenir de l'empereur lorsqu'ils avaient fait preuve d'une conduite régulière, pour les prodigues et les fous, dès que les uns étaient guéris, les autres revenus à des mœurs plus saines.

Ici se termine l'énumération des principales dispositions du 1er livre des Institutes de Justinien.

Ces dispositions règlent, comme on le voit, la condition de l'homme considéré par le législateur romain sous trois grands points de vue puisqu'elles nous le montrent tour-à-tour libre ou esclave ; chef de la famille, investi à ce titre de la puissance paternelle, ou fils de famille, soumis en cette qualité à la même puissance ; enfin placé, à cause de la faiblesse de son âge, sous la tutelle d'autrui pour l'exercice de ses droits, ou exerçant tous ses droits par lui-même et jouissant d'une indépendance absolue.

C'est donc dans ce livre que se trouve traitée la partie la plus intéressante et en même temps la plus dramatique de la législation romaine ; l'esclavage avec ses sources et ses effets ; la famille avec sa constitution intérieure, les obligations qu'elle impose et les priviléges qu'elle procure ; l'autorité tutélaire protégeant dans un but d'utilité publique et privée le chef naissant d'une maison nouvelle, auquel son âge ne permet pas de défendre ses droits.

Dans les tableaux que nous avons rapidement esquissés, l'observation nous permet de découvrir facilement tous les traits de la physionomie romaine.

L'histoire des sources du Droit a fait passer sous nos yeux la nomenclature des pouvoirs politiques des romains, le faisceau de leurs magistratures, les diverses formes de leur gouvernement, la monarchie, la république, l'empire. — Les lois promulguées par Auguste pour apporter des entraves à la liberté des affranchissemens, ou faire de l'inégalité des conditions un obstacle au *connubium*, nous ont donné une juste idée des mœurs romaines, de leur corruption, de la restauration qui était devenue nécessaire à une époque où les guerres civiles venaient de s'éteindre, où Rome avait déjà achevé la conquête du monde. — D'un autre côté, le fragment des XII Tables qui interdisait le mariage entre les patriciens et les plébeiens, et l'abrogation presque instantanée de cette prohibition, nous ont rappelé, en portant notre attention sur des temps plus reculés, la lutte si longue et si animée de l'élément démocratique contre l'élément aristocratique, et nous ont fait présager les triomphes réservés au premier de ces élémens.

Si des idées politiques nous passons aux doctrines philosophiques ou religieuses, le Stoïcisme ne s'est-il pas montré à nos regards, important de la Grèce dans l'Italie ses théories austères, et faisant pénétrer les règles de la morale dans la jurisprudence romaine ? Les définitions du Droit, de la Justice, de la mission des Jurisconsultes portent l'empreinte visible de ses préceptes.

Mais c'est surtout le Christianisme qui nous a fait le plus souvent reconnaître son irrésistible influence. A compter de Constantin, son cachet se rencontre sur tous les monumens de la jurisprudence romaine. On le retrouve dans les lois de Justinien qui abrogent les restrictions apportées par Auguste à la liberté d'affranchir ; dans l'amélioration de la condition des femmes qui sont affranchies de la tutelle perpétuelle, et des fils de famille dont la vie cesse d'être le patrimoine du père, en même temps que leurs pécules grandissent dans de rapides proportions ; on le retrouve enfin dans la troisième source de la famille qui s'ouvre sous Constantin, c'est-à-dire dans l'introduction de la légitimation, dont le but était d'amener la suppression du *concubinat*.

L'étude de cette première partie des Institutes qui fait ressortir les mœurs politiques et religieuses des romains aux différentes périodes de leur histoire, fournit encore à chaque

instant l'occasion de remarquer la différence du droit parvenu à sa dernière période, avec celui qui l'avait précédé.

Le droit primitif des romains est formulé ; la parole du
législateur est sacrée ; la lettre, la lettre écrite est tout ce
qu'il faut y chercher. — Soit que les romains eussent emprunté à l'Étrurie ses vieilles traditions juridiques, ou que
les patriciens eussent voulu faire de la jurisprudence le
partage exclusif des membres de leur caste, soit qu'à une
époque où la preuve testimoniale était seule en usage, on
eût jugé convenable de frapper l'esprit des témoins appelés à
constater l'existence des actes les plus importans de la vie
civile, soit enfin que dans l'enfance des cités la législation
se trouve nécessairement à l'état de symbole, l'exercice des
droits les plus précieux fut long-temps subordonné chez les
romains à la prononciation de paroles consacrées, à la pratique de rites mystérieux. Ainsi un père veut-il émanciper un
de ses enfans, ou le douner en adoption ? il sera obligé de
recourir à des mancipations plus ou moins nombreuses, dont
nous avons fait connaître le mécanisme. — Sous Justinien,
l'œuvre de la rénovation préparée par ses prédécesseurs, et
devenue nécessaire par tant de faits accomplis, s'opère de
la manière la plus radicale. — Le droit des gens prend définitivement la place du droit politique ; des théories basées
sur l'unité et la simplicité, succèdent aux formes symboliques, et l'*interprétation* devenant tous les jours de plus
en plus large et rationelle vient expliquer et féconder ce
que la parole matérielle a de trop étroit ou de trop rigoureux.

Enfin la destinée si différente des trois espèces de puissance dont s'occupe le livre 1er des Institutes nous paraît
digne encore de nos méditations.

La puissance dominicale était contraire au droit naturel ;
elle perdit son intensité à compter du règne d'Antonin-le-
Pieux. — La puissance paternelle dérivait sans doute de la
nature ; mais elle avait oublié son origine ; les mœurs romaines avaient faussé son institution, en donnant à ses attributs une extension exorbitante ; elle subit, sous l'influence
du progrés des idées, le même sort que la puissance dominicale.

La puissance tutélaire, au contraire, n'avait pas dévié
de sa destination primitive : aussi, loin de s'affaiblir, elle
ne fit que se développer.

Le Droit, ainsi considéré, n'est-il pas l'histoire de la civilisation, des obstacles qu'elle rencontre, des conquêtes,
quelquefois lentes, mais toujours certaines, qui lui sont
réservées ?

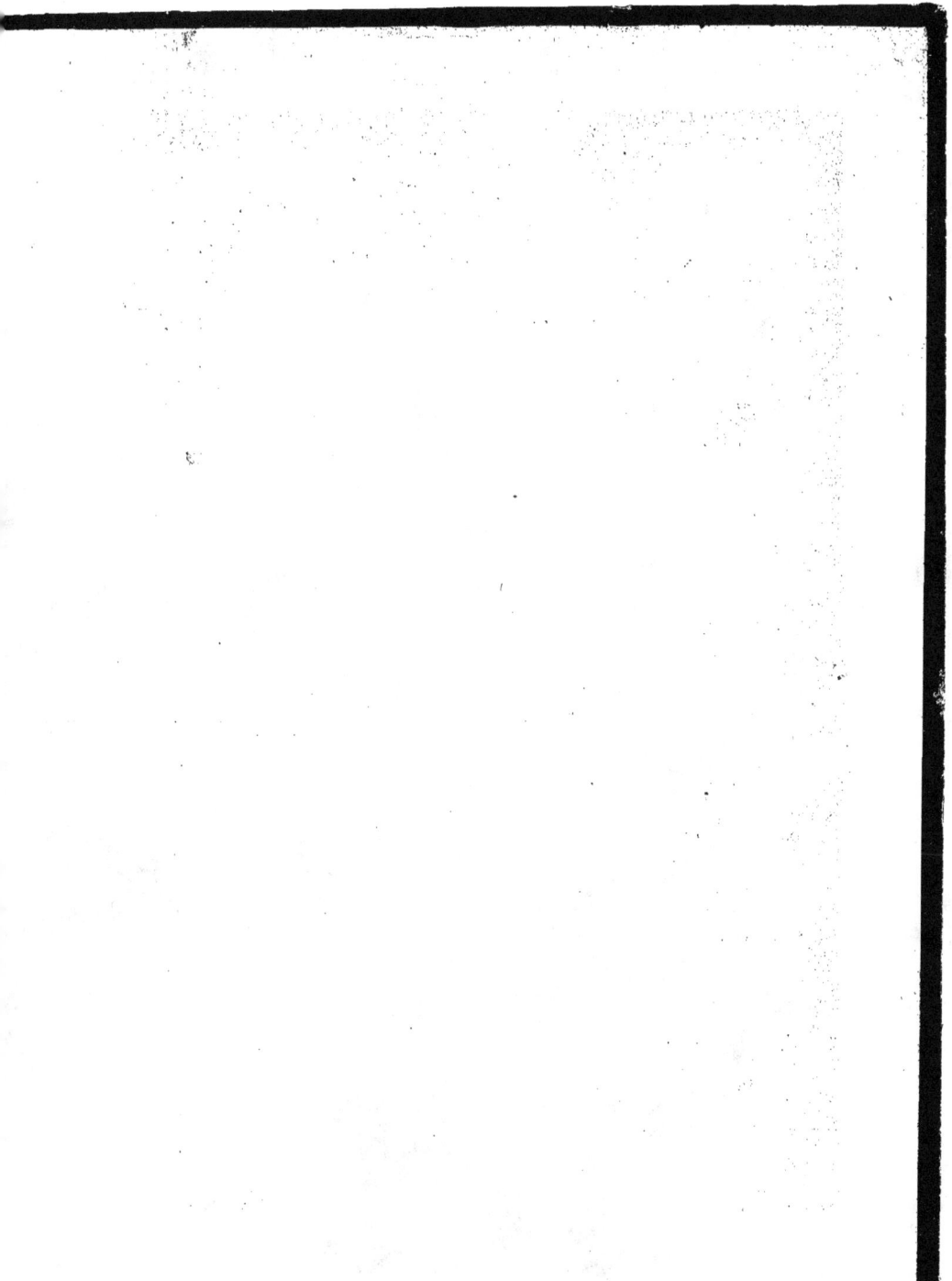